U0249042

出版研究新视野译丛｜金鑫荣 主编

以貌取书

小说的受众、出版、设计与推广

〔澳〕妮可·马修斯
〔英〕妮基安娜·穆迪 编

王苇 等 译

Nicole Matthews
Nickianne Moody

JUDGING A BOOK BY ITS COVER

Fans, Publishers, Designers, and the Marketing of Fiction

南京大学出版社

Judging a Book by Its Cover
Fans, Publishers, Designers, and the Marketing of Fiction, 1st Edition
by Nickianne Moody /9780754657316
Copyright © Nicole Matthews, Nickianne Moody and the Contributors 2007
Authorized translation from English language edition published by Routledge, part of Taylor & Francis Group LLC
All rights reserved.
本书原版由 Taylor & Francis 出版集团旗下，Routledge 出版公司出版，并经其授权翻译出版。版权所有，侵权必究。
Nanjing University Press is authorized to publish and distribute exclusively the Chinese (Simplified Characters) language edition. This edition is authorized for sale throughout Mainland of China. No part of the publication may be reproduced or distributed by any means, or stored in a database or retrieval system, without the prior written permission of the publisher.
本书中文简体翻译版授权由南京大学出版社独家出版并限在中国大陆地区销售。未经出版者书面许可，不得以任何方式复制或发行本书的任何部分。
Copies of this book sold without a Taylor & Francis sticker on the cover are unauthorized and illegal.
本书封面贴有 Taylor & Francis 公司防伪标签，无标签者不得销售。
江苏省版权局著作权合同登记　图字：10－2020－110 号

图书在版编目(CIP)数据

以貌取书：小说的受众、出版、设计与推广 /（澳）妮可·马修斯，（英）妮基安娜·穆迪编；王苇等译. —南京：南京大学出版社，2024.6
（出版研究新视野译丛 / 金鑫荣主编）
ISBN 978－7－305－27262－2

Ⅰ. ①以…　Ⅱ. ①妮…　②妮…　③王…　Ⅲ. ①图书－封面－设计－文集－Ⅳ. ①TS881－53

中国国家版本馆 CIP 数据核字(2023)第 177048 号

出版发行　南京大学出版社
社　　址　南京市汉口路 22 号　　邮　编　210093

丛 书 名　出版研究新视野译丛
丛书主编　金鑫荣

书　　名　以貌取书：小说的受众、出版、设计与推广
YI MAO QU SHU: XIAOSHUO DE SHOUZHONG、CHUBAN、SHEJI YU TUIGUANG
编　　者　[澳]妮可·马修斯　[英]妮基安娜·穆迪
译　　者　王　苇　等
责任编辑　陈蕴敏

照　　排　南京紫藤制版印务中心
印　　刷　江苏凤凰扬州鑫华印刷有限公司
开　　本　635 毫米×965 毫米　1/16　印张 22　字数 271 千
版　　次　2024 年 6 月第 1 版　2024 年 6 月第 1 次印刷
ISBN 978－7－305－27262－2
定　　价　78.00 元

网　　址　http://www.njupco.com
官方微博　http://weibo.com/njupco
官方微信　njupress
销售咨询　(025)83594756

---

* 版权所有，侵权必究
* 凡购买南大版图书，如有印装质量问题，请与所购图书销售部门联系调换

“出版研究新视野译丛”序

邬书林

出版史，在一定意义上也是人类的文明史。俄罗斯文豪赫尔岑有一段精彩的论述，他说“书是和人类一起成长起来的，一切震撼智慧的学说，一切打动心灵的热情，都在书里结晶成形；在书本中记述了人类狂激生活的宏大规模的自白，记述了叫作世界史的宏伟自传”。自文字的诞生起，出版作为传播知识、传播文明的工具，为人类文明的演进和发展做出了不可磨灭的贡献。中国的造纸术和活字印刷术的发明，极大地融汇、促进了中西方的文化交流；而西方伴随着文艺复兴的革故鼎新，尤其是工业革命以来日新月异的科技发展，给人类带来了翻天覆地的产业变革，使得出版业成为近现代产业体系中的重要一极。

因出版产业而起的出版研究（出版专业）是一个古典与现代并存的研究领域，发展至今，俨然已经成为一门新的学科，“出版学”的概念呼之欲出。道理就在于，不管是人类思想史、文明史的研究，还是现代的学科分类研究，都离不开对出版学（专业）的独立、深入的研究，出版学（专业）研究已经成为现代人文科学和社会科学研究中的重要“构件”。中国古代先贤倡导士大夫“立功、立德、立言”“三不朽”,宋代大儒张载提出的“为天地立心,为生民立命,为往圣继绝学,为万世开太平”影响深远,而这一切都离不开对出版的倚重。近代中国积贫积弱、瓜分豆剖,面临“三千年来未有之变局”(梁启超语),为了中华民族的复兴,一代知识分子提出要“睁眼看世界”,主要也是通过翻译、引进西方有关科学、民主和先进科学技术的系列出版物而达到“欧风东渐”的目的;而“五四”新文化运动中,中国先进知识分子也是通过引进西方“德先生”“赛先生”方面的书籍来达到打破旧世界、建设新世界的目的。因此可以说,从古到今,出版起到了普及教育、“开启民智”、汰旧立新的重要作用。就出版的时代重要性而言,近现代中国知识界对出版的重视已经超越了对出版本身“工具理性”的实践认同,更加强了对出版业本身所附有的文化意义和时代意义的探索。

经过中华人民共和国建立70多年,特别是改革开放40多年的快速发展,中国出版业已经彻底摆脱了改革开放之前图书短缺的局面。现在每年出版40多万种图书,其中新书20余万种,极大地满足了社会大众的阅读需求。就出版物的数量来说,我们的出版物种类繁多,发行数量巨大,已经成为名副其实的出版大国。但同时我们也要清醒地认识到,与西方老牌出版大国、强国相比,我们还有很大的增长空间。当前,信息技术的革命性进步为我们提高出版水平提供了机遇。人工智能、大数据、区块链的应用使出版的理念、管理方式、载体形式、传播方式、运作流程、服务方式都发生了巨大变化。我们可以在一个平台上,用开放、协同、融合的理念,用新技术推进出版的繁荣发展。

与此同时,要建构具有中国特色的学术体系、学科体系、话语体系,增强中国文化的国际传播力,则需要我们深刻认识出版规律，加快提高出版水平，更好地发挥出版服务政治、经济、科技、文化、教育和提高国民素质的功能。为此，一方面，我们要不断地修炼内功，加强理论研究，建立服务出版、繁荣发展的出版学科体系；另一方面，我们要不断地借鉴世界各国出版的经验，从出版文明的交流、互鉴中，汲取营养，起到“他山之石，可以攻玉”的作用。

出版作为实践性强、实操性居多的学科专业，缺乏系统的理论建构，也缺少“宏大”的理论叙事，更多的是具体出版实践中一些心得、体悟和经验，因此中西方出版从业者的很多同质性问题，值得大家相互借鉴、探讨。这套“出版研究新视野译丛”，顾名思义，是为出版专业的学生或出版同业者提供新视野、新体验的书，所论述的问题涉及学术图书的未来、知识过载时代的阅读、装帧设计对读者阅读心理的影响、书籍各个“构件”的故事等，作者大多是出版研究者和身处出版一线的编辑，阐述的都是近年来出版者在日常工作中会遇到的现实问题和解决方案，这些对出版专业学生和出版工作者来说，具有很好的启迪作用和参考价值，因此我乐于推荐。

是为序。

2023 年 11 月 12 日

出版说明

出版编辑理论植根于古往今来的出版编辑实践。现代出版编辑理论在发展的基础上得到延伸和拓展，大数据、云计算、区块链等技术极大地扩展了出版编辑理论的研究空间，互联网、数字化、融合出版则对传统的出版编辑理论提出了新的挑战。如何在技术与理论、传统与现代的交互发展中探索现代出版编辑理论的诸多核心要素，是出版编辑理论研究中需要关注的问题。同时，在高校出版编辑学的教学研究过程中，出版的具体实践始终是教学过程重点关注的环节。没有编辑实践的出版教学，就会“头重脚轻根底浅”，易发蹈虚之言，好作虚妄之论。这也正是教育部颁布的出版学教学纲要中，特别要求具有出版实践经验的行业导师加持的原因。出版学发展至今还是“非主流”学科，学科设置一般挂靠于新闻传播学、信息管理学或文学的门墙之下，学科的主体性有待加强。因此，出版编辑理论尤其需要实操性比较强的理论和实践阐述，不断充实、加强当代的出版编辑研究，研究诸如出版类别的时代演变、出版内容的海量呈现、出版形式的多元拓展、出版受众的需求变化、编辑素养的综合提升等相关问题。

信息化时代，中西方的现代出版编辑理论和实践构筑不了“小院深墙”，国际化的出版交流日趋常态化。中国作为发展蒸蒸日上的出版大国，在世界出版版图中占据越来越重要的地位。特别是随着文化“走出去”国家战略的实施，许多优秀的出版社成为中华优秀文化走出去的“前哨站”和“桥头堡”。这对我们培养的出版人才也提出了更高的要求，需要他们具有宏阔的国际视野和多元的文化视角，在中外出版编辑理论的互鉴互融中得到能力的提升。为此，我们组织翻译了这套“出版研究新视野译丛”。说它“新”，一是研究的题材新，“译丛”提出了一些新的探索、新的见解，如对学术图书的未来、知识过载问题的探讨，对“叛逆”的编辑解读，等等；二是出版时间新，遴选的是近十年中才出版的专业著作。作者既有著名大学的出版专家，还有著名出版社的资深编辑，这使得“译丛”阐述的问题兼具理论性和实践性、普遍性和专业性。

特别感谢施敏的协调统筹。对徐楠、卢文婷、邵逸、王苇等译者也一并致谢。

译丛主编　金鑫荣

2023 年 11 月 18 日

目 录

001　作者简介

001　编者序

001　第一部分　塑造封面的法则

003　第一章　平装书的演变:陶赫尼茨、信天翁和企鹅出版社（阿里斯泰·麦克里瑞）

027　第二章　图书的市场定位如何确定:解读封面（安格斯·菲利普斯）

048　第三章　20 世纪 90 年代的利物浦变迁:地方性传奇小说封面研究（瓦尔·威廉姆斯）

067　第四章　书店的实证研究:情境与参与观察法视域下的科幻、奇幻小说销售与市场营销（妮基安娜·穆迪）

095　第二部分　是什么使图书畅销起来?

097　第五章　文学奖项、生产价值和封面图像（伊丽莎白·威比）

110　第六章　图书营销和布克奖（克莱尔·斯夸尔斯）

129　第七章　J. K. 杰罗姆和反精英主义的准文本阶段（苏珊·皮克福德）

145　**第三部分　“图书的影视化记录”：文化产业与互文性**

147　第八章　流行化身平装书(格里·卡林,马克·琼斯)

166　第九章　“现已改编为电影”:通过当代电影销售文学的复杂商业问题(瑞贝卡·米切尔)

182　第十章　现实生活:线上书店中的图书封面(亚历克西斯·威登)

197　**第四部分　解读封面：变化的观众与图书的市场营销**

199　第十一章　封面冲击:在女同性恋题材低俗小说中兜售性与生存(梅丽莎·思凯)

229　第十二章　如何面向“年轻人”？——弗朗西斯卡·莉亚·布洛克的案例(克里斯·理查兹)

253　第十三章　阿尔及利亚女性写作之图像、讯息与副文本探析(帕梅拉·皮尔斯)

267　参考文献

285　索引

295　译名对照表

作者简介

妮可·马修斯(Nicole Matthews),悉尼麦考瑞大学(Macquarie University)媒介、批评和文化研究讲师。她的专著《喜剧政治:新右翼之后好莱坞喜剧中的性别》(*Comic Politics: Gender in Hollywood Comedy after the New Right*)于 2000 年由曼彻斯特大学出版社(Manchester University Press)出版;她还就自传体电视节目,电视播放的喜剧、犯罪类型节目,以及印刷小说和高等教育中的教学问题等发表过相关文章。

阿里斯泰·麦克里瑞(Alistair McCleery),爱丁堡纳皮尔大学(Napier University)文学与文化教授。他与人合著《图书史导论》(*An Introduction to Book History*, Routledge, 2005),合编《图书史读本》(*The Book History Reader*, rev. edn, Routledge, 2006)和《苏格兰图书史:1880—2000》(*The History of the Book in Scotland: 1880 - 2000*, Edinburgh University Press, 2007);他还参编《图书馆》(*The Bibliotheck*),并出版了大量关于苏格兰和爱尔兰文学的著作,特别关注尼尔·冈恩(Neil Gunn)和詹姆斯·乔伊斯(James Joyce)。

安格斯·菲利普斯(Angus Phillips),牛津国际出版研究中心(Oxford Internationale Center for Publishing Studies)主任,牛津布鲁克斯大学(Oxford Brookes University)出版系主任。与贾尔斯·克拉克(Giles Clark)合著《图书出版内视》(*Inside Book Publishing*,待出[①]),与比尔·柯普(Bill Cope)合编《数字时代图书的未来》(*The Future of the Book in the Digital Age*,2006)。

瓦尔·威廉姆森(Val Williamson),利物浦边山大学(Edge Hill University)媒介与文化高级讲师,利物浦约翰摩尔斯大学(Liverpool John Moores University)媒介与文化研究客座讲师。她研究流行小说叙事的生产和消费,并参与编写过多部文集。她的博士学位论文选题与 1974 年至 1997 年间利物浦传奇小说和小说家相关。

妮基安娜·穆迪(Nickianne Moody),利物浦约翰摩尔斯大学媒介与文化研究的负责人。她编辑过包括《性别化的图书馆史》(*Gendering Library History*,2000)和《西班牙通俗小说》(*Spanish Popular Fiction*,2004)在内的多部论文集,目前正应利物浦大学出版社(University of Liverpool Press)之邀撰写一本关于通俗叙事小说的著作。

伊丽莎白·威比(Elizabeth Webby),悉尼大学(University of Sydney)澳大利亚文学教授。1999 年至 2004 年,为澳大利亚重要文学奖项"迈尔斯·富兰克林奖"(Miles Franklin Prize)的评审团成员。

克莱尔·斯夸尔斯(Claire Squires),牛津布鲁克斯大学牛津国际出版研究中心硕士专业负责人。她的著作包括《营销文学:英国当代写作的形成》

---

① 本书实际出版时间为 2014 年。——译注

(*Marketing Literature: The Making of Contemporary Writing in Britain*, Palgrave,2007)和《菲利普·普尔曼:讲故事大师》(*Philip Pullman, Master Storyteller*, Continuum, 2006)。此前,她曾在伦敦"霍德头条"(Hodder Headline)担任出版人,并长期在多家出版公司担任特约编辑顾问。

苏珊·皮克福德(Susan Pickford),任教于巴黎第十南泰尔大学(University of Paris Ⅹ Nanterre)图书贸易研究中心,同时也是巴黎第十三大学(University of Paris ⅩⅢ)翻译系讲师。

格里·卡林(Gerry Carlin),伍尔弗汉普顿大学(University of Wolverhampton)英语系高级讲师。在英国现代主义和批判理论方面发表过一系列著作。目前正与马克·琼斯博士共同研究 20 世纪 60 年代的流行文化。

马克·琼斯(Mark Jones),伍尔弗汉普顿大学英语系高级讲师。在 J. G. 巴拉德(J. G. Ballard)、恐怖电影、流行音乐和色情文学等方面发表过相关文章。

瑞贝卡·米切尔(Rebecca N. Mitchell),得克萨斯大学泛美分校(University of Texas, Pan-American)英语系副教授。她发表的论文和评论文章涉及教育学、多萝西·帕克(Dorothy Parker)等,但主要研究兴趣是 19 世纪的现实主义文学。她目前的研究主要关注维多利亚时代小说,以及视觉艺术中的主体间性。

亚历克西斯·威登(Alexis Weedon),贝德福德郡大学(University of Bedfordshire)出版研究教授。专著有《维多利亚出版:1836—1916 年大众市场的图书出版经济学》(*Victorian Publishing: The Economics of Book Publishing for the Mass Market 1836 - 1916*, 2003),和迈克尔·博特(Michael

Bott)合著有《1830—1939 年英国图书贸易档案：地点记录》(*British Book Trade Archives 1830 - 1939: A Location Register*, 1996)。自 1995 年以来，长期担任《融合：新媒体技术研究杂志》(*Convergence: the Journal of Research into New Media Technologies*)的联合编辑。目前正在艺术与人文研究委员会(Arts and Humanities Research Council)的项目资助下，研究英国 20 世纪 20 年代和 30 年代的跨媒体合作。

梅丽莎 · 思凯(Melissa Sky)，加拿大安大略省爱普比学院(Appleby College)英语系讲师。近期完成了关于女同性恋低俗小说的博士学位论文，并持续收藏此类作品。

克里斯 · 理查兹(Chris Richards)，任教于伦敦城市大学(London Metropolitan University)教育系。著有《青少年精神：媒介教育中的音乐和身份》(*Teen Spirits: Music and Identity in Media Education*, UCL Press, 1998)，目前正在撰写关于“青少年小说”的著作，将由彼得朗出版社([Peter Lang]纽约)出版。

帕梅拉 · 皮尔斯(Pamela Pears)，美国马里兰州切斯特敦华盛顿学院(Washington College)法语系副教授。对讲法语的女作家尤其感兴趣，著作《阿尔及利亚和越南的帝国残余：女性、语言和战争》(*Remnants of Empire in Algeria and Vietnam: Women, Words, and War*)于 2004 年由列克星敦出版社(Lexington Books)出版。

(王苇 译)

编者序

妮可·马修斯
麦考瑞大学

本书认为图书的封面非常重要，涉及图片的选用、排版印刷和围绕一部作品的所有相关文字内容等诸多方面。封面之所以重要在于，尽管措辞表达可以告诫我们作为读者不应以貌取书，但事实上我们确实深受图书封面的影响。热拉尔·热奈特（Gérard Genette）援引博尔赫斯（Borges）的话，在其开创性的杰作《副文本》（*Paratexts*）中指出，相较于其他使文本变成图书的元素，封面包含一个"为整个世界提供可进亦可退的可能性"的"门厅"或"门槛"（1997，2）。图书的护封是在作者、图书贸易和读者之间进行协调的一个关键通道。文本的各种物质形式是理解它们作为阅读文化实践一部分的生效方式的关键，而本书的每一章都基于这一论点并继续生发。

自19世纪以来，图书封面已然成为图书以不同方式、为不同受众、在不同时期进行的市场营销中的一个关键环节。在19世纪早期，以昂贵的布料来装帧的精美封面使图书看起来赏心悦目，成为中产阶级的图书购买者心中一份值得拥有的礼物。后来，人们开始为书店和图书馆里的浏览者提供对文本内容的切入点。更关键的或许是这些切入点愈发有助于图书到达它们的终极归宿——真正对其感兴趣的读者手上。

从19世纪中期往后，当出版商向零售商介绍他们公司的新书时，对即将出版的新书封面的快速浏览在推销工作中起到了重要的作用。本书中的多个章节将会着重强调一点，即图书封面在决定一本书在书店的上架位置方面也起着决定性的作用——例如，是科幻小说还是奇幻小说，是儿童小说还是成人小说。图书封面可以帮助读者了解他们将要阅读的图书类型，获得一种关于其体裁、文风和目标读者类型的印象。从坐落在火车站的书报摊上令人欣喜的收藏可以看出，它们已经表明了每本书都应该被赋予的文化价值。这是一本严肃的文学巨著，还是一本适合度假时阅读的平装书？这本书是否获得过某个文学奖项或其提名，是否被著名作家或畅销报纸评论或赞扬过？封面通常将一本书与同一系列、同一作者，发生在相似地点、时间的其他书籍联系起来，或者将同一作品与其影视改编的版本联系起来。通过以上这些方式，图书封面的物质性——字体、插图和版面设计——产生了巨大的意义。

通过封面的"门厅"，清晰、明确地将图书的物质维度与更常被研究的"文本"区分开来，这将会是一项困难且难见成效的工程。本书在关注书籍物质属性的同时，并没有放弃对书籍对其浏览者、购买者和读者产生意义方式的探索。相反，此处的各章节强调了叙述方式的解读与图书的副文本要素尤其是图书封面之间的关系。由此,我们认为,如果想更好地理解书籍是如何被阅读、借阅、出售、变得畅销或不畅销的,那么图书封面是这一过程中必不可少的一环。

为什么是图书封面?

本书的各章都论证了图书封面在塑造读者、市场和书商对书中文字的反应方面的中心地位。封面和市场营销之间的联系源远流长。例如,杰弗里·格罗夫斯(Jeffrey Groves)的作品指出,在19世纪及以前,装订的风格、字体和封面插图在文化价值的分担方面,尤其是在文学作品和文本的受欢迎程度上非常重要(Groves 1996; Mcaleer 1992, 85)。从19世纪20年代开始,由于使用了比皮革更便宜、更易修饰的布面装订,封面在图书销售中变得更加重要。即使在早期阶段,封面有时也会被用于广告宣传(Schmoller 1974, 288;Tanselle 1971)。譬如某些防尘套起初的设计其实是用完即抛、最低限度进行装饰的一次性防护,而到了19世纪90年代的时候已经彻底被用于打广告了(Tanselle 1971, 102-103)。重要的是,早期的装订风格通常会使图书的装饰和加标签由读者或书商来负责,而书皮装订和布面书封明确地将图书封面和出版商联系起来(Hobson cited in Mansfield 2003)。

如果说护封和封面在19世纪的图书营销中曾起过作用,那么它们在20世纪有了全新形式的重要意义。毫无疑问,20世纪的图书营销中的一大关键转变在于平装书的发展。正如阿里斯泰·麦克里瑞在本书的第一章中所论述的,所有的"20世纪平装书最典型的特征都可追溯到……19世纪及以前"。像欧洲的先锋出版社陶赫尼茨(Tauchnitz)和其继任者信天翁出版社(Albatross)这样的纸质封面印刷物,成本低廉,印数多,便于携带,在某种程度上被认为是一次性的。约翰·曼斯菲尔德(John Mansfield)还指出,20 世纪头几十年在澳大利亚出版的 A. C. 罗兰森(A. C. Rowlandson)的"书报摊"(Bookstall)系列正是彩色、图像丰富的美国"纸浆"平装书的前身。尽管如此,人们普遍理解的"平装书革命"起源于 20 世纪 30 年代,1935 年英国推出了企鹅图书(Penguin Books),1939 年美国推出了口袋图书(Pocket Books),到 20 世纪 60 年代,平装书在文化和经济上的重要性都达到了高峰。正如格里·卡林和马克·琼斯在本书第八章中所阐述的那样,平装书的创新性不仅在定价、形式、便携性和受众方面得到了展现,而且体现在图书封面与包括音乐和视觉艺术在内的其他文化产业的联系上。

对我们如今理解图书封面功能的方式而言,许多关键性的元素伴随着平装书的诞生而出现。以封面颜色、风格和图像来区分不同类型的图书,这种现在普遍使用的方式发展相对较慢,例如在 20 世纪 30 年代,出现在信天翁出版社和之后的企鹅图书以颜色编码的封面上(Schmoller 1974, 293)。随着新媒体行业的整合,图书封面与电影行业之间也建立了人为的联系,比如 20 世纪 40 年代平装书的封面上出现了电影版的明星图像(例如 Mcaleer 1991, 87-88)。这些封面正是后来几十年中发展出的协同效应的早期案例。

xiii

对出版行业的商业杂志和出版商之间信函的研究表明,至少从 20 世纪 50 年代开始,封面在更广泛的图书营销策略中起着极为特殊的作用。例如,商业杂志的封面设计就很关键。美国的《出版人周刊》(*Publishers Weekly*)和英国的《书商》(*The Bookseller*)等商业出版物及其插图,经常被零售商用于挑选库存图书。对于那些远离大城市、极少遇到来自出版社的旅行销售人员的美国和澳大利亚零售商来说尤其如此。同样,商业和大众媒体的书评,尤其是在美国,经常使用图书封面本身或源自封面的照片或图像作为插图。因此,读者能否买到或借阅到图书,长期依赖于图书封面上的广告宣传画。

在销售点,书店使用的展示卡、宣传海报和横幅也经常使用与封面相同的封面图像和文字。早在20世纪40年代,与作者的通信就表明,出版商关心零售商店里大量展示的封面所具有的影响。到了20世纪50年代,书店已经在改变自身的陈列方式,使浏览中的人能够看到图书封面,而不仅仅是书脊。出版商努力鼓励书商通过吸引人的封面,清晰可见地展示他们的出版物(Aynsley 1985, 120),并将很大一部分的促销预算投入图书上架方面,以便能够展示其出版物引人注目的封面。竞争和其他激励措施被用来鼓励零售商在销售点的橱窗展示中使用封面主题。例如,在20世纪60年代,越来越多的欧洲人有能力前往新的度假目的地,出版商和零售商因而将具有异国情调地点的图书封面与竞争和度假联系起来(Matthews 2006;参见 Hyde 1977)。电影大片的编剧将这种使用中心图像和图形的方式描述为"高概念"(high concept),并将其应用于20世纪70年代兴起的电影营销当中(Wyatt 1994)。然而,根据出版商的档案和贸易文件进行的研究表明,此前,至少在以商业为导向的图书出版商的宣传之中,封面上的图像就已经占据了中心地位。

因此,一大引人关注的争论是要仔细调查20、21世纪畅销图书的封面。尤其是,如果没有对这些被广泛阅读的图书的封面和与之相关的营销活动进行考察,那么对畅销文本的探究就不够全面。考虑到过去50年来出版和图书销售的重大变化,在20世纪的休闲阅读营销的背景下,对图书封面采取近距离的仔细审视变得更为关键。劳拉·米勒(Laura Miller)的《不情愿的资本家》(*Reluctant Capitalists*,2006)和艾莉森·贝弗斯托克(Alison Baverstock)的《图书是不同的吗?》(*Are Books Different?*,1993),指出了20世纪早期

xiv 许多图书行业人士对出版和图书销售在商业层面的担忧。譬如，在20世纪60年代，英国、美国和澳大利亚的贸易杂志经常呼吁转向一种更系统化的分销、定位的需求与市场营销方式（Coser *et al*.转引自Moran 1997，442）。同时，重要的是不能忽视自20世纪60年代以来，出版公司在早期阶段对图书促销和营销方面的兴趣，正如笔者曾指出的那样（参见Matthews 2006），出版和图书销售行业经历的重大变化极大地改变了图书的销售和推广方式。

在此期间，独立出版社被主流的大型出版社收购，特别是自20世纪80年代以来，大型跨国媒体组织逐渐开始控制这些较大的出版集团（Moran 1997，443；Lacy 1997，6－7；Compaine and Gomery 2000）。与此同时，英语世界的图书销售已经从一个以独立书店为基础的行业，转变为一个由少数大型连锁书店，以及自20世纪90年代以来越来越多地由巴诺书店（Barnes & Noble）和鲍德斯（Borders）这样位于市区之外的大型连锁店所主导的行业（Miller 2006）。

跨国公司对出版和图书销售的主导地位提出了一个问题，即这个行业现在是否以新的方式全球化了，这一思考对于人们对图书封面的关注有一定意义。图书行业近期的许多趋势确实跨越了国界。例如，自20世纪70年代以来，人们已经注意到连锁书店不仅在美国，而且在英国和澳大利亚占据了主导地位（Borchardt & Kirsop 1988；Feather 1993，178）。由于强调图书行业的市场营销，这种图书贸易的全球化通常被美国以外的人理解为以美国主导，这一观点也得到了一些支持（Feather 1993）。例如，畅销书排行榜从19世纪末开始在美国刊发，但直到20世纪70年代末英国才系统地推出（Sutherland 1981；Feather and Reid 1995，58）。美国读书俱乐部自20世纪20年代成立以来，发展了创新的大众营销技术，到20世纪60年代，被英国的WH史密斯（WHSmith）直接模仿（Sutherland

1981,28;Radway 1997)。近来,1997年英国《图书净价协议》的崩溃使英国的图书销售环境更接近于美国的情况(Moody 2006)。在美国乃至澳大利亚,大众市场的平装书长期以来一直在一系列非书店的空间中出售,而在英国,除了长期存在的WH史密斯的铁路书摊之外,这一情况的发展要缓慢得多。

"美国化"的论点在对出版业方面进行解释上,正如其应用于其他媒体行业时那样,有其局限性(如Katz & Liebes 1993)。例如,最近几波跨国收购的发起者不一定是总部设在美国的公司(Miller 2006;Lacy 1997)。正如康佩因(Compaine)和戈梅里(Gomery)所指出的,1999年在美国图书销售最多的两家公司分别是德国的贝塔斯曼公司(Bertelsmann AG)和英国的培生公司([Pearson plc] Compaine & Gomery 2000,80)。涉及全球各地的图书出版企业并不全是美国企业,也并非全新的企业。正如许多作家所注意到的,英国的出版社长期以来一直在海外市场投入大量资金,这一点对他们的图书委托和市场营销具有重要意义(Johanson 2000;Lyons 2001;Matthews 2006)。 xv

虽然出版和图书销售的全球进程可能也并不新鲜,但可以肯定的是,所有权的集中使图书营销更加同质化和集中化,并且增加了图书营销的支出(Radway 1984, 30)。劳拉·米勒在她近期对当代图书销售的分析中指出:

> 与书商对出版图书的范围或公众购书的趣味知之甚少的时代形成鲜明对比的是,从收集图书和客户的数据到利用精心策划的营销活动,连锁零售商现在采用合理化的方法,试图使图书销售过程更加可预测。(Miller 2006,53)

虽然在线图书销售的发展似乎给独立书商的发展带来了希望，但少数几家公司尤其是亚马逊网的主导地位，已经将图书营销进一步推向了集中化的方向（Miller 2006）。

有一种观点认为是公司收购使得平装书公司越来越重视类型小说（Radway 1984, 36），也有许多评论家认为，自20世纪70年代以来，是行业的变化使得对畅销书的委托和最大化营销重视程度加大（如Sutherland 1981；Feather & Reid 1995；Coser *et al*. 1982）。还有人提出，注重个体服务的独立书店的衰落使得在促销过程中，人们更多地强调图书封面和书店设计的重要性（Mansfield 2003）。

图书行业的变化对通俗小说营销的影响，在本书汇集的一系列章节中进行了详细的探讨，其中包括安格斯·菲利普斯和妮基安娜·穆迪的文章。正如理查德·托德（Richard Todd 1996）所指出的，以及克莱尔·斯夸尔斯和伊丽莎白·威比在这本书集中探讨的那样，出版业的这种转变也对文学和获奖小说的市场营销及推广产生了重大影响。虽然互联网上的图书销售仅占图书销售的一小部分，而且互联网上的书商也并不像20世纪90年代末许多人预期的那样能获得很高收益，但它们对图书销售具有重大影响力，并且它们对图书封面的使用，就像亚历克西斯·威登在其研究中提出的那样，需要与连锁店和大型超市使用的销售策略一并讨论。尽管在跨国公司中，多种媒体投资之间预期的协同效应所带来的利润，已被证明比许多业内人士曾预期的低（Sutherland 1981；Moran 1997；Miller 2006；Lacy 1997），然而正如瑞贝卡·米切尔在本书中她关于经典作品电影版本的篇章中所思考的那样，这种协同效应仍然在广义上影响着图书封面的外观和图书的市场营销（参见Compaine & Gomery 2000）。

许多最大型的出版社和连锁书店现在是在跨国媒体组织的背

景下运作，这一事实为我们提供了另一个理由，不再仅将图书封面视为文学的附属品，而是视为一种媒体。例如，图书封面、电影和电视之间的关系，不是只在护封上印着“这是一部重要影片”时才显得重要。相反，这一组合可以将图书护封与一系列媒介和文化形式紧密联系起来——从青年文化到旅游产业，从电影到流行音乐的营销。如果说有什么不同的话，那就是新的多媒体语境进一步拓宽了图书的视觉维度。如果要更好地理解图书营销的新发展，就必须开始在一种可视化的语境下考虑图书及其市场营销。

xvi

图书封面发展之路：图书发展史与媒介研究之间

本书的各个章节带来了一系列关于图书封面的新的学科观点。本书的第一部分，特别阐述了出版研究的定量方法、从图书发展史中得出的案例研究、对作者和出版商的采访，以及在书店中的参与性观察——这些来自媒体和文化研究的最后策略——都可以用来说明对图书封面的接受。然而，不管学科角度如何，在本书所有章节的基础之上都有一个概念，即我们不仅需要将图书视为文学文本，而且需要将其视为物质对象，尤其是具有视觉效果的物质对象。

在研究书籍历史的学者中，这种将图书作为物质对象的关注不足为奇，如米歇尔·莫伊伦和莱恩·斯泰尔斯（Michelle Moylan & Lane Stiles 1996）。研究印刷的历史学家并没有把重点放在典藏本或珍本上（Darnton 1990，109）。相反，他们一直考虑将图书与诸如地图、宣传册、廉价小册子、海报之类的其他印刷文本放在一起；这其中的许多文本将插图作为其构成的一个重要组成部分。图书史学家们经常会审视最微小的细节，不仅仅是书中的文字，还包括纸张、字体、装订和标注等物质性的细节。罗伯特·达恩顿（Robert

Darnton）认为，历史学家对图书的各种关注可以被理解为一种集合型事业。图书史学家不仅对阅读和作者创作的经济、思想、文化背景感兴趣，而且对出版商、印刷厂、运货商、书商、装订工和读者的活动也感兴趣。因此，研究印刷史的学者的研究并不是基于无实体的文本，而是基于被印刷、装订、移动和销售的实体图书。尽管这些环节的学科起源不同，但《以貌取书》中的每一章都共同关注图书的这些物质属性。

多萝西·科林（Dorothy Collin）概述了这一业务在19世纪的图书制造背景下的重要性，正如罗伯特·达恩顿所评论的："一个人可以从研究图书的呈现方式来大量了解对图书的认识与态度。"（Collin 1998，61）同样，米歇尔·莫伊伦和莱恩·斯泰尔斯关于实体书的重要文集的各位作者已经对实体书的一系列维度展开了探索——包括其注释、翻译、装订类型和插图。在此过程中，这些作者的任务是将图书的物质属性、图书发展史的一部分，带到对文本的文学研究当中。杰拉德·柯蒂斯（Gerard Curtis 2002）在其讨论19世纪书籍插图的著作《视觉文字》（*Visual Words*）中，同样将图书置于视觉艺术的语境中加以分析。

xvii

这些创新手段使大量的图书在19世纪得以出版。本书的目的是进一步深入探索——不仅对于流行小说，而且拓展到20世纪和21世纪。像热奈特的作品那样，柯蒂斯、莫伊伦和斯泰尔斯的作品主要关注文学小说，而且通常是那些在19世纪被奉为经典的文学小说。罗伯特·达恩顿强调了历史上特定的图书被使用和理解的方式（Darnton 1990，131）。鉴于这一洞见，并考虑到图书发展史上长期被忽视的、流行的印刷形式，本论文集侧重于对20世纪和21世纪出版的流行小说与文学小说的探讨。

封面对20世纪的图书营销的重要性在小咖啡桌上图书的激增

上得到了体现;这些书都有着早期“纸浆”平装书那色彩丰富、经常引起争议的封面。这些书的封面,尤其是那些20世纪30、40和50年代的低俗小说的封面,吸引了收藏家和设计方面的历史学家的注意(如 Schreuders 1981; Heller and Chwast 1995; Powers, 2001; Johnson-Woods 2004)。关于图书封面的许多投入,其本质上是评价性的。在挑选排版和平面设计方面的设计革新者以供参考时,像鲍尔斯(Powers)这样的作家曾问道:“什么样的封面才是一个好封面呢?”(另见 Drew & Sternberger 2005)虽然知道如何制作一个好的图书封面对市场营销人员和设计师来说非常有用,但本书在此提出的问题稍有不同。我们在此的关注点之一并非追求设计上的卓越,而是图书封面对读者的影响。对封面在影响图书的发行、接受和使用方面作用的这一兴趣,使我们偏离了对这些或因其文学成就而受到重视,或因其创新性的封面设计而被选中的图书本身的关注。

通俗小说在图书的发行和阅读史上经常被忽视。如奈尔和沃克(Nile & Walker 2001)认为,如果这些作品被重新纳入阅读统计,那么图书行业的轮廓将会发生全国性的变化。这种文学性上的差别在图书封面上显而易见。在关于图书封面的研究专著中,高端出版社或文学出版社的封面占据中心位置的现象或许并不令人意外。例如,企鹅出版社的平装书封面也对此有所考量,包括最近在伦敦设计博物馆举办的一次展览,正如费伯出版社(Faber and Faber)的图书封面那样(Baines 2005; Aynsley 1985; Faber and Faber 1983; Wilson 1967)。《以貌取书》中的部分章节确实考虑到了经典文学文本——比如伊丽莎白·威比和克莱尔·斯夸尔斯分别探讨了彼得·凯里(Peter Carey)和扬·马特尔(Yann Martel)的获奖小说。然而,斯夸尔斯和威比并非基于手头上作品的美学价值或封面来选择他们的研究案例,而是以他们的案例研究来构建对图书本身乃至其作者的批判性评价，在某种程度上都深受图书护封的设计和制作方法的影响。

本书关注的重点是以放松休闲为目的而阅读的图书。对通俗小说的这一松散的定义，与其说是为了明确地区分出某一类图书，不如说是出于对现有出版中关于图书封面、品质设计和文学出版社的特别强调。通过对通俗小说的密切关注，本书并非将出发点落在评论家或设计史学家的兴趣上，而是采取了一种读者与图书贸易的视角。

xviii

对于之前的几代读者来说，图书作为一种视觉媒介的角色在当代通俗作品中的市场营销、选择和消化作用通常比实体书的意义更容易理解。虽然事实上有一系列的研究方法可以帮助人们更好地理解当代图书的营销和消费，包括访谈和参与式观察法，但这些方法对于实际的调研来说有时难以进行，例如对于维多利亚小说。要理解图书营销的影响，其一大挑战是营销材料的获取，即使是近期的材料也有困难。媒体的宣传和广告材料——尤其是像书店橱窗和书架上的展示卡与横幅、公交车上的大海报、广播与电视广告等转瞬即逝的投放品——往往得不到足够的保存和整理，甚至在出版商的通信和业务记录中也没有得到充分的搜集归档。作为一个关键词的图书营销尴尬地卡在了广告、图书史和文学研究之间，也因此在与上述这些关键词相关的档案和收藏中记录很少。

图书推广的隐匿性一部分是由于人们多认为图书贸易没有其他行业的商业化程度高。乔·莫兰(Joe Moran)将这种观点描述为"许多'绅士出版商'的绅士形象有幸保留了下来。他们因为热爱文学而从事这项工作，而不仅仅是为了经济利益"(1997,442)。正如莫兰所评论的那样，这一看法与一种隐含的等级制度相关，这种等级制度认为出版业中最富有声望的部分尤其与商业性不同。也许正是因为出版商的归档观念,通常作者的信函会有大量记录,但图书推广和销售活动的记录很少。正如罗伯特·达恩顿敏锐地观察到的,"不幸的是……出版商通常把他们的案卷视为垃圾"。尽管他们会保存少量著名作家的信件,但账簿和商业信函则会被处理掉(Darton 1990, 127;参见 Schreuders 1981, 3)。图书的护封也常常被看作转瞬即逝的营销手段,而当精装版图书被置于图书馆时,它就会被丢弃。事实上,正如兰迪·西尔弗曼(Randy Silverman 1999)所提出的,即使是现在,许多图书馆的藏书规则也经常涉及丢弃书籍的封面,这对有关的藏书其实造成了巨大的损失。尽管有这些藏书规则外,图书的封面通常仍算是少数可获取的人工制品之一,它可以反映当时的营销策略。

媒介、传播与文化的跨学科研究和对这一时期大量发行的图书封面进行的持续性考察最密切相关。当代流行的图书样式成为研究的焦点。然而,媒介、传播和文化研究过去对图书多有忽视,仅仅将其视为文学文本,而非一种传媒形式,因此把它归为其他的学科领域。尽管在图书历史领域中已有关于个体出版商的研究,但洛里默和斯坎内尔在 1993 年评论道:"出版业或许是英语语言交际研究中最受忽视的领域了。"(Lorimer and Scannell 1993, 163;参见 Luey 1997)而且,自那时以来,媒介和传播学领域的相关研究几乎没有什么推进。

本书将再次强调:图书不应仅仅被视为文学文本,且应被看成一种视觉的媒介,应当和电视、电影及其他形式的广告一样接受检验。然而,对图书的这种视觉元素的讨论很少与 20 世纪的出版行业联系在一起。即便热奈特曾在《副文本》中探讨了一些图书的物理性特质,如前言、简介、注释甚至封面——对副文本中的视觉元素的关注仍然少得多。他认为插图、封面和扉页"超越了……一个普通

xix

'文人'的方法"(Genette 1997, 406)。沿着他的思路,本书的许多章节将通过媒介研究等跨学科的观念与方法,由图书的这一关键点切入,展开探讨,进行探索。

论点与议题:内容概要

本书的各章节都集中于对20世纪畅销小说的探讨,关注图书封面的特性与视觉维度。此外,本书通过一系列共通的主题融合而成,每个主题都与图书、媒介和营销的现代性反思息息相关。书中的大部分章节涉及文化与商业性之间的相互作用。许多章节探讨了文学体裁的意义,以及图书封面对这些体裁表现方式的帮助作用。本书的很多章节还强调了图书营销在方式上所受到的个人与国家身份的文化实践的影响。然而,我们在此想通过图书本身所具有的四大主要特征展开研究。

全书的第一部分会介绍一系列探索图书封面的研究方法,概言之就是图书的市场营销。这一部分向读者展示了有助于解读图书封面的起源和含义的多方面缘由及其价值,包括来自编辑、营销人员、设计师、书店员工、作者和书迷的独特观点。本部分的各章节描绘了不同学科——包括图书发展史、交际学、设计构思、文学与媒介研究——的典型方法和研究问题的方式,都可以用来解读图书的封面和市场营销。阿里斯泰·麦克里瑞通过探索陶赫尼茨和信天翁出版社对著名的企鹅平装书诞生的影响,展示了历史学方法和时代语境对阐释20世纪图书封面的作用。而安格斯·菲利普斯通过市场营销和出版研究的手法,考察了封面所反映出的每本书在出版背后所采用的营销策略。瓦尔·威廉姆森在对长篇传奇小说封面的研究中,汇集了出版商、作家和书迷的各种看法。妮基安娜·穆迪也采用了媒介和文化研究方法，通过参与式观察的策略分析书店中类型小说上架位置的变化。各章节所运用的多种独特的研究方法表明，它们都可以用于阐释图书封面对其各环节的生产者和读者的意义。

该书的第二部分以一种反转的方式回归到对现有图书封面文字的关注上。虽然其中的章节回避了对图书外封的设计优秀与否的讨论，但正如标题所暗示的那样，文化价值的概念实际上是读者挑选和购买通俗文学的核心方式。图书的外封不仅影响着图书的整体销量，而且会影响图书与作者所得到的评价。伊丽莎白·威比则考察了图书包装对文化守门人和观点提出者的形塑作用；在她这位业内人士看来，制作中图书呈现的质量及生产价值会影响文学奖项评委的评判。正如克莱尔·斯夸尔斯接下来所展示的，这些观念的领衔者的重要性在于这些文学价值的塑造者会引领读者，并直接影响图书的销售量。斯夸尔斯通过图书的封面，探究在文化价值的等级序列中，获得图书奖项定位一名作家的方式，考察文化价值、图书的护封与图书奖项之间的关系。苏珊·皮克福德则以一则详细的案例分析，对尚未被充分挖掘的图书的广告宣传词从文本维度进行了探索。她关注的不是更传统的正面评论，而是负面的宣传，从而测试了文化价值产生方式的界限。

xx

这些关于图书文化价值演变的论述涉及了图书封面本身与周围的媒介形式，尤其是出版社之间的关系。于是，本书第三部分的章节对图书营销与周边文化产业之间的关系进行了更深入的挖掘。格里·卡林和马克·琼斯首先追溯了20世纪60年代平装书的封面是如何将图书营销与流行音乐紧密联系起来的。瑞贝卡·米切尔同样探讨了图书推广营销中的互文性，具体关注的是由小说改编电影的封面艺术是如何影响读者的反应的。最后，亚历克西斯·威登探讨了图书封面的图像从防尘护封到网上书店的跨界应用,重点考察了作为互联网浏览的一部分,封面图片或许已然是一种关键的营销手段。

从某种意义上说,要检验护封对图书营销的重要性,就要看在图书的重新包装中,对读者的影响和评价它们的方式。热奈特注意到副文本在这一过程中特殊的中心地位。他评论道:"不可改变的是,文本本身无法适应其受众在时空上的变化。而副文本——则更灵活、适用……简直就是一种适应性方面的绝佳手段。"(Genette 1997,408)在本书的最后一部分,各篇章的作者考虑了小说被改编或"翻译"给不同受众的四种不同方式——此时受众的年龄、性取向、国籍、性别和品位各不相同。

梅丽莎·思凯关于女同性恋低俗小说的文章考察了这些低俗小说在 40 多年的时间段里是如何通过不同出版社的再版而转变。这些书最初是作为针对异性恋男性的、露骨的色情小说而出版,但也拥有一小部分忠实的女同性恋读者。思凯追溯了自 20 世纪 80 年代水泽仙女(Naiad)出版社重印书及其所反映的第二波女性主义浪潮的意识形态,到占据了后现代主义阵营地位的克莱斯(Cleis)出版社重印书,考察了图书在印刷、装帧及包装方面的转变。克里斯·理查兹关于弗朗西斯卡·莉亚·布洛克(Francesca Lia Block)的研究探讨了这位深受欢迎的作家的小说《薇姿·巴特》(*Weetzie Bat*),该小说最初正是为"年轻读者"出版的,后来则将青年文化作为一种生活方式,从而以一种全新的方式重新发行。在本书的最后一篇文章中,帕梅拉·皮尔斯探讨了阿尔及利亚女性形象被部分作家用于图书推销的方式,特别关注了阿尔及利亚女性作家在封面和封底所用图片上选择的形象与她们自我表现之间的矛盾。

xxi

由此,这部《以貌取书》通过对畅销图书物质属性的持续考察,提出了一些关于图书的当代市场营销、文学性、出版业和媒介研究的重要观点。作品接受、文化价值、协同作用和全球化等问题，性取向、种族等身份类别影响意义的方式问题，关于副文性、外文性和互文性等问题，关于行业、读者和文本之间的关系问题——以上每一个问题的讨论都在图书外封的表面上清晰地显现出来。图书封面显而易见的转瞬即逝与变幻为媒介的分析提供了一个新的维度，也为探索图书的物质属性提供了另一种方式。

（王苇 译）

第一部分

塑造封面的法则

第一章　平装书的演变：陶赫尼茨、信天翁和企鹅出版社

阿里斯泰・麦克里瑞
纳皮尔大学

你若真的喜欢，你可以拥有它的版权，

它能让你一夜之间腰缠万贯。

你若不喜欢，就撂这儿吧，

但我需要休息，我想成为一名平装书作家。

列侬和麦卡特尼，《平装书作家》，《左轮手枪》专辑(Lennon and McCartney，"Paperback Writer"，*Revolver*)，1966 年

当披头士乐队唱起《平装书作家》中的这段歌词时(《约翰・列侬》一书的确由企鹅出版社出版)，歌词中的渴望捕捉到了 20 世纪 60 年代的时代情绪：平装书既是文化传播的关键载体，它自身也成

为一种审美对象。回头来看，当时平装书的影响力和受欢迎程度可能正处在鼎盛时期。1960 年 5 月，《刊印中的平装书》（*Paperbacks in Print*）首次出版，其"参考文献"列出的在英国销售的平装书数量多达 5 866 种，到 1962 年 6 月，这一数量更是上升到 9 578 种——增加了 65%（Findlater 1966，12）。美国也再现了早期平装书的扩张，1939 年生产了 300 万本，1950 年达到了 2.14 亿本（Pryce-Jones 1952，18）。英美两国都见证了平装书出版领域与范围的扩大：前者指由重印扩展为出版小说与非小说的原创作品，后者指由类型小说扩展到虚构与非虚构作品。两个最大的英语出版国在平装书的设计上也展现出了融合。英国的平装书生产源于欧洲的封面排版传统，它在功能上展现出低调与简朴；而美国的平装书生产，不得不和放在药店与市场上出售的杂志争夺零售空间，它采用了竞争对手的鲜艳色彩与封面插图，创造出一种更加华丽与丰富的传统。本文拟详细介绍平装书在欧洲传统中的发展，从陶赫尼茨、信天翁再到企鹅出版社。在 20 世纪 60 年代的英国，欧洲人吸收了美国的传统，但是在这十年的头几年里，潘恩（Pan）和其他平装书出版社的最初尝试相当盲目，企鹅出版社则是试探性的。英国平装书的封面设计，特别是 1965 年到 60 年代末的企鹅图书，在模仿和犹豫中产生了创造与革新之花。

然而，所有 20 世纪平装书最典型的特征都可追溯到 19 世纪及以前：无论是装帧与封面材料，还是合适的尺寸与大规模印刷。在欧洲这种形式上的发展与功能需求密切相关。如果书的主人只是想捆扎图书，建立一个永久统一的图书馆，那么出版商只需设计廉价的封面。如果书的主人在阅读后认为它们是可有可无的，例如在火车上或度假时用来消磨时间，那么出版商同样只需采用廉价的封面。如果坐火车时或在温泉旅馆的沙龙中经常需要携带图书，那么

4

出版商需要以方便携带的大小与重量来生产。如果出版商认为他们的使命是通过低价提供好书，来实现知识的民主化，那么他们可以再版那些已经在市场或评论界证明自己实力的图书，以大量印刷和统一版式的方式降低成本。这些书更多的是借助书名或作者已有的声誉来销售，而非封面的吸引力。大众市场的消费并不要求每本图书对单个书目进行自我宣传，而是需要认可并信任出版商品牌。

例如德国雷克拉姆（Reclam）出版社的“万有文库”（Universal-Bibliothek）包含了一系列低价再版的知名作家的作品，这始于1867年德国版权法的放宽。小开本的平装书（152毫米×95.25毫米）以铅版印刷，红色封面上带有玫瑰标志，采用标准新艺术纸，最初以20芬尼的价格销售。20世纪20年代的封面设计带有更多人工排版的色彩，“二战”后不久的卷册则采用了书法封面，偶尔也见线描。1970年，为人熟知的无装饰性黄色封面问世。1912年，“万有文库”实现标准化后，推出了自助售书机，1917年达到了2 000台，主要分布于火车站及其干线、支线上，雷克拉姆出版社利用了大众对自我教育的渴望和重新崛起的文化民族主义。

莱比锡岛屿出版社（Insel Verlag）1912年创立的“岛屿书库”（Die Insel-Bücherei）发现了同样的市场。但是，相较于雷克拉姆，岛屿出版社在设计、排版和材料等方面为其图书引入了更高的生产价值。因此，虽然它的精装书印数为10 000～30 000册，但最初售价为50芬尼，比“万有文库”等竞争对手高出一倍多。这一差价使得在书中使用插图成为可能。1912年出版的薄伽丘《十日谈》（*Decameron*）便包含了七幅现代木版画，1917年《死亡的画像》（*Bilder des Todes*）则为霍尔拜因（Holbein）的插图提供了舞台，尽管它保留了印刷封面，只是通过插图来强化内容。“岛屿书库”的标准封面（到1961年

图 1.1　《手艺之书：配有乔斯特·阿芒和雷曼·冯·汉斯·萨克斯的 114 幅木刻画》，“岛屿书库”第 133 号，日期不详(*Das Ständebuch, 114 Holzschnitte von Jost Amann mit Reinmen von Hans Sachs* Insel-Bücherei Nr. 133, n.d.)。

为止)是装饰性的，由抽象的或半形象化的图案(类似壁纸)构成，上面贴有或印有标签，提供作者、标题和系列等信息，所有书籍的正文都以相同的哥特字体印刷。这些图案通常与它们所区分的书名的性质无关，企鹅出版社将此方法复制到“企鹅诗人”(自 1941 年)、“国王企鹅”(自 1943 年)、“企鹅乐谱”(自 1949 年)等系列图书中：贝多芬书信的封面是一根落入小溪的树枝和一排交替排列的仿日本设计的草或竹子，而乔斯特·阿芒(Jost Amman)的木刻封面则是粗花呢地毯上重复的花朵设计。重要的是,无论其确切特征如何,封面图案都使得这些书立刻被归于“岛屿书库”。然而,岛屿书籍并不是平装书,只有在 1941 年战时限制的紧急状态下,才使用了纸质封面;熟悉的木板封面(board covers)在 1951 年被法兰克福的西德岛屿出版社重新引入(东德岛屿出版社仍存在于莱比锡)。尽管它们价格低廉,但“岛屿书库”的编号卷目让图书的所有者得以收藏与保存,搭配图案的精美封面,宣传的不是单本书,而是这个品牌。

另一个相似的品牌是莱比锡的陶赫尼茨出版社,由于用英语出版,该出版社在英国平装书的发展和设计方面更具影响力。19 世纪中叶,陶赫尼茨出版社因再版英美作家的英文平装书系列而建立了可靠的声誉,但由于版权原因,这些书并不在英国销售。1841—1937 年,它发行了约 5 000 种图书,销售共计约 6 000 万册,成为“中欧讲英语的旅行者们所珍视的伴侣,以及外国学生通往英美文学宝库的捷径”(Steinberg,354)。在其易于辨认却毫无特色的装帧中,可以找到英国文学史上的所有伟大人物,尤其是维多利亚时代的小说家。汉斯·施莫勒(Hans Schmoller)说:“直到 1930 年前后,这些书在排版上都不值得称道:这些矮胖的图书,对于外套的口袋来说太宽了;为了便于阅读,每行用小体字,但字数过多。封面都是白色的,几乎一模一样,扉页也很苍白。”(Schmoller 1953,37)在 1930 年之前的十年中,该公司就开始走下坡路了。但陶赫尼茨并没有在第一次世界大战期间和战后立马倒闭,这要归功于当时的负责人——科特·奥托(Curt Otto)。然而,随着市场的关闭、原料(尤其是纸张)的匮乏,并且由于该公司没有针对战时的情形进行必要的重大改组,它在应对困扰德国的恶性通货膨胀时处于弱势求生的地位,直到 1924 年帝国马克(Reichsmark)的引入。由约翰·加尔沃斯(John Galsworthy)发起的作家协会,决定向英国作家(和代理人)提出改变合同惯例的建议，由英国与陶赫尼茨出版社同时出版改为前后相隔一年，这使得出版社从1926年起的问题变得更加复杂。1929年7月，科特·奥托逝世，甚至在董事会留下了遗赠。同年11月，陶赫尼茨出版社重组为一家私人有限公司，所有股份由第一任陶赫尼茨男爵的直系后裔独家持有。科特的弟弟汉斯·奥托（Hans Otto）博士成为董事会主席。曾在岛屿出版社工作过的马克斯·克里斯蒂安·韦格纳（Max Christian Wegner）被任命为“经理人”，即总管，负责这个不景气的公司的日常事务，同时也对保守的董事会负责，他们很在意公司的传统与辉煌的过去。施莫勒认为韦格纳的任命成为1930年前后的分水岭，因为韦格纳着手让陶赫尼茨公司走向了现代化，令其拥有更稳固的基础。

赫伯特·克斯特纳（Herbert Kästner）将韦格纳在岛屿出版社培训的使命，描述为以相对较低的价格提供高质量的图书（Kästner 1987，v）。这一目标源自岛屿创始人安东·基朋贝格（Anton Kippenberg）的民主理想。韦格纳是基朋贝格的外甥，他也赞同这些理想。韦格纳为1919年岛屿出版的奥尔巴赫（Aurbacher）的《七个施瓦本人的冒险》（*Die Abenteuer von den sieben Schwaben*）写作了后记；1924年，他是岛屿出版社十卷本巴尔扎克《人间喜剧》的众多译者之一；同年，他负责制作了一份岛屿出版社自1899年以来所有作品的目录。韦格纳是一个颇有学问和文化修养的人，岛屿书系的高产价值和美学吸引力，都反映了他自己的喜好。在离开岛屿并掌管陶赫尼茨之前，韦格纳是“代理人”，即拥有法定权力的公司职员；他应当很清楚这些生产价值与品牌有效营销相结合的商业需求。从1929年末到1931年离开，韦格纳在陶赫尼茨的决策都源于这种需求、偏好和理想。

韦格纳决定在陶赫尼茨书系中引入一条彩带，来区分不同的体裁。"每本书的四周环绕着一条纸带，纸带的颜色表示出版作品的不同类型；它带有对内容的简短描述，为书商与购买者提供帮助。"(Tauchnitz Edition 1932，13)韦格纳将丛书的简名(half-title)改为"英美作家作品集"，来表明陶赫尼茨书库的广泛性。然而，导致韦格纳与陶赫尼茨决裂的，并不是他在设计上带来的变化，而是他对公司出版业务所做的改变。他面临的困难很多：公司全盛时期以来，文学市场和出版实践的性质发生了变化，尤其是作家协会的故意拖延和文学代理人日益重要的作用，董事会没能完全领会。韦格纳曾尝试振兴陶赫尼茨的书系，但他被董事会挫败了。正如彼得·梅尔(Peter Mayer)在1978年接管企鹅图书这一文化标志时所做的那样，韦格纳通过削减待印的库存书目来维持陶赫尼茨出版社的财务健康。1929年的整体经济环境，并不利于将公司资产封存在仓库中。韦格纳还采取了现在看来对出版商颇为明智的举措，他雇用了莱比锡的另外两家印刷厂(必要时可在布达佩斯雇用第三家)，将陶赫尼茨图书的编辑与营销工作从生产中剥离，以确保获得最好的价格，最终，其中的一家，即布兰德施泰特(Brandstetter)，占据了垄断的优势。毫无疑问，如果韦格纳继续在陶赫尼茨工作，他将进一步推行改革，包括封面设计与排版的现代化。但这在当时并无可能。无论多么必要，韦格纳的行动在董事会眼中都是不可取的。1931年的年中，他被迫离开了公司。陶赫尼茨也因而失去了它富有活力的经理人。

7

韦格纳的想法、经验和动力，在与约翰·霍罗德·里斯(John Holroyd Reece)于巴黎创建信天翁出版社时得到了新的施展。文学代理人柯蒂斯·布朗(Curtis Brown)声称自己充当了中间人：

> [韦格纳]告诉我，他想成立一个与陶赫尼茨相抗衡的公

> 司,他认为陶赫尼茨已经长期垄断了欧洲大陆英文廉价书的出版,他正在寻求他人支持。不久之后,彬彬有礼的国际人士约翰·霍罗德·里斯走进了我的办公室,提出了与韦格纳相同的计划。……我撮合了里斯与韦格纳,他俩一拍即合。通过我们在巴黎的经理人(也是他俩的朋友),他们与一位著名的英国金融家取得了联系,后者愿意在幕后提供资金的支持。(Brown 1935,178)

资助者是犹太"矿业巨子"(其种族并非偶然)艾德蒙·戴维斯爵士(Sir Edmund Davis),他和霍罗德·里斯一样,长期以来对艺术和古董收藏感兴趣。这位百万富翁通过购置大量艺术品来满足自己,而出版商则在美国排版师弗雷德里克·沃尔德(Frederick Warde)的支持下,于1927年创立了飞马出版社(Les Editions du Pégase/Pegasus press),来传递戴维斯爵士的热情。霍罗德·里斯的出版生涯始于埃内斯特·贝恩(Ernest Benn),通过他,里斯建立了广泛的联系,并于1928年代表乔纳森·凯普(Jonathan Cape)公司,出版了拉德克里夫·霍尔(Radclyffe Hall)的《孤独之井》(*The Well of Loneliness*)。飞马出版社的印记,霍罗德·里斯主要用以发行价格昂贵的艺术书籍并用作少量排版与平面设计的材料。他通过沃尔德结识了著名的排版专家、设计师斯坦利·莫里森(Stanley Morison),以及汉斯·马尔德斯泰格(Hans Mardersteig),后者在现代平装书的设计上发挥了重要作用。韦格纳在陶赫尼茨曾尝试发展现代平装书,但备受挫败。1931年11月26日,信天翁出版社在莱比锡的"商业注册簿"上进行了登记,韦格纳被任命为企业"经理人";同月,他开始代表信天翁签署合同。信天翁的董事会成员包括威廉·柯林斯和伊恩·柯林斯(William and Ian Collins),主席是阿多诺·蒙达多里(Arnoldo Mondadori)。信天翁隶属于在卢森堡注册的"出版控股公司",由戴维斯爵士全资持有。

这些成员之间相互影响,创造了现代欧洲平装书的模板,并依据印刷的实践而非插图进行排版设计。主导者是汉斯·马尔德斯泰格,他本人就是一名排版师和印刷商。从1917年起,马尔德斯泰格在莱比锡为库尔特·沃尔夫(Kurt Wolff)工作,1919年时因健康原因离开,后者的公司迁往慕尼黑。1922年,他在瑞士卢加诺的蒙塔尼奥拉(Montagnola di Lugaho)建立了自己的手工印刷所——博多尼工作室(Officina Bodoni),在那儿为飞马出版社出版了三本书(1927、1928、1930),由斯坦利·莫里森编辑或合著。1926年,马尔德斯泰格印刷了查尔斯·里基茨(Charles Ricketts)的《为印刷业复兴辩护》("A Defense of the Revival of Printing",1899)的意大利语限量版译本——*Dell'Arte della Stampa*。(里基茨是戴维斯爵士的首席顾问,后者购买了大量艺术收藏品,包括大约170幅油画、100幅素描和30件雕塑,直到20世纪30年代末,这些藏品一直存放在肯特郡的奇勒姆城堡(Chilham Castle),反映了里基茨的品位和戴维斯爵士及其妻子对现代艺术家和印刷品的关注。)

8

1926年,阿多诺·蒙达多里鼓励马尔德斯泰格参加意大利的国家竞赛,制作邓南遮(d'Annunzio)的作品集;马尔德斯泰格获胜,并将他的办公室搬到了蒙达多里印刷厂所在的维罗纳(Verona)。为了满足竞赛条件,必须这样做:不仅要在日本皇室御用的天鹅绒纸上手工印制49卷,每卷209册,而且每一卷都要在手工制作的法布里亚诺水彩纸(Fabriano)上机印2 501册。(意大利政府为其国家诗人不惜重金。)随着1927—1936年间这些卷册的出版,马尔德斯泰格展示了排版和图形设计方面的高超工艺及其与现代生产方法的成功结合。在里斯的建议下,1934年马尔德斯泰格被柯林斯邀请到格拉斯哥，进行检查并提供建议，以改进书刊的设计与生产。柯林斯公司在英国出版的“犯罪俱乐部”（Crime Club）和“神秘俱乐部”（Mystery Club）是信天翁丛书的一个重要构成，马尔德斯泰格能够将之与在莱比锡生产的其他信天翁书目的排版和印刷情况做直接的、不利的比较。（早期的信天翁书目是由蒙达多里公司在维罗纳印刷的。）“二战”后不久，马尔德斯泰格还参与了“蒙达多里现代书库”（Biblioteca Moderna Mondadori）意大利重印本的制作。

马尔德斯泰格在后来工作中的大部分权威，来自他在 1931 年设计的“信天翁现代欧陆书库”（Albatross Modern Continental Library）。他为信天翁图书选择了更具吸引力的（相较雷克拉姆或陶赫尼茨出版社）、长×宽为 181 毫米×112 毫米的开本尺寸，与1.62 的“黄金分割”比例相吻合，每一行的长度对于阅读和图书的紧凑性而言都非常合适。封面的排版只有信天翁的黑白标志，它伸展出长长的翅膀，彰显了整个设计的优雅。封面还包括标准的书名、作者与出版商信息，附加版权声明“不得引入大英帝国或美国”，周围印有“信天翁现代欧陆书库：巴黎：汉堡：米兰”，强调其泛欧洲的雄心。“时至今日，从设计的角度看，它也许达到了纸质图书的顶峰。”（Schmoller 1953，38）在韦格纳的管理下，陶赫尼茨出版社引入了一条彩带来显示图书的体裁；而信天翁出版社则在韦格纳的管理下使用了封面颜色编码：红色代表冒险与犯罪小说；蓝色指代爱情小说；绿色是游记和外国人的故事；紫色代表传记与历史小说；黄色是心理小说和散文；橙色代表故事和短篇小说、幽默或讽刺作品（银色后来被用于具有特殊价值或长度的文集，如 1933 年发行的《信天翁生活诗集》[*The Albatross Book of Living Verse*]）。从 1932 年起，信天翁图书的商业成功在很大程度上是由于其外观的新颖和现代。它在视觉上的克制强调了内容的严肃性及其质量。外观与内容两

9

方面的品质保证,都使得信天翁在市场上领先于它的主要商业对手陶赫尼茨。例如,温德姆·刘易斯(Wyndham Lewis)在1934年访问柏林后在给斯图尔特·吉尔伯特(Stuart Gilbert)的信中写道:"信天翁丛书随处可见。"(Lewis to Gilbert 19 June 1934)

自1931年韦格纳离开后,陶赫尼茨出版社的状况日益下滑,最主要的原因是来自充满活力的年轻的信天翁的竞争,1934年年中,陶赫尼茨被出售。通过沃尔夫冈·布洛克豪斯(Wolfgang Brockhaus)——令人敬畏、与其同名的德国出版社——卡尔·普雷斯勒(Karl Pressler)讲述了当时在莱比锡流传的谣言,陶赫尼茨将被一家英国出版社即信天翁收购,由一位犹太大亨艾德蒙·戴维斯爵士持有(Pressler 1985,A5)。普雷斯勒还转述了许多人的疑问:陶赫尼茨男爵的老牌德国公司,难道在纳粹政府成立的第二年就落入犹太人之手? 1933年起,纳粹的政策直接指向对媒体的控制;出版和图书贸易因而成为重组的重点。股票交易所失去了独立性和目的性,德国的图书贸易被帝国文学院(Reichsschrifttumskammer)及其下属的书籍贸易组(Gruppe Buchhandel)控制;犹太人拥有或管理的企业被雅利安化。而对布兰德施泰特公司(当时生产陶赫尼茨图书的印刷厂)的收购,无论是尝试避免犹太人所有,还是防止纳粹干预,又或兼而有之,可以肯定的是,陶赫尼茨都需要一个比新东家所能提供的更可靠的编辑管理。韦格纳一直与布兰德施泰特保持着联系,是他最初邀请这家公司印刷陶赫尼茨图书,后来又为信天翁图书服务;如果垂死的陶赫尼茨出版社想起死回生的话,与霍罗德·里斯联合的韦格纳拥有广泛的人脉和经验。

1934年9月1日,韦格纳重掌陶赫尼茨,如果不是因为四年前董事会的不妥协,他早就尝试挽救公司了。韦格纳借助信天翁公司的代理实现了这一目标,信天翁自身既是陶赫尼茨的竞争对手,也是现代化公司的典范。信天翁承担陶赫尼茨的编辑工作,而布兰德施泰特监管生产。韦格纳现在可以自由地继续推进之前曾受挫折的图书现代化进程了。在接受信天翁管理的五年时间里,陶赫尼茨图书的出版数量稳步上升——1934/35 年 37 种,1935/1936 年 39 种,1936/1937 年 42 种,1937/1938 年 46 种,直至 1938/1939 年,因为德国和国际局势的恶化,只发行了 29 种。

到 1936 年,信天翁对陶赫尼茨的管理带来了公开的、积极的好处:陶赫尼茨图书又矮又宽的原始开本(164 毫米×118 毫米),被更为优雅的信天翁尺寸所取代;改用了不同的铅字字体(如加拉蒙[Garamond]、巴斯克维尔[Baskerville]、波利菲勒斯[Poliphilus]和本博[Bembo]),令阅读更加舒适;新版式与新字体缩短了行长,使阅读更加清晰;同样,来自信天翁的彩色封面和相同的编码方式,也令读者在匆忙中更易区分。陶赫尼茨的纸带被弃用了,最初印在纸带上的简短描述,现在以三种语言(英语、法语和德语)出现在封面上。两个系列的平装书外观得到了统一,从而在生产、销售和展览等方面实现了规模经济,唯一的区别是陶赫尼茨图书的标志是字母“T”(英国知名雕刻家和排版师雷诺兹·斯通[Reynolds Stone]应里斯的请求所设计),而不是马尔德斯泰格为信天翁设计的鸟形标志。但这种统一与成功并未持续多久:第二次世界大战永远地改变了欧洲,战前的情形无法重现。尤其是一家咄咄逼人的英国平装书商,以一只温顺的企鹅为原型,在“二战”期间获得了成功,它开始主导欧洲大陆的英语图书市场。

1935 年,艾伦·莱恩(Allen Lane)推出了企鹅图书的平装版,令所有前辈黯然失色。其灵感既源自社会,即对全新读者群体的追求,也来自商业,即 1932 年以来信天翁的成功先例。1934 年 9 月,艾伦·莱恩参加了在牛津的里彭学院(Ripon Hall)举办的周末会议，会议由出版商协会和书商协会的主席发起，主题与“新的阅读大众”有关，约有50名出版商和书商出席。这次会议源于菲利普·昂温（Philip Unwin）在《书商》上发表的一篇文章，昂温将这一阅读群体与19世纪末新报纸的诞生做了类比，并询问图书业中能与诺斯克里夫（Northcliffe）和他的报纸相当的人在哪里。“另一个新的阅读群体已经出现，但图书业还不能像上一代的报纸经营者那样获得这一群体的支持。”（Unwin 1934，184）他强调了大众图书馆及其使用的增长，非专业读者可以接触到的非虚构文献市场的繁荣，以及BBC广播的“会谈”（talks）节目拥有的大量听众。这一市场的潜力尚未被出版商发掘。昂温认为“图书业向广大公众提供的产品质量和价格都没有问题”，并以普通人图书馆和家庭大学图书馆为例进行了说明（184）。对昂温而言，错误在于书商没有让他们的商店具备足够的吸引力，或者做出努力吸引“新的阅读大众”。在这次会议上，与会者普遍意识到廉价市场的一端存在着阅读群体，但是如何进入这一市场，几乎未得出结论。

其他出版社也做了尝试。事实上，市场上充满了廉价的重印本与之竞争，争夺主导权的斗争非常激烈。哈罗德·雷蒙德（Harold Raymond）写道：“六便士的平装书至少有四分之三个世纪的历史了。”（1938，23）柯林斯出版社在1934年4月初加入，宣布了一个新的重印本系列，每册定价七便士。这些图书包括萨默赛特·毛姆（Somerset Maugham）的《彩色的面纱》（[*The Painted Veil*]葛丽泰·嘉宝[*Greta Garbo*]为改编电影的主演），阿加莎·克里斯蒂（Agatha Christie）、埃德加·华莱士（Edgar Wallace）、弗里曼·威尔斯·克罗夫特（Freeman Wills Groft）和菲利普·麦克唐纳（Philip Macdonald）的一些侦探小说，以及罗斯·麦考利（Rose Macauley）的《与亲戚同住》（*Staying with Relations*）。1934年5月，哈钦森 11

(Hutchinson)出版社紧随柯林斯的步伐,但很快退出了,因为书商们担心低价图书的利润率不断萎缩,而高价版本的销量也在下滑。这种基于图书业固有的保守主义之上的敌意,在第一批企鹅图书问世时再次出现。哈罗德·雷蒙德明晰了人们对图书业的疑虑和恐惧,特别是面对与企鹅出版社相关的廉价再版图书。企鹅图书的诋毁者们被描述为"思想开放的批评家,他们焦急地想知道,若将图书利润缩减到现在的一本小说六便士,图书业能否承受得住"(Raymond 1938,24)。

> 许多书商报告说,在过去的几年中,三至六便士、半克朗和弗洛林重印本的销量出现了灾难式下滑。以每本两便士的毛利出售的企鹅出版社能取而代之吗?问题还在于,企鹅出版社在多大程度上发现了额外的市场?……换言之,由于企鹅图书的出现,大众在书籍上的支出是增加了还是减少了?

雷蒙德结束了他的哀歌。

> 这些预言可能显得过于危言耸听了,但对于任何人而言,要维系我们的书业稳定,以及作者、出版商和销售商的合理薄酬,只能通过给普通的文学作品定以相当高的初始价格,避免在随后的廉价本中过快或过急地降价,企鹅出版社的出现是一个名副其实的炸弹。(27)

柯林斯与哈钦森的七便士版本是布艺包装的,但六便士的纸质本小说已经出现在各类型小说和(非版权)经典版本中。1936 年 7 月,第一本企鹅图书出版后的一年,培生(Pearson)公司开始销售六便士系列小说，封面是醒目的橙色与黑色，内容包括侦探、西部、爱情与探险等不同类型，作者是哈罗德·沃德（Harold Ward）、维多利亚·克罗斯（Victoria Cross）和欧内斯特·古德温（Ernest Goodwin）等不太知名的人。马迪恩（Martyn）的六便士儿童书库"印刷精美，配有三色封套"，书名可靠，诸如《珊瑚岛》（*The Coral Island*）、《黑美人》（*Black Beauty*）、《小妇人》（*Little Women*）和《水宝宝》（*The Water Babies*）。柯林斯仍在坚持，到1935年2月，它的七便士书库宣传了19种图书，包括12种盒/箱装价值七先令的图书，广告上写着"比一本七/六便士的小说价格还低"。这种宣传材料针对的是书商和的私人图书馆（通常是两便士），"既能借又能卖"。与此同时，柯林斯公司在其"一先令小说系列"中销售了140多种有书套及布面装订的图书。这一再版包括了所有的作者，以及一些以七便士价格发行的图书。

莱恩敢于冒险的商业灵感是在信天翁丛书的成功中发现的。当第一本企鹅图书问世时，"信天翁现代欧陆书库"已经发行了272卷（Sinclair Lewis，Elmer Gantry）。1934年，艾伦·莱恩与约翰·霍罗德·里斯讨论了信天翁与博德利·黑德（Bodley Head）出版社的合作，而莱恩当时是博德利·黑德的经理（confidential memo 1934）。这些讨论包括在英国建立与信天翁合作出版的"现代书库"，信天翁继续负责由莱恩所提供的纸张在欧陆的销售。这是后来柯林斯"犯罪俱乐部"和"神秘俱乐部"小说作为信天翁平装书发行时的体系，在这种情况下，图书装订仍在格拉斯哥进行。信天翁就出版的必要细节向莱恩提供建议，以便在这种操作中获得最优的规模经济。平装书的低价不在于装订的性质，而在于通过大批量出版的规模经济来降低成本，分摊固定支出。从这一普通印刷的建议和柯林斯后来的倡议中不难发现，计划中的英国"现代书库"将采用

12

图 1.2　辛克莱·刘易斯,《陷阱》,“信天翁现代欧陆书库”第 3 号,1932(Sinclair Lewis, *Mantrap*, The Albatross Modern Continental Library no. 3, 1932);安德烈·莫洛亚,《阿里尔》,“企鹅图书”第 1 号,1935(André Maurois, *Ariel*, Penguin Books no. 1, 1935)。

与“信天翁现代欧陆书库”相同的版式。由于封面设计的新鲜感对信天翁图书的成功至关重要,完全有理由相信,类似的印刷封面会在英国采用。换言之,这将是一只英国的信天翁,也许只不过会有不同的鸟类印记和标志罢了。

因为版权许可的困难和博德利·黑德出版社的财务不稳定,与信天翁的约定并没有取得商业成果。但是,信天翁的出版许可只用于欧洲大陆,它的书籍并不能在英国或美国销售流通,因为其他出版商持有了英语版权。从下述的讨论可见,这些出版商极其不愿意出让任何的权利。1934 年,博德利·黑德出版社的财务状况不佳,没有能力与信天翁签订合作协议。截至同年六月底,公司损益表上累计赤字达 42 367 英镑,到 1935 年 6 月底,进一步增加亏损4 968.18

13

英镑。

在这种情况下，与信天翁的合作不了了之，董事们拒绝授权艾伦·莱恩独立于信天翁，以博德利·黑德出版社之名创建企鹅图书，认为这是一个“不成功便成仁”的事业，更有可能摧毁本已脆弱的公司。艾伦·莱恩因信天翁的先例而信心大增，他在自己和两个兄弟的担保下，创建了一个独立的公司——企鹅图书，尽管前 80 种企鹅图书的封面上也印有博德利·黑德出版社的印记。他们当时都不富裕，如果企鹅图书失败了，他们将失去拥有的一切。企鹅图书取得了巨大的成功，在首次发行的 12 个月后，其盈利和博德利·黑德的亏损一样多。到 1936 年 6 月底，博德利·黑德的赤字已经增加到 8 700 英镑。除去艾伦·莱恩为自己提取的 1 000 英镑外，企鹅图书在经营的前九个月内，获得了4 500英镑的净利润。博德利·黑德出版社走向破产接管，部分原因是为了避免其亏损对企鹅公司造成的影响。后者仍然是一个独立企业，由莱恩及其兄弟所有，1936 年初，它成为一家私人有限公司。名义股本是 100 英镑，最初的运营支撑来自向银行透支的 7 000 多英镑，以莱恩三兄弟的个人资产作为担保。

1935 年 4 月 17 日，《书商》头版登载了一则简短新闻，推动了企鹅图书的发行计划，尤其是通过书店和其他零售商进行品牌营销的需要。该文引用了来自美国的《出版人周刊》的信息，并在副标题中强调，美国的重印出版商占据了总数的 60%，“远远高于原版出版商的比例”，因此，他们在为现有人群提供服务的同时，也创造了一个新的阅读群体。此外，“重印本的销售在很大程度上由百货商店和药店负责”，他们不一定知道书中的内容，但知道如何创造一个有吸引力和不具威胁性的销售环境。虽然权威杂志《书商》的结论强调再版贸易对“新书”业务的寄生属性，但是艾伦·莱恩从北美经验中得出了其他结论。

莱恩吸取了信天翁出版社和美国的经验教训，以及昂温对书商的警告。他意识到，通过各种渠道进行品牌营销和分销，是企鹅图书成功的关键。企鹅封面的起源，在多数讲述企鹅历史的描述中被反复提及，尽管很少有人承认它直接模仿了信天翁简洁而平衡的封面。艺术家爱德华·杨(Edward Young)回忆了公司的早期时光：当一位秘书建议选用企鹅图案时，有关动物集的编辑讨论陷入僵局；杨被派往伦敦动物园寻找信天翁的替代品，“第二天早上就设计出了出奇简单的封面，并很快就成为书摊上一道熟悉的风景”(Young 1952,210)。当然，这个出奇简单的封面设计更多归功于马德斯泰格1931年的原创，杨的功劳当然只是以企鹅取代了之前的信天翁。弗雷德里克的妻子比阿特丽斯·沃尔德(Beatrice Warde)是一位更著名的排版师和教育家，她写道，“这些早期企鹅图书的排版是对纪律、良好的方法和经济现实主义的演练，通常体现在最成熟的设计师身上”，比如她认为汉斯·马德斯泰格(Lamb 1952,40)的作品正是出自这样一位“成熟的设计师”。

14

莱恩希望把他的图书品牌卖到广大读者所去之地——伍尔沃斯(Woolworths)和其他连锁店，以及那些曾不敢进入的地方——书店。关键因素是品牌，而不是单本的书名。

> 我们在将“品牌商品”引入图书贸易的第一次认真尝试中意识到累积推广价值的来源：首先，要有一个一致的、易于识别的封面设计；其次，要有一个容易念、容易记的好商标。(Lane 1938, 42)

封面和商标设计非常成功。企鹅公司为商店提供了大量以品牌为导向的展示材料，以商标为中心，扩展了企鹅的特征。1936年4月，哈德逊（Hudson）在伯明翰的书店获得了由企鹅公司赞助的最佳橱窗展示奖，而在5月，《书商》的整个头版都被企鹅的"夏季大促销"广告和一场促销比赛所占据——企鹅公司为海边度假胜地和度假小镇的书商提供现金奖励，奖励他们最有效、最具有原创性的企鹅图书销售展示。有两种颜色的展示牌、三种颜色的横幅、15英寸高的企鹅剪纸，以及长长的橱窗条——都是为了宣传品牌，而非具体书名。

书名的选择并非不重要。相反，要推销品牌，就必须让公众相信企鹅出版社所选的书目正确、可靠。除了博德利·黑德之外，企鹅出版社只能从精装出版商那里选择有限的书籍。乔纳森·凯普只在企鹅公司出版了他的部分作品，因为他觉得公司撑不下去了，在此期间不如拿走企鹅公司的钱。查图与温都斯（Chatto & Windus）的哈罗德·雷蒙德后来勉强承认，莱恩"显然是在用这个系列的书逃跑，个人出版商或个人作者试图坚持反对这个计划，这似乎没有什么意义"（1935年10月8日，雷蒙德给J. B. 平克[J. B. Pinker]文学代理公司的拉尔夫·平克[Ralph Pinker]的信件）。授权给企鹅出版社的图书都有可靠的记录；它们的印鉴页表明之前曾连续再版，并出现在其他再版系列中。最初发行的十本书是侦探小说的精明组合，比如柯林斯出版的六便士的"犯罪俱乐部"系列，贝弗利·尼科尔斯（Beverly Nichols）"顽皮但善良"的自传，埃里克·林克莱特（Eric Linklater）的轻松、巧妙的幽默作品，以及安德烈·莫洛亚易懂而严肃的雪莱传记《阿里尔》。艾伦·莱恩的"天才"在于选择书名来建立品牌形象，这种选择部分是基于他自己的品位："在选择这最初的十本书时，我对每本书都做了一个测试，就是问自己：如果我没有读过这本书，当我看到它以6便士出售，这本书是否会让

14
15

我说:‘这是一本我一直想读的书,我现在就去买?’”(Lane 1935,497)。封面的标准化排版反映并传达了该品牌的可敬和可靠。在美国的传统中,使用插图封面会损害莱恩精心打造的品牌形象。

然而,在这种情况下使用“传统”一词,如果暗示平装书出版在美国由来已久,就会产生误导。插图封面是包括纸质杂志在内的主要卖点,它们在《出版人周刊》确定的大量可供重印的零售网点中争夺版面和注意力,以求再版。(美国的精装本再版系列,如1928年推出画报封面的“现代图书馆”[Modern Library],一直以更成熟的市场为目标,并在设计上表现出适当的节制)。美国第一家大型平装书出版社——口袋图书于1939年以企鹅图书的模式(避开鸟类类别,选择袋鼠作为其标志)成立,此前20年,包括博尼兄弟(Boni brothers)在内的几次尝试都以失败告终。它的前十本书和四年前的企鹅一样保守:包括侦探小说的明智组合,如阿加莎·克里斯蒂的《罗杰疑案》(*The Murder of Roger Ackroyd*),莎士比亚和艾米莉·勃朗特(Emily Bronte)的经典作品,多萝西·帕克和桑顿·怀尔德(Thornton Wilder)的当代作品,以及无法分类的作家费利克斯·沙顿(Felix Salten)的《小鹿斑比》(*Bambi*)。尽管如此,为了争夺读者,每本书都有自己独特的封面,从半超现实主义到半摄影主义。阿文出版社(Avon Books)成立于1941年;它几乎立刻就被口袋图书公司告上了法庭,理由是抄袭版式;口袋图书败诉了——在平装书的进化链中,企鹅、信天翁和陶赫尼茨都是袖珍书的受害者,这也不足为奇。阿文的封面甚至比其竞争对手更引人注目;从半摄影到半色情主义,可谓五花八门,书名间的竞争缺乏欧洲传统特征所独有的对品牌和装饰的重视。

然而,在加拿大的“公开市场”中,企鹅克制的封面在与美国对手竞争时遭遇了困难。1944年,多伦多市贸易委员会的图书出版商分会在加拿大人访问英国出版商协会时，编写了一份关于加拿大图书贸易的报告。报告的重点显然是英国出版商服务加拿大市场的效率。其中一个关键的建议是有关书皮和封面的。“甚至在图书馆的墙上，几乎违背了图书管理员的意愿，美国书籍还得到了进一步的宣传，因为那些防尘护封色彩鲜艳，设计精美，寓意丰富，非常易于用作展示和海报装饰。英国的封皮往往颜色暗淡，除了作者和书名之外，往往没有任何信息。”(*Report on Canadian Book Trade* 1944,28)。在第二次世界大战期间，企鹅美国公司从1942年开始制作自己的图书，插图封面的吸引力变得更加明显，这既是为了弥补进口书籍的实际或潜在损失——每当一艘商船被鱼雷击沉时，可能就有5万本企鹅图书随之沉没——也是为了利用商机，比如1943年与《步兵杂志》(*Infantry Journal*)的合作。为了在国内市场上与口袋图书、阿文和它们的后继者竞争，企鹅美国公司不得不采用图片——它的封面通常由艺术家罗伯特·乔纳斯(Robert Jonas)设计——而不是像企鹅英国母公司的排版封面那样使用字母。

16

在英国本土，新的竞争对手出现了，它们不那么受制于排版传统。特别是成立于1944年的潘恩出版社，在1947年发行了第一本面向大众市场的平装书，通过使用全彩插图，似乎代表了一种不那么呆板、更“美国”化的封面设计方法。从20世纪50年代开始，其书单上最重要的书籍是伊恩·弗莱明(Ian Fleming)的詹姆斯·邦德(James Bond)系列，依靠戏剧性的封面来反映内容“暴力的虚荣”，并加强对读者的吸引力。成立于1951年的柯基(Corgi)出版社也效仿了美国而非欧洲的模式。英国读者越来越多地被生动的广告插图所包围，更加注重视觉的效果。

企鹅的反应是巩固而不是改变。1947年，扬·奇肖尔德(Jan Tschichold)获得任命，负责企鹅公司的排版和生产——这一角色类似于马尔德斯泰格在1934年为柯林斯出版社担任的角色。这一举动代表了排版封面的延续。奇肖尔德在莱比锡开始了他的职业生涯，为岛屿出版社负责封面和装订，为珀舍尔和特普特(Poeschel & Trepte)的印刷商负责排版和印刷生产工作。他对纳粹的敌意促使他在1933年前往瑞士的巴塞尔，此后那里成为他的基地。换句话说，他深受欧洲排版封面传统的影响，他引入的改革主要是为了达到为企鹅服务的印刷商所期望的标准。他确实对封面的水平色条进行了修改，以允许偶尔进行谨慎的线描或雕刻。品牌形象的延续，以及随之而来的理性和品质保留了下来。这部分源于艾伦·莱恩的个人品位——他鄙视美国"卖胸者"(breastseller)①的花里胡哨——部分源于对改变成功模式的恐惧。

1949年，在奇肖尔德回到瑞士后，曾在德国印刷和图书业工作过的汉斯·施莫勒接替了他。然而，施莫勒在企鹅公司任职很久(他于1976年退休)，见证了封面使用插图的变化，起初是渐进的，后来随着艾伦·莱恩对公司控制力的下降而加速了。施莫勒发展了奇肖尔德的垂直网格概念，以取代自1935年以来一直使用的水平网格，并以这种方式为封面的进一步装饰打开了通路。然而，在1957年和1958年，为了确定引入全彩插图封面的效果而进行的实验导致了品牌形象的损失——"一些公众根本不相信这是企鹅"——以及销售数字无法证明的额外的成本(Baines 2005,87)。

托尼·戈德温(Tony Godwin)在1960年被任命为编辑顾问，并在相对较短的时间内晋升为主编。这表明，尽管艾伦·莱恩很保守，但他认识到企鹅内部需要新思维。从1961年开始，设计师杰尔马诺·法切蒂(Germano Facetti)在"企鹅犯罪系列"等传统企鹅颜色

---

①　此处是对bestseller的揶揄。——译注

编码系列的基础上，引入拼贴、插图和摄影的元素，以符合品牌和个别标题的性质。这并不像1957—1958年失败的实验那样激进，但这些新封面的影响很大，以至法切蒂开始改造其他系列，如“企鹅经典系列”。自第二次世界大战以来，戈德温改进了相对沉寂的“企鹅特辑”，以处理20世纪60年代的教育、毒品和工会等问题；这次改革包括修改传统的红色封面、使每个标题更引人注目、更具有时代性等。菲尔·贝恩斯(Phil Baines)认为，这种变化的关键是英国艺术学院平面设计教育的发展，以及随之而来的寻找和雇用创新设计师的能力，这些设计师能够将封面插图和设计从排版与页面布局中分离出来(Baines 2005,6)。这也必须被视为对当时日益增长的视觉文化的回应。这一点在1965年戈德温任命艾伦·阿尔德里奇(Alan Aldridge)为艺术总监时表现得尤为明显。阿尔德里奇很少注意品牌形象的连续性，他把每张封面都当作宣传特定书籍的海报。结果企鹅系列书籍的色彩和诙谐、戏剧性的封面突然开花结果，几乎全然不受迄今为止占主导地位的欧洲印刷传统的影响。这些封面就像披头士乐队的《黄色潜水艇》一样让人想起20世纪60年代。

17

然而，1967年戈德温失宠，阿尔德里奇也随他一起离开，企鹅出版社摇摇晃晃地回到了传统排版。公司缺乏信心，也许是源于一种内在的意识，即传统封面的时代已经过去，只有艾伦·莱恩的存在才能维持传统封面的生命。企鹅出版社在1969年发行了3000册詹姆斯·乔伊斯的《尤利西斯》，以庆祝莱恩50周年的出版生涯，它提供了一个最鲜明和最悲惨的排版设计实例(McCleery 2008)。1970年莱恩去世后，公司被培生集团收购。1978年，美国人彼得·梅尔成为其董事会总经理，负责使公司更加“现代化”，以增强公司的获利能力。他放弃了与过去的连续性；每本书都根据自身的优点而不是将之作为企鹅品牌的一部分进行宣传；封面变成了一种相当传统的宣传方式；只有书脊显示出与旧传统存在联系。马尔德斯泰格、信天翁、奇肖尔德的遗产已经失落，仅偶尔会在特意向企鹅的历史或其中某个系列致敬时重现。正如《1066 及其所有》（[*1066 and All That*]企鹅出版社出版）书中所总结的那样："美国就这样成为顶级国家，而历史就这样到来了。"

后记

史蒂夫·黑尔（Steve Hare）和尼尔·哈里斯（Neil Harries）阅读并评论了这篇文章，我很感谢他们指出了我的一些错误论断，并扩展了我的知识。当然，任何余下的错误都由我一人负责。

（闵心蕙 译）

第二章　图书的市场定位如何确定：解读封面

安格斯·菲利普斯
牛津布鲁克斯大学

一种传统的观念认为，出版业是由出版而非市场需求引导。编辑们直接提出准备出版的选题，对他们的读者却很少考虑。在这种前提下，大量的标题流入市场，其平均销售却极其惨淡，这样的有力证据不断涌现。但是，绝大多数商业出版社会辩解道，由于市场部门的发展，以及出版市场上越来越强的市场需求意识，出版业的实际情况已然发生了改变。

一本图书的封面或护封传达着有关内容的信息，对进货的销售方和店里潜在的购买者双方都有影响。考虑到大客户和出版社的编辑、营销推广、销售人员，图书封面对一本书的销量的重要性，会在新样式审批流程的增长方面体现出来。本章的目标在于考察成人文学的需求及其对图书销售的启示。市场营销理论的重要观念将有助于阐明关于图书装帧的理解。对封面的"解读"能否揭示出版商们关于他们目标市场的假设或认识？图书封面如何在其读者的心中为图书定位？新生代作家的定位和知名作家的不断再认识如何实现？

本章采用当代视角，涉及设计美编、文字编辑和市场营销人员，分析案例则来自英国畅销作家阿加莎·克里斯蒂。当她的小说销量开始下滑时，大家的关注点转向了这一下降背后的原因。研究显示，销量减少之谜在于克里斯蒂作品的封面和它所传达给潜在读者们的信息。

一部小说的封面设计往往与其情节和人物相呼应；在读者那里勾起一股战栗、激情或充满悬疑的感受。正如约翰·穆兰(John Mullan)所言，小说提供了"一片尤为广阔的图书设计天地。其中部分是源于小说所占据的市场份额之大。小说在不断推进拓展，追求吸引一切可能的视线。小说还挑战和释放了设计师的创造力空间，封面不仅仅涉及图书内容中的相关图景，还可涵盖它的特质和非凡的想象力"(Mullan 2003)。

要明确出版商对他们出版非虚构作品的市场的态度，则有必要对市场营销策略的发展有一个详细、具体的把握。笔者将从以下三个方面聚焦其发展过程：市场细分、目标市场选择和定位。既然有一千个读者，出版商们就需要分割出不同的顾客群，从而明确针对这些顾客群制定他们的市场营销计划。这对于图书封面和设计究竟会产生怎样的作用呢？

20

市场细分

出版商面临着向顾客进行市场营销的诸多选择。他们是否要面向全体读者市场，抑或是准备将市场细分为一系列更小的类别？

针对读者的大面积市场营销费用较高——例如图书的电视广告就很少见——并且可以更高效地加大特定读者群的销售数量。市场细分原则同样适用于图书消费者。科特勒(Kotler *et al* 2004)等曾概述了市场细分的四大基本依据:地理、人口年龄、心理和行为。

地理市场细分将市场以国别、种族或城市等标准进行分割,并检测消费者特征中的任何差异。众所周知,在英国,地域性消费千差万别,这一点在图书封面方面并非那么一目了然。但是,英美市场在图书封面上的审美偏好之差异却有目共睹,而且,考虑到消费者的诸多类别,出版商会推出不同的设计:"图书是体现文化敏感的事物:在一个国家的文化中可能激荡出微妙共鸣的意象或许在另一国并无意义;那种万金油似的方法、放之四海皆准的单一设计,在图书封面上已经不合时宜了。"(Shaughnessy 2004,18)

人口统计区隔则以年龄、性别、社会经济分类来分割市场。读者年龄越大,收入与教育程度越高,则阅读量越大,这一事实证明了一点:"图书阅读在 55 至 64 岁年龄段的退休人员、社会组群 AB[①]、在读人士和 19 岁或以上的继续接受教育人员中最受青睐。"(Bury 2005,12)而具体到虚构作品阅读,阅读模式同样在不同的年龄层次里体现出区别,但证据表明女性比男性在小说上阅读得更多。橘子小说奖[②]关于阅读习惯的民意调查显示,57%的女性是虚构作品的读者,而其男性读者仅占 36%(Hartley 2003,27)。

---

① 英国"全国读者调查"(National Readship Survey)将读者按人口统计学特征分为 A、B、C1、C2、D、E 六类,AB 和下文的 ABC1 分别指这个分类中的前两类和前三类,教育程度和收入水平更高。——译注

② 橘子小说奖(Orange Prize for Fiction),1996 年由英国作家凯特·莫斯建立,授予用英文写作的女性作家,不限国籍,是英国最重要的年度文学奖之一,由英国电信公司 Orange 赞助而得名。该奖项从 2018 年开始将由多个品牌联合赞助,现改名为"女性小说奖"(Women's Prize for Fiction)。——译注

心理性统计区隔通过消费者的兴趣、愿望和感觉对他们进行分类。关于图书消费者，仅有少量的可供参考的研究，且其中的变量必须得到谨慎对待。但考虑到这些特性都与图书（销售）高度相关，冲动型消费也时常出现：

> 人们常常怀有一种错误的认识，以为书对自己的唯一功用就是阅读。错了……人们买书其实是因为这一购买行动表明了他们是怎样的人——这其中涉及品位、修养和新潮流。他们的目的……是将这些文雅的标签和书的所有者联系起来，比如他们自身或接受他们赠书的人。（Riggio，cited in Kotler and Armstrong 2001，183）

正如时代华纳（Times Warner）出版社的设计师珍妮弗·理查兹（Jennifer Richards）所解释的那样，图书已然成为一种可供炫耀的装饰品。

21

> 《欲望都市》已经对女性小说的设计产生了巨大的影响。它现在就是装饰品……这部剧让女性希望看上去更时髦，阅历更丰富，而我们的图书的外观同样应当更加有吸引力。女性读者乘坐地铁读书时，应当能为书的封面更美观而感到骄傲。（Kean 2005b，22）

这种影响肉眼可见。比如在“鸡仔文学”[①]和浪漫主义小说当中，封

---

① 鸡仔文学（chick lit），女性为女性撰写的世情小说的总称，英美出版界的一个专门流派。英美俚语将年轻女郎统称为 chick（小鸡），lit 是 literature（文学）的简称。这个表达的书面语使用最初见于 1988 年，当时是大学里对“女性文学传统”这一课程的俚语表达。——译注

面正变得越来越醒目、前卫。“鸡仔文学”市场也在扩大，从超级市场型的纷繁主题到更高端的高消费状态的不同条线都获得了更大的空间。

行为研究上的变量则包括产品用途、场合、收益细分，以及品牌忠诚度。这些因素都和图书及其市场营销息息相关。首先，市场可通过顾客购买图书的频次进行划分。这一方面的一大困境在于，应当聚焦于购买图书的常客，还是尽量吸引新顾客以扩大市场占有率。2005 年公布的一项民意测验显示，1/3 的成年受访者在过去的一年中从未买过一本书（Bury 2005a）。相比之下，民意测验显示，22%的受访者可被归类为重量级消费者，每年购书达十本以上。女性因为会给孩子买书、以书相赠或买给自己，相对而言更可能成为重量级消费者（Mintel 2005）。考虑到重量级客户很可能占据销售量的大头，因此对出版商来说，专注于维系现有的图书买家的理念非常具有吸引力（Cook and Mindak 1984），但也有一些题材的市场面可以非常广，就比如“哈利·波特”系列丛书和丹·布朗（Dan Brown）的《达·芬奇密码》。

图书购买还可以通过场合（图书的阅读场合）和收益（图书为读者提供的收获）来划分。封面上的海滩、神秘色彩或热情洋溢的基调能够暗示其消遣阅读的类型。总体而言，精装本的小说会配上更优雅、含蓄的腰封，而精装本的文学类题材图书甚至可能逐渐变得具有收藏价值。尽管精装本的销量在 ABC1 型社会经济群体中有所增长，但鉴于市场对精装本形式的接受度较低，定位于更年轻读者的小说可能还是会直接以平装本的形式推出。

成立于 1986 年的蛇尾出版社（Serpent's Tail）已出版的所有新小说都是平装本。皮特·艾尔顿（Pete Ayrton）曾说过，它的“年轻的、住在城市里的”读者往往更偏好平装本。“我们看到人们把他们的书放进口袋，随身携带着阅读。”（Bury 2005b，27）

推出一位新作家需要付出高昂的推广费用，而读者更愿意继续阅读他们所喜欢的老作家作品，在这种情况下，品牌忠诚度在熙熙攘攘的图书市场中占据着愈发重要的地位。当读者被要求给他们选择图书的影响因素排序时，对作家的熟悉程度位居榜首，甚至高于价格和读者评价（Bury 2005a，6）。图书封面也被视为一个重要的因素。

另一个常见的出版业市场细分方法是基于不同的零售渠道。出版商大多向书商售书，而非直接面向购书者。而一本书的销量有可能取决于它在书店中的库存和在展示架上的位置。市场可以根据不同的书店类型及其顾客的偏好来区分。比如，在英国，水石书店（Waterstone）在 ABC1 型群体、大幅单页新闻报纸的读者和互联网用户中拥有大量的顾客。鲍德斯有明显的城市化倾向，在 35—44 岁年龄段的人群及社会人口统计 AB 型群体中顾客基数很大，WH 史密斯则在 15—19 岁和 45—54 岁这两大年龄段的读者群中尤其受欢迎（Mintel 2005）。

22

确定目标读者

通过产业或公司的调研，出版社得以确定市场细分中哪些类别对其出版来说更重要，并把明显吸引读者的细分市场作为目标。这就会影响出版商对图书营销组合的选择——涉及图书商品、价格、位置（发行）和促销进行怎样的搭配。如通过超级市场等渠道、目标定位在大众市场的出版商将倾向于在封面设计方面求稳。“正是在这类市场中,出版商通过对简要或老套的设计,给潜在购买者制造简易的提示信息——比如,在惊悚小说或通俗科幻小说封面上采用哥特式的黑色和金色的印刷字体。"(Baxter 2005)既然合订本预计销往文学市场,那么对设计者及其设计的独创性而言就意味着仅留有一定的发挥余地,其款式亦将更受限制。

哈珀柯林斯出版集团(HarperCollins)2005年推出的迈克尔·马歇尔(Michael Marshall)的《天使之血》(*Blood of Angels*)正是确定目标市场的一大实例,其营销、装帧和价格都是针对特定目标读者设计的,由此被营销总监形容为"一场精心策划的军事行动"。其针对的目标群体主要是广大女性读者、ABC1型用户和"严肃犯罪文学阅读爱好者"。该书一出版便是精装硬壳本,其营销推广从印刷时便已启动,但并非通过户外广告铺开宣传,而是考虑到犯罪文学阅读与新闻报刊阅读之间有所关联,旅行者更倾向于平装本(McCormick 2005:28)。精装本的护封选用了渲染恐怖的黑色设计,并印有副标题:《我们每个人心底都有一个杀手》("There's a killer in all of us")。

"哈利·波特"系列拥有非常广泛的成人读者群,而布鲁姆斯伯里出版社(Bloomsbury)注意到了这一点,同时向成人读者和儿童读者推出了该小说。这一举措促进了选题面向双重市场的跨界小说的繁荣发展。马克·哈登(Mark Haddon)在英国出版的《深夜小狗离奇事件》(*The Curious Incident of the Dog in the Night-Time*)一书就有两种不同的精装本设计,以及两种不同的平装本设计。马克·哈登评价这一方式为:"同一本书在不同的地方被评价,在不同的地方被营销,最重要的是,在同一家书店的两个不同的空间里、两个不同的书架上架。因此我猜自此以后这种现象大概会越来越多了。"(Dean 2005:26)

出版商们还提出了其他针对不止一类市场细分的途径。唐娜·塔特(Donna Tartt)的《小友》(*The Little Friend*, 2002)最初出版时的封面是一个烦恼的、缺少一只眼睛的玩偶脸颊的图案。第二版发表于两年后,采用的新封面上是一个荡秋千的孩子的形象,令人恐惧的意味减弱,目标在于暑期阅读市场(Dean 2005)。杰斯·福利(Sess Forley)的传奇小说《无翅飞翔》(*No Wings to Fly*,2006)同样推出两个版本:最初版的封面对应的是超级市场销售,但在水石书店对此选题感兴趣后,采取针对更高端消费者市场的策略,发行了一个由内部的设计团队(Ogle 2005)设计的相近的版本,更接近于《轻舔丝绒》(*Tipping the Velvet*,1998)的作者莎拉·沃特斯(Sarah Waters)的风格。

23　虽然如克里斯·瑞安(Chris Ryan)等惊悚小说作家无疑倾向于迎合男性读者市场,但有鉴于小说市场中女性读者数更多,出版商们需要集中推出迎合女性读者市场的图书。考虑到读者市场的性别比,他们才会做出这样的决策。在对获得橘子图书奖的小说的相关调研中发现,如果排除对作家或作品的了解,图书封面就是决定读者是否愿意开始阅读一本书的最重要因素。"图书封面被视作一项重要指标,用以判定虚构类作品本身的类型,此书是否有吸引力,更关键的是,是否针对男性或女性读者。"(Orange 2000)研究表明,近四分之三的男性和超过半数的女性认为图书的封面会呈现出该书的目标读者的性别。

一本书是否被视为女性读物,通常取决于作家本人的性别、封面的色彩和外观、书的标题和作品简介。但当女性乐于阅读通常被视为男性读物的作品时,这些所谓的命题也就不成立了。在参与调研的女性中,四成被试者对阅读男性读物表现出兴趣,但在男性被试者中,仅有四分之一对女性读物感兴趣。

伊恩·麦克尤恩(Ian McEwan)的《爱无可忍》(*Enduring Love*)正是一个理想的图书典型:尽管对该书的描述不带性别色彩(如悬念),但封面样式(包括使用粉色)及标题(采用"爱"字)足以表明此书吸引的主要是女性读者。超过四分之三的男性认为这是一本女性读物,而他们中仅有不到三成的人愿意一读。(Orange 2000)

出版的积极性可以通过投资于具有优势的特定细分市场的方式被调动起来。在2005年,出版业专为45岁及以上女性目标读者群推出了一种全新的模式。这是一个相当大的市场——占到约四成的英国女性人口数。飞蛾出版社(Transita)的目的在于出版各种各样拥有令人振奋、励志的女主人公的当代小说。这种模式的缔造者和负责人妮基·里德(Nikki Read)希望借此"为这一年龄段的女性提供与她们相关的故事情节,以及能够使她们产生共鸣的虚构人物。在飞蛾出版社以前,大多数出版社出版的小说更多地以年轻女主人公的生活和体验为中心"(Pauli 2005)。

市场定位

一旦确定了一类合适的目标顾客群,下一步要做的就是对产品在顾客心目中的形象进行市场定位。

市场定位从一份产品开始,好比一份宣传、一项服务、一家公司、一家机构甚至是一个人……但市场定位并不是要对产品做什么推销,而是要针对潜在客户的心灵。换句话说,是指你

如何在潜在客户的心灵中定位你的产品。(Ries and Trout 2001:2)

有这样一个市场定位的经典案例:汽车制造商沃尔沃集团因生产汽车的安全可靠性成为全球知名品牌。对图书而言,封面给图书提供了在书店备货经理、随机购买者或作为某一作家长期书迷的潜在购买者的脑海中进行市场定位的机会。市场定位策略聚焦于特殊时段的运用(如暑期阅读)、肉眼可见的商机(如惊悚小说)或与竞赛相关的作品(如"新凯瑟琳·库克森"(new Catherine Cookson)系列)。在更大型的书店中,小说会按类型区分,图书封面或许可以为这一分类提供最佳的线索,比如文艺小说、罪案小说、爱情故事。

24

书店几乎是以色彩进行编码而简化读者选择的世界。泡泡糖式的鲜粉红色卡通封面一般是满足少女心的浪漫小说,"冷战"惊悚小说、恐怖小说、科幻小说等都是哥特式的黑底配金色的戏剧化夸张字体。这正是设计上的概述。在你漫无目标地扫过整个书店时,出版商们只有短短几秒的功夫去抓住你的视线。只要你的眼神缓了那么一下,他们就快要"得手"了。拿起某本图书,阅读封底的简介,如今最重要的还有一点,看到作家的面孔。(Dyckhoff 2001)

封面可以暗示不同类别的阅读群体,比如是偏轻松的还是偏严肃的文艺小说。"鸡仔文学"的封面——通过女性化的用色和独特的插图风格——已经将图书定位为年轻女性读物。紫色逐渐与粉色并驾齐驱,成为出版商所寻求的那种能够使他们的图书与众不同、免于成为陈词滥调的色调。"古怪的卡通小姑娘,以及她们从沙发、床上伸出树桩似的腿的样子都已经过时了……闪亮登场的小妞文学标题要能和其他体裁的书产生共鸣，这样潜在读者才会产生拿起它的想法，但它也不宜和其他类别融合得过于密切。”（Kean 2005a：28）

在传奇故事领域，通过封面插图反映出的小说的时代和地域，作家们获得市场定位。如“伦敦地区传说小说之王”哈利·鲍林（Harry Bowling）对“利物浦的凯瑟琳·库克森”林恩·安德鲁斯（Lyn Andrews）所说，醒目的字行可以更精确地在读者的心目中为作家定位。在英格兰西北部，系列传奇具有相当大的市场，出版商们通过地域打开他们签约作家的销路，相比于其他作家，被冠以“新/下一代凯瑟琳·库克森”的称号更具号召力，而利物浦正是个拥有大量有利可图的读者的地方（Williamson 2004）。

新作家们与品牌创立

新出现在图书市场中的作家必须小心地进行市场定位。这一流程可以通过媒体发布、作家访谈实现，也可以通过封面完成。安德鲁·罗森海姆（Andrew Rosenheim）2004 年出版的小说《静河》（*Stillriver*）由兰登书屋旗下的哈钦森印刷出版。小说的主人公迈克尔·沃尔夫（Michael Wolf）在父亲被谋杀后从欧洲返回了在美国密歇根州静河的家乡，他的初恋凯西（Cassie）同样回到了静河，于是两人重燃了对彼此的情谊。故事中的小镇旁有一片湖泊和一条静河。在英国出版行业杂志《书商》的一次版前采访中，作者形容该书一半是悬疑小说，一半是爱情故事（Clee 2003：26）。访谈中还提到该书在感染力方面与塞巴斯蒂安·福克斯（Sebastian Faulks）和道格拉斯·肯尼迪（Douglas Kennedy）相似，而图书护封上的图像则突出了这些卖点。那些获得成功的作家同样是由哈钦森出版社推出的，这是一种对图书行业而言非常实用的市场定位演练。业内团队视女性占据绝大多数的三十岁以上的读者市场为“商业活动最后的高消费市场”(Ogle 2005)。再看护封设计——一位穿着裙子的女士从楼梯上走下来——不禁让人想起安妮塔·施里夫(Anita Shreve)，《独立报》上的小说评论甚至将其描述为横跨“哈伦·科本(Harlan Coben)与安妮塔·施里夫的混乱状态”(Hagestadt 2004)。而印着一位乘船的女士形象，以及“死亡、嫉妒和禁忌之爱”字样的平装版则是更有力的例证。图书的软装版本通过在封面上引用《独立报》书评，非常清晰地实现了市场定位。

一份成功的封面设计可以帮助作家打入主流圈子。道格拉斯·肯尼迪的《当幸福来敲门》(*The Pursuit of Happiness*)一书的精装本2001年由哈钦森出版社出版，平装本在下一年也随之推出。平装版的封面上印有一位坐在海滩上读着信的女士形象(见图2.1)。对设计团队而言，最关键的目标市场是年龄在30到40岁之间的女性读者。人际关系被视为该小说的核心主题，艺术总监理查德·奥格尔(Richard Ogle)描述这一书封的设计理念是要能够唤起“你正在阅读时希望得到的感受”。其设计者格伦·奥尼尔(Glenn O'Neill)曾尝试使用以20世纪40年代雪中的纽约中央公园为背景的情侣照片的设计(Ogle 2005)。这些设计存在着将小说虚构的设定局限在某个具体时代的隐患，并且全书的整体外观给人以“复古”、冷色调的印象；相反，海滩上的女士则有一种色调更暖、不受时间限定的感觉。这一样式的成功促使作家肯尼迪的其他小说也被逐渐设计为同款风格的丛书。即便是由其他出版商印刷的他的惊悚小说，再发行时也都改用了这种款式。

打造与推广一位新作家是一个耗资巨大的过程，除非作家的好

图 2.1　2002 年版平装本《当幸福来敲门》。经兰登书屋有限公司许可使用。

口碑能使其作品成为热门爆款,否则出版商一般就指望对现存作家实现投资的效益最大化。但是,当出版商的品牌仅有极低的消费者认知度时,作家品牌则愈发重要。如果对某位作家的熟悉度成为最可能敦促某人购买图书的因素(Sexton 2002),那么使这位作家品牌化到能够有效激发购买力的程度是非常必要的。来自国际品牌集团英特布兰德(Interbrand)的乔纳森·哈伯德(Jonathan Hubbard)表示,书封正是树立一个作家品牌的中心,因为它对一本书的销售额至关重要,"书店一进门的那二三十英尺就是卖得最多的书陈列的地方……书的护封在你的脑海中勾起一次你过去曾欢度的美好时光,或是你曾在别人那听到过、觉得自己会喜欢的经历。”(Ray 2005)正如在道格拉斯·肯尼迪的身上看到的那样,每本书都需要和它相称的设计。消费者大多会根据作者名和作品风格而非某一具体的标题去选择一本书。2004年对小说家约翰·格里森姆(John Grisham)的研究表明,他的品牌是建立在戴维(David)和歌利亚(Goliath)在美国南部地区奋斗拼搏、引人入胜的故事基础上的。“作家品牌在于向读者传递一种始终如一的‘套餐’,即使结局出人意料,发展过程中的各项要素也都是令人熟悉且愉悦的。”(Ray 2005)在惊悚小说写作方面,书的品牌可以围绕小说人物而非作家本身发展壮大,比如柯林·德克斯特(Colin Dexter)的系列小说《摩斯探长》(*Inspector Morse*)。

一个品牌的问题也会日渐显现,比如当某作家决定换一个不同的风格或题材来写时,读者有可能会因为发觉作品并不像他们所期待的那样而感到失望。对此,使用笔名或许是个办法——侦探小说家露丝·伦德尔(Ruth Rendell)创作心理类惊悚小说时用的就是芭芭拉·维恩(Barnara Vine)这一笔名,封面风格也不同。有些品牌的影响力在作家逝世后仍持续不断地扩大——一大突出的例证是1986年去世的弗吉尼亚·安德鲁斯(Virginia Andrews),由“田螺姑娘”代笔的小说此后仍在不断出现,封面上则印着她的名字。

26

一位作家反复印刷的再版书是成功的出版发行中的常规部分。图书封面极少需要“相册/影集”式的封面,仅有路易·德·伯尔尼埃(Louis de Bernières)的《柯莱利上尉的曼陀林》(*Captain Corelli's Mandolin*)和乔纳森·萨福兰·弗尔(Jonathan Safran Foer)的《了了》(*Everything Is Illuminated*)这两个属于例外。此外,没有什么能够阻止出版商为一位作家重新设计整个丛书了。对安妮塔·施

里夫来说,她的出版商时代华纳公司就重新调整了她的书封:

> 我们做过一些市场调研,并不是针对书封,而是对阅读过和没读过她作品的人群。它非常清晰地表明人们将她和人的情绪、感受联系在一起,但之前在她的书封上从来没有出现过人的面貌。因此我们又回到了绘图板上,在封面上添上了人像,这个主意被很好地接受了。(Bury 2005a,7)

新版封面上的引言来自她的目标读者所阅读的高端市场报纸。

自2004年开始,女作家乔吉特·海尔(Georgette Heyer)由美国的阿罗出版社(Arrow)重新包装,进行了一次由A到B的平装书开本的扩大,而新的封面以简·奥斯丁(Jane Austen)的风格呈现她的小说,将其改头换面为一种更巧妙丰富、与高端市场更匹配的阅读风格(Ogle 2005)。包含新市场定位的图书封面还有玛格丽特·德拉布尔(Margaret Drabble)和浪漫小说作家凯蒂·福德(Katie Fforde)的作品。 27

侦探小说女王

阿加莎·克里斯蒂创作了70余部侦探小说,她的名字几乎成了这一文体的代名词(Bloom 2002,132)。她的作品长年畅销全球,经久不衰,并且她笔下的侦探也常在电影、电视改编中担任主角。因此,作品的封面必须不时经受考验,以衡量它们对她的作品形成的认知影响。

在20世纪80年代,阿加莎的出版商柯林斯正经历着图书销量的下降,于是启动了针对她的读者群关于图书封面看法的调查研究。这一市场调研包括专注于克里斯蒂小说的焦点读者和平装书的普通读者。研究结果不仅反映了对惊悚小说的兴趣，也表明克里斯蒂被视为“犯罪小说女王”。但是，书封在品质上被认为缺乏对作家代表性的体现。由于对罪案中残酷元素的集中呈现，作品封面的内容呈现更多地体现出一种恐怖性而非悬疑色彩。“恐怖风格的封面反而抑制了她本可占有的巨大市场。”(Williams 1989,5)例如，其《罗杰疑案》的封面图像就是汤姆·亚当斯的一把刺穿染血衣物的匕首。新版封面后来将故事重新定位为悬疑小说。封面上的图画“似乎与标题相连……并没有透露任何故事线索。封面还体现出上乘品质。最重要的是，以很大的字体印着作家的名字”(Williams 1989,5)。通过这种引人入胜的微妙方式，他们向焦点读者群呈现了这些“精妙”的谋杀案。克里斯蒂的小说销量在其小说推出新版封面的第一年就激增了百分之四十。

对阿加莎·克里斯蒂的不断重新定位逐渐成为一个延续数十年的过程。艾伦·鲍尔斯描述了在作家生前，其图书封面是如何“长久地维持着让早前的故事就仿佛发生在当下一样的错觉”的(Powers 2001:104)，而在她大胆尝试跨界到恐怖小说写作后，一种具有时代特征的模式逐渐成为主流，随后电视连续剧《大侦探波洛》(*Poirot*)系列的大获成功，证明封面设计经历了一次“明确的怀旧复古潮”。1998 年，克里斯蒂的冠名权、版权等被科瑞恩(Chorion)公司以一千万英镑收购，该公司着手将她的主角们打造成为一个个品牌。于是，侦探作品再一次因为她的小说占据了市场。

首先，该公司展开的定量研究显示，在普通群体当中对这位作者的认知高达 98%。研究还表明，克里斯蒂的读者主要由两类年龄段的人群组成：约 11 至 12 岁、开始接触成人文学的少年儿童，以及 50 至 60 岁、重新回归她作品阅读的中老年人。总的来说，克里斯蒂的做派被视为给上一辈人群的极佳读物,怀旧复古的封面设计则强化了这一点。科瑞恩公司的总监菲尔·克莱默(Phil Clymer)决定通过委托对封面重新制作出一版范本的设计,在延续克里斯蒂特色的同时,要特别突出大侦探波洛和马普尔小姐这两位的子品牌形象。这是为了反映克里斯蒂真正的品牌价值——一种令人着迷又可以解决的独创性的智力游戏。

相比于仅仅将所有权授予出版商,和哈珀柯林斯的一个合作风投项目给科瑞恩公司提供了更大的支配权(因为大多数作者的合同都是只授予出版商出版权)。 28

图 2.2 《沉睡的谋杀案》平装本封面。经哈珀柯林斯出版有限公司许可使用。©(1976)(佳士得)。

通过向重点读者同时展示新版和旧版设计的方式,新方案获得了极大支持。旧版设计已经成了对读者的阻碍,消费者表示,他们会"因为相关评论而在公交汽车上阅读阿加莎·克里斯蒂的作品时感到尴尬"(Clymer 2005)。新版系列封面则提供了一种"更高端市场化、成人化的"感觉。大侦探波洛系列和马普尔小姐系列都把黑色作为基调,铅字体和摄影图片的运用则完善了其现代派的外观。这两位侦探人物形象被赋予了不同的处理方法。对波洛系列的图书而言,其目的在于营造一种风格"前卫并略带阴险气质的"封面,以削弱一些因作家的名声而自带的闲适感;马普尔小姐系列的封面图案则暗示出某些"不易察觉的事物",强调其神秘性和侦探能够穿透迷雾发掘真相的才能。品牌身份的一大要点是要在图书封面上包括影视改编中用上阿加莎·克里斯蒂的签名(见图 2.2)。

科瑞恩公司还在其图书购买方面进行了额外的调研。研究表明封面的重要性就如外包装对购买的影响力。一个好的封面可以促使消费者拿起一本书细看,因而其购买概率会提升五倍(Clymer 2005)。潜在购买者还会看封底的推荐语,并审视图书内页的文字,以此来决定其可读性。

29

由于图书所代表的"她们的时间"等在工作和家务之余所提供的逃避空间,女性被视为克里斯蒂的首要读者市场。对新款封面而言,设计越复杂精巧,外观越现代,其销售量增长也就越快——最高能达到五成——对新版封面,读者的反应是"这样看起来倒不像克里斯蒂的小说了"(Clymer 2005)。到 2004 年,科瑞恩公司在克里斯蒂相关作品印刷出版方面的销售额就高达四百万英镑(Jeffries 2004)。

解读封面

我们怎样才能解读一本书的封面呢？尽管本章已经在市场营销理论中讨论了封面问题，但每一款封面设计的实践都是一次创造性和机缘巧合相结合的案例。许许多多的设计草稿有可能为一款通向成功的设计做出铺垫。在这些封面的创作过程中，关于目标市场的选择和定位问题不太可能被考虑到。极少有公司能够负担得起像对克里斯蒂的品牌打造这样定期进行的充分市场调研。出版商需要考虑到同类型的作家、主要的目标市场和系列风格，但不一定把他们的作家当作品牌来看待，或以人口统计学的方式明确、具体地考虑目标读者群。

但总体而言，出版商正越来越清晰地认识他们的市场，并在新项目的开发中参考、吸取内部和外部意见。在21世纪的出版印刷行业，市场营销商正在不断发展更精妙的方案，使书封配合图书促销的其他方面，并满足预设的计划市场和销售渠道的需求。市场可以通过多种方法进行细分，例如对消费者的人口统计或开设连锁书店。

> 就像汽车制造业，图书出版商已然对通过定制他们产品的外观来迎合并满足不同区域的市场偏好非常熟练了。但在针对不同市场和细分市场选取不同的图书封面时，现在越来越大的压力要求出版商既能满足更复杂的需求，又能更灵活多变。(Baxter 2005)

这种考虑的缜密程度取决于一本书的重要性——对于印数较

小的文学作品而言，深入考察其目标市场的必要性也比较小。然而如文艺类或商业类、男性或女性等最基本的区别，都会反映出关于消费者和市场如何进行细分的基本假设。

封面是对一本书或一位作家的市场定位非常关键的一部分。图书的零售环境已经变得很激烈，因此无论看到的是超市顾客还是水石书店的消费者，封面都需要适合其预设市场。此外，不论是从网页浏览到线下书店，还是在地铁海报或电视广告上，图书的封面都需要能在各种环境中发挥作用。优秀的设计可以促进图书零售商的采购，并且激发他们把书摆在书店靠近门口的醒目位置上。零售渠道集中采购的增长意味着有少量的关键决策者决定一本书的库存量多少——他们对图书封面的好恶会起到实质性的作用。这些首席买家甚至能看到设计草图，而出版社的销售和市场营销人员向他们展示这些图书是封面的审批流程中相对重要的一环。菲尔·贝恩斯就说过，“市场营销比从前重要得多了，这在小说市场里尤其激烈……在预订会议前与零售商交流后，销售人员的反馈意见得到了严肃对待。”(Baxter 2005)

30

封面可以为图书定位，因此当某本书在书店拆封后，它将被摆放在书店内合适的地方。书封可以决定一本书是否可以正面朝外地放在书店里，以及是否会被某位匆匆浏览的顾客挑中、买下。对作家的呈现要能使其读者感到舒适自然，在公共汽车上或有朋友在身边时乐于拿出这本书来看。对包括阿加莎·克里斯蒂在内的大多数作家品牌而言，错误的市场定位会对其作品销售额产生直接作用。消费者们在各种各样的媒体渠道会受到非常多的影响，图书封面则仿佛时尚潮流变化那样，需要承受像约会一样的风险。今天新潮的外观随时可能会被看作陈旧过时，出版商已经习惯了定期为作家的图书封面做出改变。

来自五角星(Pentagran)设计公司的安格斯·海兰(Angus Hyland)这样评论2005年布克奖(Book Prize)的竞争者:“要他们自己来评判这些封面实在太难了,因为这些书的封面设计都已经成为更大范围内的市场营销策略的一部分。”(Hyland 2005,14)因此,深化我们对封面与图书市场之间关系的理解有助于做出更全面的评判。

(王苇 译)

31

第三章 20 世纪 90 年代的利物浦变迁：地方性传奇小说封面研究

瓦尔·威廉姆斯

边山大学

地方性传奇故事在畅销排行榜上重要性的日益凸显，同样促使 20 世纪 90 年代[①]英国女性作家商业价值的急速提升。本研究拟深入考察利物浦派[②]这一具体的传奇小说类型，并尽力阐明其封面的

---

① 纵观 20 世纪 90 年代，亚历克斯·汉密尔顿（Alex Hamilton）在英国年度畅销前 100（销量超过 10 万册）的书单中被归为“传奇”类的图书（英国《卫报》12 月，《书商》1 月转载）。当汉密尔顿在专栏《首领的木底鞋》（“Clogs By The Aga”）中关注传奇故事时，其作者或市场营销多在 1994 年之后的社论中有所提及。汉密尔顿注意到，女性作家创作的畅销书不断增加，从 20 世纪 90 年代初的 25 部上升至 1997 年的 40 部，到 20 世纪 90 年代末，在最畅销作品中女性作家占比超过 45%。

② 在汉密尔顿 1999 年的书单中，奥黛丽·霍华德（Audrey Howard）得到统计的总销量排第 83 和第 92 名，价值达 1 740 340 英镑；同年，利物浦传奇作家林恩·安德鲁斯排第 89 名，露丝·汉密尔顿（Ruth Hamilton）排第 91 名，销售总额达 1 686 137 英镑。简言之，超过 340 万英镑的费用主要花在了利物浦和默西赛德郡（Meyseyside），这还不包括当年出版的其他 4 部利物浦传奇作品。利物浦传奇小说作家安德鲁斯、霍华德、琼克（Jonker）和贝克（Baker）都在 2003—2004 年的公共借阅排行榜前 20 名的作家之列。

话语和符号是如何在以伦敦为中心的出版业的紧迫状态和当地作家及艺术家所具备的更深厚的地方知识所共同构成的张力中逐渐发展起来的。拉德韦（Radway 1984）指出了“商品外包装的有效性”，对于面向大众市场的浪漫传奇来说，即封面与内容之间的关系（Radway in During 1984 2000，565），令人印象深刻的外包装同样已经在传奇小说的子类型中变得极其重要。本章对20世纪90年代图书标题的烫印、封面的艺术符号学、书封的副文本，以及部分作家和读者的外文本等具体问题进行了分析。研究将涵盖从利物浦传奇的封面构成的副文本“门槛”（Genette 1997）到其中的叙述手法，以及特定的主题是为何并如何在这类畅销小说的主要营销媒介中体现等问题。对封面进一步的符号学和文本分析，将审视封底的图书简介中出版商将代表性插图和主题标识并置所体现出的矛盾性。

在1974年至2000年间，12位作家共推出了102部故事时间主要发生在1955年以前的利物浦派传奇小说，其中有88部在20世纪90年代出版。随着大量其他相似小说的发展，利物浦传奇小说已经具有“重点强调叙述的地点和主人公的地域文化背景”（Moody 1997：310）的相似特征；并如肯·沃普乐（Ken Worpole）所言，表达出劳动人民“明确地知道他们的经验和知识的价值”（1983，23）。这种类型的叙述“将女性流行文化作为其主旨”（Fowler 1991，1）。通过福勒（Fowler）对凯瑟琳·库克森作品的考察可以发现，“她的故事叙述的根源在于对‘劳工权益支持者’或社会民主的拐点、保守派浪漫传奇的运用，这一点明显体现于其下层民众视角的运用，以及她具有救赎乌托邦情结的一系列现实主义写作中”（Fowler 1991，3）。在经历了50年的发展后，“库克森热”在20世纪80年代末达到了顶峰，直到她1998年去世，持续了整个90年代。到那时，库克森的版权已经发展为一个品牌名称，似乎已经取代了封面图像而成为她的

32

"名片化"符号："作家之名逐渐成为他们自己的标签。（'你读到更多的凯瑟琳·库克森了吗？'）他们的名字以醒目的字体印在书名上方。"（Kerton 1986，4，参见 Bloom 2002，75）

此时，鉴于出版业对她年龄和写作状态的考虑，以及传奇小说普遍流行的热潮，创作"木底鞋与破披肩"（clogs and shawls）或"从抹布到佝偻病"（rags to rickets）之类传奇小说的库克森的模仿者数量飞速激增。这些通常被代理人或文学批评家反复提到的代号，透过叙事学上的转义与修辞，其实已背离了阶层观念及其对应的城镇区域。到 20 世纪 80 年代末，地域性传奇小说封面已经发展为一种传达此类同种信息的特殊符号系统了。

热奈特（Genette 1997）认为，图书与读者之间的关系表面上开始于书店里上架的一本新书，但对出版行业而言，这种关系在数月前的定稿下厂印刷前就起步了（Blake 1999，240－242）。这些图书，乃至它们的选题策划，首先要能获得行业的认可。在图书贸易的定期书展上，护封的样本（平装，未折叠，相当于可散发的"卡片"形式）既可以用于测试读者反应，也可以用于推广新作家。

> 时间、地点、书名、封面——我们的选择确实受其影响。一个出版商有一分半钟的时间向经销商推荐其设想——封面将在同样短暂的时间里传达出远多于出版商能说出的内容，这一点对于书名也适用。这也是醒目字行和所谓的"中心思想"（比如"爱能征服一切"）管用的地方。（Going[①] 1994）

---

① 戈因（Going）是头条图书（[Headline Books]现为霍德新闻出版社有限公司[Hodder Headline plc.]）的一名编辑。

在20世纪90年代的实体书店和超市里,把平装书的封面而不是书脊向外展示的做法越来越普遍。

> 到20世纪90年代,畅销书和其他任何商品一样在超市里售卖,女性买家们在这里冲动消费,在知名的“作家”品牌[①]上投入了80%的图书花费……超市的销售额同样受到市场营销的影响,因此展销陈列、有吸引力的封面和清晰的宣传推介(读者简介)会有帮助,但效果必须是直接的……因此整个20世纪90年代中期,大量的精力被投到了能够在书架、书桌和商店橱窗上清晰展示出来的引人注目的护封设计上。(Bloom 2002,75-76)

由此,护封设计的过程和室内艺术设计领域相差甚远,成为出版流程初期编辑工作中的一大关注焦点(Blake 1999,240)。这或许可以解释20世纪90年代利物浦派传奇小说的护封设计非常小心谨慎的发展历程。清晰可辨的地标性建筑已出现在20世纪90年代的利物浦和伦敦传奇小说的封面上,而各种封面的人物服饰、情节设定和时间感等特质都被遗忘了。封面更多的是凸显出在典型的、具有工业化特色的英国城镇一条带坡度的狭窄街巷的前端,一位衣着具有时代特征、孤独的女性形象。

33

> 一部面向大众市场的(柯基)传奇小说的平装本封面会清晰地展现出故事的人物、地点和表明其时间的服饰……封面明显强调着“女性”历史小说特色,并表现出对市场中传统区域强烈的吸引力。(Laczynska 1997,49-54)

---

① 布鲁姆(Bloom)参考了《书商》1998年12月刊的数据。

热奈特将图书封面区分为四种:外封面、内封面、外封底和内封底(Genette 1997,23 - 32)。“作家姓名、出版社、书名、赞扬推荐、书评节选、作家简介、作品类型……以及出版信息等,使读者们在真正开始阅读某一文艺作品前已经预先接触到部分观点。”(Koenig-Woodyard 1999)[①]当哈珀柯林斯公司在20世纪80年代推出海伦·福雷斯特(Helen Forrester)时,他们开始在平装版的封底上印上她之前出版图书的封面缩略图。到80年代末,出版社已经在她小说外封面的内侧印小说封面缩略图,并在封底内侧印她4部自传的缩略图了。除福雷斯特以外,总体而言,利物浦派传奇小说的书名比作者名更花心思。这些书名的措辞中包括过去的流行音乐歌词、过时的说教和对地名的参考。而这段所谓的“过去”指的是1920年至1955年。之后还有安德鲁斯的《默西河上的迷雾》(Andrews, *Mist Over the Mersey*, 1994)、弗朗西斯的《回家,利物浦》(Francis, *Going Home to Liverpool*, 1996)和李的《熄灯后的利物浦》(Lee, *Lights Out Liverpool*, 1995)。在20世纪90年代的利物浦,除了琼·琼克和伊丽莎白·墨菲(Elizabeth Murphy)的小说——如《当一扇门关上》(Jonker, *When One Door Closes*, 1991)和《孝敬父亲》(Murphy, *Honour Thy Father*, 1996)——通常以主题命名之外,涉及地点的小说标题不断增加。故事的场所没有在标题中过分夸张地表现,“利物浦”或“默西河”(Mersey)也就不会在封面评论中出现[②],例如:“发生在战争时期的利物浦的一段感人传奇”(霍华德《永不分离》[Howard, *There Is No Parting*, 1993]);或“《一个明智的孩子》(*A*

---

① 另一篇对该作家研究方法的分析,包含对如作者序言等副文本信息的思考(Williamson 2000b,163 - 178)。

② 排在头部的利物浦传奇作家之一在2001年提出,她的编辑们认为在封面加上“利物浦”这一词能带来上万册的销量。

Wise Child, 1994)作者谱写的新一段利物浦传奇”(墨菲《孝敬父亲》,1996)[①]。

小说标题和封面图像构成了映射内容,暗示人物性格、历史时刻、场景和主题的载体。传奇小说的叙事结构包含四种类型,其发展贯穿20世纪。20世纪90年代的地方传奇,比如这些利物浦的例子,是一种单部作品,场景通常设定在一座城市中,采取一种怀旧与拥有主题相结合的叙述形式。英国地方传奇小说常常会塑造一位劳动阶级的女性主人公,将故事设置在被忘却的过去的记忆里,地点则大多是在长期萧条的北方工业城镇中简陋、荒僻的贫民窟。女主人公的愿望是获得或维持她们的经济保障,而服装、家具或交通工具或许可以为这些诉求的讨论提供空间。尽管到20世纪80年代初为止,出版商已经通过支持其他地区,尤其是具有传奇色彩、以贫困著称的伦敦东区的作家来扩大潜在的销售额,但在那片北方的煤尘中,这些“区域性”和它们当时的受欢迎程度都是根深蒂固的(比如莉娜·肯尼迪[Lena Kennedy]、玛丽·简·斯特普尔斯[Mary Jane Staples]和菲利普·博斯特[Philip Boast],通过哈利·鲍林、迪伊·威廉姆斯[Dee Williams]、海伦·凯里(Helen Carey)等在20世纪90年代加入了这一行列)。 34

热奈特提到,考虑到传奇小说在图书馆的借阅者当中的流行程度,在精装版的副文本设计中对书脊和防尘护封的欣然采纳也就非常自然了(Genette 1997, 23 - 32; Sutherland 1991, 3, 6; 公众借阅权限[Public Lending Right]数据 1900—2004)。正如布鲁姆(Bloom

① 该书封面引起了强烈的读者反响,如《关于罗曼司:封面的争议(第二部分)》(*All About Romance, the Cover Controversy part ii*,详见 http://www.likesbooks.com/covers2.html)。

2002,74)所指出的:每本精装版图书面向图书馆的销售量在 50 至 2000 册之间;而传奇小说作家通常能达到较高的数值,一般向图书馆销售 1200—2000 本,包含每隔八到十年所需要的更新破旧库存图书的重印本。值得注意的是,利物浦传奇小说的平装本和精装本的图书馆收藏版都提供了一种对从封面到封底包装实例的扩展,并时常在书脊上加入封面的缩略图。一项针对封底图书评论宣传的主题前景分析揭示了数个重要的方面,包括从通过第二次世界大战期间逐渐成熟的技巧而书写的对"走出利物浦"[①]的渴望,到对贫困[②]的强烈关注。当被问到"哪本与利物浦相关的书是你的最爱"时,利物浦图书馆的读者[③]首推利物浦传奇的开山之作——排名第一的是海伦·福雷斯特的《跨越默西河的两便士》(1974),第二则是塞拉斯·K. 霍金(Silas K. Hocking)的《她的本尼》(*Her Benny*,[1876]1968)。这两部小说都是关于利物浦街头的孩子艰辛的贫穷时光和所受掠夺的传奇故事。罗伯特·特莱塞尔(Robert Tressell)的小说《穿破裤子的慈善家》(*The Ragged Trousered Philanthropists*,[1914]1955)也包含其中;最受读者欢迎的"前 20"之中,有 13 部是传奇小说,部分作家在榜上频频出现。在《跨越默西河的两便士》里,"海伦·福雷斯特笔下 20 世纪 30 年代的利物浦,那令人心酸的、深陷贫穷旋涡的童年故事"(封底,1995)由三家出版社分别出版;哈

---

① 如福雷斯特的书名《跨越默西河的两便士》((*Two pence to cross the Mersey*,1974)就揭示了这一点。

② 见 Williamson 2000a,268 - 286。

③ 利物浦市图书馆和信息服务中心(The City of Liverpool Libraries and Information Services)1997 年 11 月的民意调查显示,调查结果、获奖者名单被公布,通过不同颜色的标签列入不同的类别。其中"利物浦读者选择的利物浦图书"一类的标签,展示了前 20 位作者和他们最受欢迎的作品。

珀柯林斯首先在1981年推出了平装版，之后24次重印该书，直到1995年出版了典藏版。

当追踪20世纪90年代利物浦传奇小说在推广方面的进步时，我们会发现，在封底的醒目字行中，对“走出利物浦”的强调在不断削弱(Moody 1997:311)，而对衣衫褴褛的凸显在加重：“尽管贫穷艰难”，林恩·安德鲁斯笔下的女主人公还是乘上了《白色女皇号》(*The White Empress*,1989)。20世纪90年代以前的贫困主题在此隐晦而非直白地展现出来，尤其是琼·弗朗西斯在1990年写道：“对年轻的芙罗拉·库克(Flora Cooke)来说，第二次世界大战的苦难及其所带来的艰辛都是极真实和残酷无情的……”而伊丽莎白·墨菲于1991年写道：“尽管在令人沮丧的大萧条年代……她也能找到度过这段经济困窘、社会剧变时光的宝贵瞬间。”但到20世纪90年代中期，贫困的细节已经得到了凸显，就如凯蒂·弗林(Katie Flynn，1993)所言：“在第一次世界大战后的利物浦，生活实在不易，凯蒂一直缺衣少食。”到1997年凯蒂·弗林邀请读者们“自己品读两个家庭在贫穷和困苦中努力挣扎，最终到达彩虹彼端的这一温馨而令人愉快的故事。”此处的“温馨而令人愉快”与“在贫穷和困苦中努力挣扎”间的张力反而成就了一对相互矛盾却又顺理成章的悖论。

35

> 这座城市以困苦与冲突频发而闻名全国，但更重要的是，作家们很清楚它的特征与自反性，才将其设定为小说的场景。……利物浦传奇小说均要求它们的作家有在利物浦生活的经历，而作家们的体验凭证、深入调研或从生活中得到的灵感都成为这套流程的一部分。(Moody 1997:311-312)

《跨越默西河的两便士》(1974)讲述了一个小康之家出身的年

轻女孩因为父母的无能，在20世纪30年代陷入贫困的故事。要反映海伦·福雷斯特这部小说持续的巨大影响，大多数利物浦作家都会至少设计一段这个年轻女孩如何从英格兰南部的寄宿学校跌落到利物浦后街小巷中劳工家庭里的桥段。[①] 与真实存在的作家福雷斯特的生活景观所不同的是，虚构的小说人物是有幸受过这些熟知利物浦工人阶级生活的专家指导的。这些小说通过这种启发性的模式，使20世纪90年代利物浦的读者见识到传奇小说的一大重要方面，即遍布全城的大量劳工阶层与贫困之间的抗争，以及工人们在作品的读者看来令人钦佩的成绩。

> 小说虚构中的利物浦这一空间越来越频繁地被用于对过去的质询……利物浦被视为一种在虚构的过去和读者所处的现在之间的连接点。（Moody 1997，312－315）

在作家与读者的交流互动中自然增长的外文本似乎证实了上述观点。作为人类学研究观察中的一部分，这些既可能来自读者，也可以源自作者的互动显然促进了外文本即“在有限图书体量‘之外’的要素”的构成（Genette 1997，8）。例如，1998年11月，在英国斯凯尔默斯代尔图书馆艺术中心（Skelmersdale Library Arts Center），林恩·安德鲁斯和凯蒂·弗林出席了一场“与你最喜爱的默西赛德郡作家面对面”的见面会，会上，一位读者对她童年时所在的某条街“出现在凯蒂·弗林的一部小说里”表达了感谢和激动之情；另一位也表达了感谢，说“每个人都能从您的故事中收获抚慰和爱”。利物浦传奇是“文字和生活体验相重叠的一个交汇点，激发着

---

① 如《回到利物浦》（Francis 1996）。

读者对物质的现实世界的讨论”(Radway 1986)，是一种能为它们的读者带来最真切愉悦的读物。这种物质的现实包括对现在与过去的现实之间隔膜的敏锐认知，以及在过去的现实中的渴望与满足之间产生的分歧(Fowler 1991, 152)。地方性的传奇小说文本在英国兰开夏郡的工人阶级，已经从老巷后街搬离的群体，以及带着对往昔艰苦岁月难以磨灭记忆的中老年读者之中产生了强烈的共鸣。这种共鸣不仅仅源于第二次世界大战导致的分离，或是随之而来的由于肆虐的贫穷而催生的国家意识和负疚感(Calder 1969, 41)，还在于战后的福利制度。传奇小说还被视为众多工人阶级的女性经验的复苏；她们目前虽然看似只是暂时性地离开了(利物浦)，但多半已经在地理意义上离开了她们的过去。

36

在20世纪70年代，利物浦开始了限制工业化的进程，在80年代逐渐向旅游城市转型(Urry 1995, 154 - 157)，为外来者提供了一系列令人好奇和惊叹的奇妙景观(Urry 1990; 1995, 189)。在当前适宜旅游的情况下，阿尔伯特港(Albert Dock)是一个典型的“传统”景点，其功能由原先的工作场所被重新定义为休闲场景，象征并不断丰富着当今对利物浦的认知地图。① 作为一种象征符号，利物大厦(Liver Building)对于任何走海路返回这座城市的人来说，都具有一种特别的意义，代表着“家”；现在更是成为这座城市的标志性建筑，其顶端的利物鸟雕像已经融入了城市的徽章。利物浦本地人对这一标志的自豪感是无法估量的。铁路、有轨电车、轮渡、班轮和默西隧道(Mersey Tunnel)的交通皆汇聚于此，这意味着大规模的本地的

---

① 肯·沃普乐为传通媒体(Comedia)所做的《非工作时间》(“Out of Hours”)研究和报告，由古尔班基安基金会(Gulbenkian Foundation)资助，发表在《人民的城镇：改变城市生活》(*Towns for People: Transforming Urban Life*, 1992)一书中，讨论了当时政府和资本主义对城镇政治和规划的干预。

与暂时性的人口流动每时每刻都在不断发生,这无疑构成了一种利物大厦是城市中心的感觉。从20世纪50年代中期开始,利物浦的传统工业发生了一系列令人难忘的阵痛与转变,因此利物浦的海滨也发生了变化。埃德温娜·柯里(Edwina Currie)在其唯一一次尝试利物浦传奇时写道:"……今年(1963年)就有74家船运公司在利物浦注册。而在未来20年内,几乎不会超过一打。"(Currie 1998,43)"码头工人的保护伞"——一条长达七英里的高架铁路被拆除了;(飞往曼彻斯特的)班机取代了班轮;公共汽车取代了有轨电车;新设计的机械和航运改变了码头的工作模式;公寓的租户们被重新安置;临近主干道苏格兰路(Scotland Road)的市场和"贫民窟"社区也被一条多车道的高速公路所取代。但利物大厦还矗立着,它是利物浦海滨的一大重要标志,如今已然成为利物浦旅游地图的重要景观。

皇家利物大厦是利物浦海滨标志性建筑群中的一部分,近年被列入世界遗产名录。加上丘纳德大厦(Cunard Building)、圆顶的默西码头(Mersey Docks)和利物浦港务大厦(Harbour Board Building),这组"美惠三女神"的名称看起来既古典又具有历史意义,体现出过去帝国的国际影响力。事实上,它们的历史并没有那么悠久(所谓"漫长的"爱德华时代),在20世纪的上半叶,经济繁荣与萧条的循环是帝国衰落的特征,而它们则象征着利物浦在19世纪末重现辉煌的希望。从那以后,这三座建筑所代表的远景一直象征着利物浦的雄心壮志。

> 利物浦在20世纪初达到顶峰,成为世界上最富有的城市之一。这种财富生动地表现在码头顶(Pier Head)竖立的三栋建筑上:皇家利物大厦、丘纳德大厦,以及默西码头和利物浦港务大厦。那些相信利物浦是伦敦真正竞争对手的人所投入的资

金,明明白白地体现在码头顶的海滨建筑群上。这些投入还体现在街道的名称上,如考文特花园(Covent Garden)、大教堂(Temple)、伊斯灵顿(Islington)和斯特兰德大街,它们与首都的街道名如出一辙。(Morris & Ashton 1997,15)

20世纪90年代,随着利物浦作为一个旅游城市的后工业复兴步伐加快,这些代表性建筑,而非阿尔伯特码头的建筑群,越来越多地占据了利物浦和默西塞德郡传奇故事的封面设计。 37

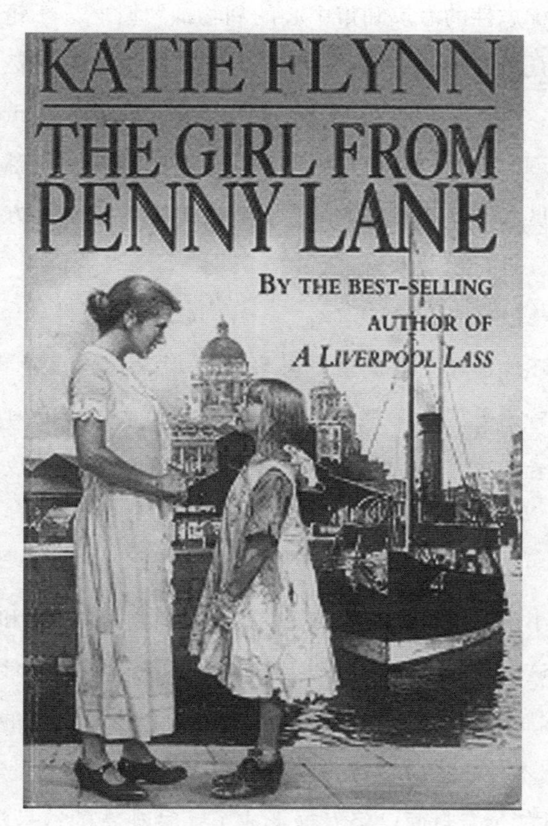

图3.1 《来自潘妮巷的女孩》(1994)平装本封面。经兰登书屋有限公司许可使用。

然而,更详细的分析表明,封面图像持续的渐进性变化与叙事的主题转变相一致。与此同时,随着利物浦逐渐转变为一个文化城市,一大批居民转而留恋的过去身份,以寻求安慰或讯息来帮助他们接受当下的改变。由此,笔者认为传奇的封面设计之所以演变成如今这样,正是为了吸引这批读者。例如,福雷斯特的自传(1974—1985)的封面艺术描绘了重要的利物浦当地建筑,如市政厅(Town Hall)而非海滨,因此图像总体上主要是关于贫困、少女时代与这座城市。笔者认为,目前利物浦传奇的读者感兴趣的是位于远离标志性的海滨和市中心的利物浦"地图"。不论是现在正居住着还是搬迁后的这些读者,都还能热情洋溢地回忆起曾经住过的地方:在城市的北部和东部,尤其是在埃弗顿(Everton)和安菲尔德(Anfield),绵延数英里、维多利亚式的排屋街道依然存在。正是这些街区和红砖街道,构成了畅销和长销的英国地方性传奇小说的场所。林奇由此断言道:

38

> 环境图像是观察者和其环境之间双向作用过程的结果。环境暗示着区别和联系,而具有很强的适应性和自身目的的观察者会选择、组织他所看到的事物并赋予其意义。(Lynch 1960, 7)

传奇小说的编辑和他们委托的封面设计师,从社会和环境的角度理解了这一点,他们的读者也是如此。工人阶级地方性传奇的通用绰号"木底鞋和破披肩"(Hamilton 1994)提供了有益的社会视觉性,暗指出本地工人阶级传奇的典型图像特征。到 20 世纪 80 年代末,地方性的传奇封面已经发展形成了一种独特的符号学(上文第二章),时常传达出同样的信息和"由其居民所特有的……城市的视觉品质”(Lynch 1960, 2)。[1]

利物浦传奇小说的封面图像,随着公众对利物浦的看法在20世纪80年代“复兴”期间的演变而演变。因此,我们首先发现对沿海传统的描绘;随后,在传奇故事的封面上,出现了改造过的“旅行者”形象。直到20世纪90年代,封面上才表现出个体私人化的认知,而这种认知正是英国各地的地方性传奇故事的核心,并且(对家庭主妇的描绘)这一点开始于描绘第二次世界大战的封面(图3.2)。到了1986年,奥黛丽·霍华德与海伦·福雷斯特一起出版了以利物浦为背景的传奇类小说,分别与世纪/阿罗、霍德/皇冠(Coronet)两家出版公司合作。其封面的设计师有一种明显的矛盾心理:一方面怀着对世纪中叶忙忙碌碌、充斥着“木底鞋和破披肩”的利物浦海滨的怀念,另一方面则留恋航海时代,那时的利物浦尤其是阿尔伯特港因为在十年中两次举办高船比赛而闻名国际旅行界。1989年,位于伦敦的头条出版社与柯基出版社分别以伊丽莎白·墨菲(《土地是光明的》[*The Land Is Bright*])和林恩·安德鲁斯(《白色女皇号》)初涉利物浦传奇小说市场;两部作品的封面设计师都在远处的海洋背景下描绘了一位身着旧时款式裙装的年轻女子;而两本作品的平装本销量都超过了九万本。

到1993年,这两位作者共推出了十部类似的小说,其中的利物浦海滨“旅行者”形象——利物大厦、码头顶“三女神”在远处浮现。[2]

---

① 因此,在霍华德(1992)的女主角(利物浦最后一艘帆船建于1948年)身后是一片停泊在港的帆船背景,墨菲(1991)的家人身边是不时喷出大量蒸汽、横跨大西洋的大型班轮。尽管这些小说与文化记忆产生共鸣,点出了班轮运输业在战争期间对这座城市的重要性,但很少有传奇小说的封面会呈现这一形象。

② 例如,在墨菲(1990)和安德鲁斯(1991)的作品中,置于前景的裹着大披肩的女人与乘风破浪的小型帆船划过的大海相对。

随后，安妮·贝克（Headline 1991）、琼·琼克（Print Origination/Headline 1991）、琼·弗朗西斯（Piatkus/Bantam 1992 年）、希拉·沃尔什（[Sheila Walsh]Century/Arrow 1993）、凯蒂·弗林（Heinemann/Mandarin 1993）和莫林·李（Orion 1994）也加入了她们的行列，使市场竞争愈发激烈，封面上的象征符号成为影响销售数字的一个重要因素。20 世纪 90 年代早期，利物浦传奇小说封面的符号激发了当地人对逝去的世纪中叶利物浦的怀旧之情，而国际上对利物浦特色的理解与接受也与日俱增。

39

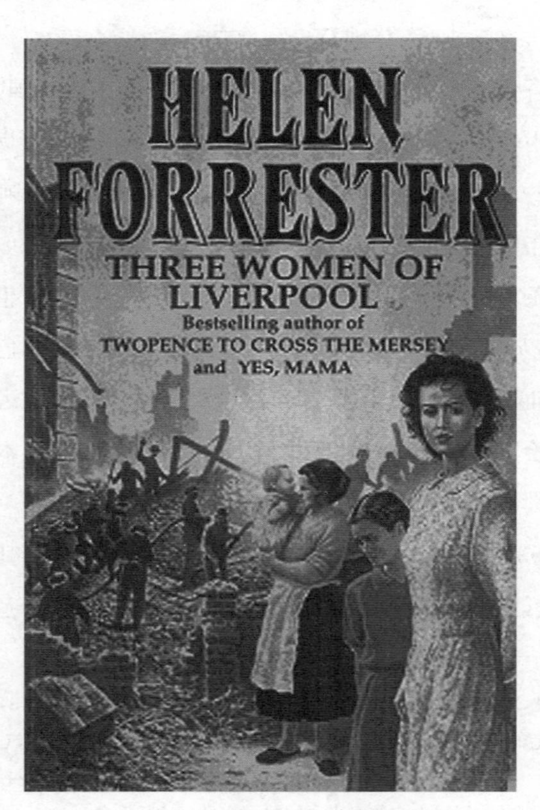

图 3.2 《利物浦的三个女人》平装本封面。经哈珀柯林斯出版有限公司许可使用©（[1984]1994）（海伦·福雷斯特）。

1993年，10位作家出版了12部新的利物浦传奇小说，是年均推出最多的一年。从这一点上看，对同样的读者群的激烈争夺促使了传奇故事创作的一系列变化。封面设计师开始在独特的传奇故事中留名，这显示出当地自由艺术家的参与。例如，当地的继续教育教师格温妮丝·琼斯(Gwynneth Jones)为凯蒂·弗林、琼·弗朗西斯)和琼·琼克的许多传奇故事提供了插图。其他设计师还有加里·布莱斯(Gary Blythe)、奈杰尔·张伯伦(Nigel Chamberlain)、克里斯·科林伍德(Chris Collingwood)、戈登·克拉布(Gordon Crabb)、加里·基恩(Gary Keane)、尼克·普莱斯(Nick Price)、乔治·夏普、安迪·沃克和伦·瑟斯顿(Len Thurston)等。自1993年开始，这些艺术家的名字常会出现在书中，而如凯蒂·弗林这样拥有极高地位的作者能看到待批准的草图初稿[①]，这一事实意味着出版商的持续性认同与当地或该地区关系密切的潜在客户的相关性。

40

围绕港口的作品不再是主要的焦点，利物浦作为一个虚构作品的背景，在出版商所坚持的想象中的原始白色建筑与神话般的蓝天的映衬下，被推到了前台(这是艺术家和作家都哀叹的事实)，成为一个有趣的、可识别的旅行图景与传奇及其他受欢迎的虚构幻想的乌托邦理想的意义交叉点(Fowler 1991, 31—33)。这些小说本身也开始分化，有些通过利物浦当地的特色图标和历史遗迹来促销，有些则通过向更微妙的主题转移来销售。由此，全国的传奇小说市场转向了大量的“二战”场景，以利用国民的怀旧情绪来实现收益。

自20世纪70年代以来，女性相关的社会变革步伐之快速与激进，使家庭主妇这个深刻、长久、曾由社会分工决定的角色实际上消

---

① 据观察，从1998年至今，在浪漫主义小说家协会西北分会的会议上，艺术家们的草图初稿和封面设计的完成图会被分发。

失了。这些小说反而描绘了一个更广阔的现实：相对于本地读者群它们的符号学和中心地形，反而对更广范围的读者具有更强的共通性；因此，利物浦传奇既吸引了大量的当地读者，也吸引了其他后工业地区的更广泛的读者，这些读者对其中心问题尤其产生了特别的共鸣。总体而言，在现实中，无论是与地点还是与其相关的认同感都已在突然的快速变化中被取代或抹去。而小说却能带来一种令人信服的、对某一特定地点的认同感，这种认同感或许符合读者对这一地点残存的记忆，又或许能够满足读者重温故地的愿望。而英国的地方性工人阶级传奇小说的成功，正是凭借着他们与这种地域情感联系的认同——或者用沃普乐的话来说是“尊重”——而发展起来的。

> 地方身份仍然是世俗生活中最强烈的情感纽带之一，是我们生活的最具的影响力的“想象社区”之一。它值得认真考虑和尊重。(Worpole 1992b)

在20世纪的英国各地，市中心的拆迁改造都会带来战后常住人口的重新安置、现有社区的分散、新的住房“问题”和房地产的发展。轰炸造成的破坏在英国的地方性传奇小说中得到了全面的处置，通过想象虚构并重新定位这些失落的空间，经由作品构成了对这一体裁在概念上的重新认知的一个重要方面。正如詹姆逊(Jameson)所指出的，林奇(Lynch)发现：

> 传统城市中的去异化……涉及重新获取实质上对某地域的认同感，以及对这个相互关联的整体的构建或重建。这一整体可以被留存在记忆中，作为个体的主体可以沿着那些可以移

动、替换的时刻轨迹绘制和重新绘制这些地方。（Jameson 1991，36）

战后大规模的重新安置和创伤性的搬迁直到很久以后才使利物浦破产，在 20 世纪 80 年代早期，这一事件的个人化含义成为其他一系列小说、戏剧和肥皂剧的焦点（如 Russell 1983；Redmond 1984），试图协助人们在情感上接纳利物浦的新城市格局。

到 20 世纪 90 年代中期，即使是那些不特别迎合“二战”纪念市场的利物浦传奇小说也开始偏离早期利物浦封面图像的特定元素。从 20 世纪 80 年代末开始，在全国范围内，排屋街道一直是工人阶级地方性传奇作品的典型象征。事实上，新成立的猎户星出版社（Orion）当时正专注于肥皂剧式的、发生在英国多个城市的混乱后街中的社区传奇故事；这些小说的封面更多反映着当地的环境，而非特定的地标。但直到 20 世纪 90 年代中期，出版商才终于意识到，20 世纪 90 年代英国地方性工人阶级传奇的代表其实是工人阶级的女性，尽管她们经常被改编为更年轻时的自己，为成为最终角色——“家庭主妇”而接受各种训练（Williamson 2004）。

41

毫无疑问，用热奈特的话来说，考虑到当时有六位新作家开始与 1990 年以前就已出版过此类小说的四位作家竞争，使用受到普遍认可的利物浦插图构成了利物浦传奇小说的一种特殊门槛。在作者关于利物浦本地特色的归档研究过程中（Williamson 2000a），能够说明自我意识定位的真实性的副文本，也被视为具有吸引潜在读者跨越这一门槛进入文本的功用。以不断变化、朦胧模糊的封面特质为门槛，使得上文提及的琼克和李的小说封面愈发成功；她们的封面侧重于更具普适性的邻里关系和家庭氛围。这一现象暗示出，到 20 世纪 90 年代中期，读者已经在寻求重温与特定的利物浦场景并不相关的、某种特别的文本体验。然后，在比较各地区传奇作品的封面时，无论这些故事发生在什么地方，穿着“时代”服装(直到20世纪50年代的时尚潮流)的女性的重要性就变得紧要起来。虽然在封面标语中采用特定城市的做法仍在持续，但哈利·鲍林的伦敦码头区传奇小说的女主人公与琼·琼克、琼·弗朗西斯或安妮·贝克的利物浦传奇的女主人公似乎并没有太大不同。于是，这本书的封面插图终于与其典型的读者实现了协调，她们都是50岁以上的女性，在自己和母亲的生活之间进行了文化重塑，这与工业化乃至殖民时期英国的许多以其他地区或城市为背景的同类小说相一致。

(王苇 译)

第四章　书店的实证研究：情境与参与观察法视域下的科幻、奇幻小说销售与市场营销

妮基安娜・穆迪

利物浦约翰摩尔斯大学

作为一种以盈利为目的的类型，科幻小说的一大突出特质是出版商将插图与文本通过精心编织而融为一体。选用的这些插图的价值在于拓宽并保持其在不同类型流行发展阶段中的市场吸引力。由此，图像学和叙事中的可视化特征是这种文类在媒介形态的发展变化中非常重要的一个方面。通过如《基地》[①]（1951）、《外推矢量》（*Extrapolation Vector*）和《科幻小说研究协会简报》（*Science Fiction Research Association Newsletter*）等对设计师、科幻小说出版编辑的采访，可以为出版商在封面艺术和插图方面提供实证性的深刻见

① 《基地》（*Foundation*）系列小说是美国著名科幻小说作家艾萨克・阿西莫夫（Isaac Asimov，1920—1992）的代表作之一。——译注

解。然而,这一探讨涉及书商和顾客对于理解这类文体所展开的讨论,尤其是在主流渠道而非某一专门化的零售渠道进行的、特别的市场营销方法问题。与消费者的互动和他们的消费情境,都对将科幻小说定义为一种文化产物有所推动。这样的预设使研究者在他们的文本阐释中保持了自我反省。此外,由于阅读体验和图书购买而"诞生"的对文化实践的认识,越来越多的问题逐渐催生了关于通俗小说如何产生社会影响的研究趋势。

科幻小说的发展史源远流长:从柏拉图《蒂迈欧篇》(*Timaeus*, *c*. 427—348 BC)中有关失落的文明亚特兰蒂斯的传说,到萨莫萨塔的卢奇安(Lucian of Samosata, *c*. AD 115—200)在代表作《真实的故事》(*A True Story*)和《伊卡罗墨尼波斯》(*Icaro-menippus*)中讽刺性的斗争描摹,以及令人难以置信的历险。这一传统体现了德国天文学家、数学家约翰尼斯·开普勒(Johannes Kepler)的幻想小说《梦游》(*Somnium*,1634)和弗朗西斯·培根(Francis Bacon)的《新大西岛》(*The New Atlantis*,1626)中关于科幻文学和变相的科学探索的复兴。现代科幻小说通常会追溯到玛丽·雪莱(Mary Shelley,1818)《弗兰肯斯坦》(*Frankenstein: or The Modern Prometheus*)1831 年的普及版(Fredericks 1982,7)。随着专业杂志的出版,科幻小说在 20 世纪 20 年代末逐渐成为一种营利性的文学体裁。这一过程的发展也伴随着对象征形式与内容的图画的运用。虽然说科幻杂志的插图方式已有例可循,但其风格在 20 世纪 20 年代的变化完全专注于这一体裁的特殊性。关于遥远未来景象的精细、明确的插图,太阳系行星坐标和科学技术已经在青少年时期各种各样的故事杂志的封面上出现了。[①] 早先在 19 世纪 80 年代的纸

① 关于这些封面插图的示例,请参阅 Robinson 1999,20-21。

浆杂志[1]里的插图，也聚焦于同样可以被理解为科幻小说的故事情节上。[2] 此外，伴随着法国作家儒勒·凡尔纳(Jules Verne)和阿尔贝·罗比达(Albert Robida)作品的推出，这些图像邀请大众以想象力更直接地参与到对科技与未来之间关系的建构当中。[3]

在北美大萧条的年代，销量激增的科幻杂志开拓了一个独特的市场，并在作家与读者之间塑造了一种特殊的关系。在欧洲，刊登奇幻与科幻小说的专业杂志出现的时间要早于雨果·根斯巴克(Hugo Gernsback)的《惊奇故事》(*Amazing Stories*)——这一杂志开创了一种融合读者需求和作家商业机遇的产品形式。[4] 由此，根斯巴克在1926年的4月改变了 H. G. 威尔斯(H. G. Wells)、儒勒·凡尔纳和埃德加·爱伦·坡(Edgar Allan Poe)等人作为“科幻作家”的形象，重印了他们的小说并找到了这些作品在20世纪的市场，使其能够成为一种经久不衰的杂志类型，并激励了更多在科技方面新奇浪漫、具有预见性的小说的出现。根斯巴克为《惊奇故事》杂志设

---

① 纸浆杂志(pulp magazines)，19世纪末至20世纪上半叶的一种廉价杂志，约16开本，采用最便宜的纸张印刷，边缘不予切割而直接手撕，常刊登犯罪小说、冒险小说、悬疑小说、侦探小说、浪漫爱情小说和神秘小说等各种通俗小说。——译注

② 其中最引人注目的是爱德华·F. 埃利斯(Edward F. Ellis，1868)的《大草原上的蒸汽人》(*The Steam Man of the Prairie*)的各种插图和封面，它的续集和仿作成为廉价小说中的一个发展成熟的亚类型。

③ 罗比达最著名的插图小说是《20世纪之战》(*Le Vingtième Siécle*，1887)和《电动生活》(*La Vie Electrique*，1883)。在这两本书中，他汇集了早期对机械化未来的略带讽刺意味的推测，描绘了20世纪50年代日常生活的前景，包括战争、飞行、电话、可视电话和女性平等的进步等。

④ 《兰花花园》(*Der Orchideengarten*)是一本德国杂志，于1919年至1921年发行。瑞典杂志《福金》(*Hugin*)创刊更早，为庆祝科学的成就、预测未来的发现，于1916年首次发行，包括短篇小说和评论。两者都有插图，但都没有形成可持续的商业市场。

计的宣传口号是“今天天马行空的虚构，明天冷酷的现实日常”（“Extravagant fiction today... cold fact tomorrow”）。杂志的创刊封面就非常引人注目，这多半要归功于其大胆的色彩选择和故事元素的拼贴杂糅。[①] 天空是黄色的，居中的是一颗红、黄、蓝三色环绕的状似土星的行星，下方的最前端是一群微笑着、浑身毛茸茸、滑着冰似的人形生物；它们的后方是两艘正要从大雪堆顶部启航的受困船只。《惊奇故事》（以及根斯巴克的后续系列杂志）的封面设计如此与众不同，以红、黄色为主色调，衬有部分的蓝色天空和特殊风格的肖像插图，这是由弗兰克·R. 保罗[②]这位佳作频出的行家绘制的。美术家文森特·迪·费特（Vincent di Fate）在其作品中这样评价保罗对科幻题材的杰出贡献：

> 在20世纪二三十年代，科幻小说最初对美国读者的吸引力主要体现在其宏大广阔的城市景观、巨型的宇宙飞船和复杂神秘的机器。由此，在科幻小说尚未在专门化的文学领域形成一种正式的类别时，他已通过具象化的图像，确立了这类题材的合法性。（Di Fate 1997，237）

45

保罗笔下的城市景观具有图标式、复古的风格，建立在现代主义对未来想象的期盼与忧虑之上。迪·费特认为，保罗呈现故事主题的方法让期刊清晰地“描绘”出科幻小说的形象（Di Fate 1997，29）。在他的评论中，这些作品得以沐浴在“概念的光辉”之下（Di

---

① 详见 Robinson 1999，28。

② 弗兰克·R. 保罗（Frank R. Paul）成为《惊奇故事》的主要插画师，为杂志创造了所有的室内设计和封面艺术，而根斯巴克则在1926年至1929年担任杂志编辑。后保罗继续和根斯巴克一起为《神奇故事》（*Wonder Stories*）杂志及其他刊物效力。

Fate 1997，29）；但笔者认为，保罗的画作与寻常事物及奇异外星生物的结合也同样重要。此外，保罗视廉价的纸浆杂志为一种艺术媒介，使他能够改进并强化自身的创作风格。纸浆杂志因其以便宜的木浆报纸为制作材料而得名，这种材质非常之轻，因而很适合邮寄给订阅者或在报摊上展示。这类报刊材质低端，印刷粗糙，这意味着创作者必须开发出一套与纸张材料相适应的技术。迪·费特将这种解决的方法称作“海报色彩法”。这一方法通过“高度饱和的原色和大片的平面区域，反而在最小限度内利用了立体感而非大量繁复的轮廓来明确其形式”（Di Fate 1997，234）。也正是根斯巴克邀请保罗长期作为封面绘制者的决定，给予了他发展这种特别的风格和技法的空间，从而使这一新兴体裁的插画之风逐渐确立。

被根斯巴克当作建构 20 世纪科幻体裁模板的 19 世纪长篇连载，以及威尔斯、爱伦·坡和凡尔纳的短篇故事，同样也带有插图，但这种插画在小说重印中通常是不可复制的。相反，插画师需要根据新读者群的期待重新调整故事中的插图。相比于 19 世纪的科幻与传奇小说作家，根斯巴克和其他编辑出版的更多是如亚伯拉罕·梅利特（Abraham Merritt）等深受大众喜爱且知名的作家作品。这些作家更乐于把握创作新题材的机会，而他们的作品对出版本身来说也是新鲜的，但也总有像 E. E. 史密斯博士（E. E. Doc Smith）[1]这样，对科技与创造（想象）相结合、采用特殊叙事技巧的虚构作品大感兴趣的人。为了鼓励对该杂志保持兴趣的新作品和粉丝文化的形成，一张由保罗设计、根斯巴克准备出版的《科学惊异故事》（*Science Wonder Stories*，1929 年 11 月）的封面上，开出了围绕该图

---

① 美国著名科幻小说家爱德华·埃尔默·史密斯（Edward Elmer Smith，1890—1965）的绰号。——译注

创作“最佳短篇奖励三百美金”的悬赏大赛。① 这张充满戏剧性的封面插画主体是一艘圆环形的太空飞船，状似飞翔着的茶碟，四周的金属机械臂攥着一幢正被拖入太空的摩天大楼。这样的插图和对科技探索的讨论，本质上是根斯巴克在邀请读者参与评论和创作，为这种围绕新体裁的互动式（科幻圈）文化的形成贡献力量。正是这些文化实践标志着科幻小说有别于其他体裁，尤其是它们在叙事创作和体验方面的影响。

以下研究有可能开展的原因之一在于粉丝文化：在形塑科幻小说通用“行话”和其市场营销方面，重要的封面设计者扮演的角色。畅销的平装书出版在封面设计的标注上极其粗疏；然而，科幻小说的粉丝和收藏者已经编辑好擅长某种特别题材的封面设计师的名单，并且在和编辑或出版商乃至这些设计师本人的讨论中，认可了他们在绘画风格、商业或粉丝期刊上的作品。如今，个人用户在网络端要通过系列杂志的陈列和对图书的完备注释查询封面画家相比之前更为简单。对梳理文体发展和成就史感兴趣的粉丝，会把素材按照本地、国内和国际科幻小说社团进行整理、归档。而对于其他文体来说，这一过程并不会如此直截了当，反而常常需要借助口述史形式的采访和调取出版档案来了解其理论演变与文化实践。②

46

科幻小说连载杂志的封面随着在 20 世纪三四十年代的相互竞争，逐渐变得与众不同。而与此同时，其插图也超越了文体，成为更

---

① 详见 Di Fate 1997，235.

② 在这项研究中，笔者参考了位于利物浦大学的科幻基金会（Science Fiction Foundation）的档案，该基金会有一项政策，即尽可能收集和记录不同版本科幻图书的封面艺术。在本章的研究过程中，本人非常感谢馆藏图书管理员安迪·索耶（Andy Sawyer）的支持。

广义上西方文化构想未来过程的一部分。[①] 从狭义上说，科幻小说插图描绘和展现了一幅文化想象中的未来图景，如全新的城市架构、战争场面、人与机械之间的关系、社会交际，以及星际旅行中的行为准则或实践。这些构想随后扩散到了其他媒介尤其是电影之中，拥有了更多的受众。因此，当杂志上连载的中、短篇小说被重新汇编成册，进入20世纪50年代的平装书市场时，出版商开发出了一套相当成熟的廉价科幻小说专用封面设计图，而这些封面图片遭到了已经建立起和编辑[②]沟通渠道的读者深深的诟病和强烈的反对。

起初，杂志连载的奇幻和科幻小说很容易混淆。但是到20世纪70年代，分类清晰的商业化产物已经出现在市场上，被出版商根据图书的封面和建议售价分好了类。在1974年之后的经济衰退年代中，由于衰退和新技术的冲击所引发的、发生在出版行业内的重要

---

① 与其他低俗科幻小说相比，《震撼科幻小说》(*Astounding Science Fiction*)以其更为严肃的封面而著称。该杂志于1930年1月首次出版，但与约翰・坎贝尔(John Campbell)在1938年至1971年间的编辑工作密切相关，是一本在该领域内外都极具影响力的杂志。“坎贝尔可以说是贯彻了根斯巴克思想理念的成功的继任者。他和30年代该领域的其他人一样，具有技术意识和应用导向；不同之处在于，他对‘科学’(技术与工程)的范围有着更广泛的理解；他想探索有着新科技的世界对人们的影响。”(Merrill 1971, 67)这一点在杂志的封面设计中表现得很明显。坎贝尔特别选用了法国天文插画家切斯利・博内斯泰尔(Chesley Bonestell)的作品作为一系列的封面。博内斯泰尔曾为电影制作过背景画，也为科普书籍制作过插图，但他最出名的作品是20世纪50年代如《生活》(*Life*)等杂志的特写，他通过绘画推测了在太空工作和到达行星表面的可行性。

② 雨果奖是一项由粉丝评选、颁发给专业人士的奖项。第一次颁奖典礼在1953年的世界科幻大会上举行，以根斯巴克的名字命名的雨果奖，包括编辑、艺术和杂志这三个类别。星云科幻小说奖自1966年起，由美国科幻和奇幻作家协会颁发给专业作家。关于这些奖项和其他许多现存奖项，以及它们代表一种认可意义的争论，为作家、编辑和读者之间的互动交流提供了一个平台。

工业变革，一场奇幻文学和科幻小说究竟谁占上风的、没有硝烟的战争便在英国书店里开始了。这种区分在封面设计、作品展示、广告宣传上都体现得十分明显，但这些分类在颇有经验的书商和小说的潜在读者那里则显得很模糊。在 20 世纪 70 年代末，书商都看到了 J. R. R. 托尔金（J. R. R. Tolkien）的《精灵宝钻》（*The Silmarillion*, 1978）平装版及之后的精装版同样大获成功。托尔金在《书商》高居的榜首地位，后来被《星球大战》的作者所取代，而发生在弗兰克·赫伯特（Frank Herbert）与迈克尔·摩考克（Michael Moorcock）之间关键的广告宣传战则维持住了人们对于这一新兴却非常吸引人、涵盖了奇幻小说在内的科幻小说体裁的兴趣。①《书商》在 1978 年第 34 期专门谈及图书销售贸易时指出，这类图书和作家是最热门、最需要时常补货的。《书商》上的文章和报道将这类图书和科幻类小说联系了起来，但它们巨大的销售量提醒着书商，尽管这些小说属于科幻类作品，但其读者群更广泛，更多样化。

当 20 世纪 80 年代中期的英国出版行业和图书销售危机加剧时，笔者正在进行一项关于这一时段的科幻小说如何与明确的作家性别分野相适应的文本分析。具体而言，我所指的正是赛博朋克小说（cyberpunk）和女性幻想小说（feminist fabulist）。这两类文本的作家不约而同地喜爱以文字想象在不久的将来，交流方式、信息技术和商品资本对他们虚构的世界中社会与现实环境的影响。笔者对这些作品的销售方式、其购买者的特质很好奇。为了探索这两点，我进行了民族志"潜水"（lurking）实践，首先作为一名旁观者，之

---

① 作为营销活动的一部分，这部电影的小说在上映之前就出版了。参见 Sutherland 1981。

后逐渐通过与书商及其顾客的互动，观察图书的浏览与购买这一文化实践。

民族志是一种实证研究的过程。其复杂性体现为（一系列）对研究不同阶段的严谨要求，如最初的方法论推动力、开展中的研究计划与计划执行中的评判、伦理实践，以及最终将实验结果与被调研、鲜为人知的文化环境相联系。对文化生活进行实证性而非实验性的观察，这一观点已为从物理学到人类学等诸多不同的人文社会科学学科所使用。20世纪早期的纵向民族志田野调查中，人类学家曾花费三到四年的时间全身心投入从学习语言开始的对部族生活的研究。文化实践的个中意义在于能够以内部成员的角度进行充分理解。著名人类学家布罗尼斯拉夫·马林诺夫斯基（Bronislaw Malinowski）关于民族志研究方法的一条原则就是对"观察与记录真实生活和典型行为的无法预测"的应用（Malinnowski 1967，19）。这种做法的重点在于记载"无法计量"但通过定量研究的分析可以被理解的文化现象。

就通俗小说领域的大量实证研究而言，其花费在研究计划方面往往过大。拉德韦具有开创性的研究《阅读浪漫小说：女性、父权制和通俗文学》（*Reading the Romance*，1984）通过读者调查问卷、观察法、业内人士评论和访谈[1]，为浪漫题材的语境分析，以及禾林出版公司（[Harlequin]旗下的米尔斯与布恩[Mills and Boon]）出版的小说的文本分析提供了补充。研究在关于阅读的文化实践方 48

① 拉德韦的实证研究是专门为了避免仅对文本进行符号学分析所做出的假设而进行的。她采访了在美国中西部小镇的一家书店购书的浪漫小说读者，这家书店以专业知识和售书员提供热情的建议而闻名。拉德韦发现，这些读者会分享他们关于这些书的文化知识，从而形成了一个具有批判性和解释性的阅读社区。

面提供了相当重要的素材。该研究的范畴此后也极少有重复。[①] 然而，社会学科对民族志研究方法的标准并没有阻碍畅销文本购买与售出的实证评价和环境调查。这些语境考量都是科幻小说确定其市场的重要组成部分。

在某一特定阶段，任何科幻小说的研究者都将不得不尝试明确区分文本的体裁并在“斗争”已久的科幻和奇幻小说之间划出一条清晰的分界线来。就笔者（在研究之初）个人而言，约翰·克鲁特（John Clute）和彼得·尼科尔斯（Peter Nicholls）下的定义非常合适：

> 科幻小说是对应于某一出版业类别的一种标签，其应用以编辑和出版商的幻想为准。（Jakubowski and Edwards 1983，257）

为这一文学体裁选定一个定义的过程是科幻小说研究旅途中的一项仪式。因为既能容许我涉及各性别的作家群体，又能像奇幻小说中的角色扮演游戏那样，涵盖新兴且势不可挡的文学体裁实践创新，这一定义原本显得很有吸引力。就科幻小说研究来说，定义能使我更好地展开研究，帮助我分辨分类方面的某种困难。这些难题可能出现在图书封面、书商与店员的上架决策、图书封底的作品

---

① 1978年，在亚利桑那州凤凰城举行的伊瓜纳孔世界科幻大会（Iguanacon World Science Fiction Convention）上，威廉姆斯·西姆斯·班布里奇（William Sims Bainbridge）向代表们分发了调查问卷，收到了595份填好的表格。班布里奇对粉丝亚文化和专业读者的意见尤其感兴趣。调查问卷列出了140位作家，他们按照喜好程度进行了排名。他们还被要求对40种不同的文学类型进行偏好排序，这些文学类型主要与科幻小说及其子类型相关，但不完全相关。进一步的问题着眼于最喜欢的写作时期、主题和主角。从这些数据中，班布里奇分析了传统硬科学、新浪潮和奇幻文学之间的区别，并确定了这一时期女性作家和读者对这一类型产生影响的一个主要变量。

分类、英国高街上的图书销售连锁店所能达到的热销程度，乃至这一时期的读者与个体书店的销售人员之间的关系上。然而，由于这一奇幻和科幻小说之间的界定对于此后的探讨如此之重要，它或许有助于提醒人们关注有影响力的学术评论员对这类体裁的定义。批评界最广泛接受的定义源于曼洛夫(Manlove 1987)，他关于奇幻小说的著作通过清晰的文本分析，关注现代奇幻小说类型的复杂性和差异性，阐释了畅销作品中那些被轻蔑地视为毫无活力的人物的特征(Manlove 1987，106)。在其作《幻想的冲动》(*The Impulse of Fantasy*)的前言中，曼洛夫收录了她在早前作品中提出的定义：

> 一部激发想象、包含丰富无尽元素的超自然的或不可能世界的虚构小说，故事中普普通通的生物或造物、读者都遵循着至少一小部分相对熟悉的规则。(Manlove 1987，iv)

49

新加入这一定义的特质，不同于科幻小说文本的外推的、理性的话语勘察，而是奇幻小说赋予超自然的、奇思妙想虚构世界的一段旅程和一场浸礼。奇幻文学的封面因此使用的是视觉上特征鲜明、最能代表作品特色、凸显超自然色彩而非科技水平的标志物。它们具有"一种独立性，使事物在奇异背景下的独立生活中显示出奇特和光鲜"(Manlove 1987，iv)，这一点在内部叙述、语言与向读者致意方面较为明显，使其和以逼真描摹的形式呈现陌生景象的科幻小说作品区分开来。

笔者通过对科幻小说和奇幻作品(或这两者的变体)定义方式的观察法考察的是1984年至1987年间英格兰西米德兰兹郡(West Midlands)的五家不同的书店——一家销售书籍与文具的WH史密斯商业连锁店、三家独立经营的书店和一家科幻小说专卖店。这些店铺在18个月的观察过程中至少每6周到访一次,且对不同店铺中工作人员的采访达到14人次。根据对销售额的回顾,以及工作人员盘点在售书目和迎合其读者群兴趣的待购书目的调整规划会议,图书上架分类经常更改。

大约十年以前,英国的书店几乎就没有依据体裁分类销售图书的情况,更多的是通过出版发行或品牌出版社。因此,有经验的科幻小说读者会知道去搜寻美洲狮出版社(Panther)、五月花出版社(Mayflower)、格兰茨出版社(Gollancz);轨道出版社(Orbit)、天体出版社(Sphere)、新英文图书馆出版社(New English Library)和潘恩出版社在这一类别下每一两个月的出版清单。如果打算购置一批新书,他们就会去了解深受他们喜爱的作家签的出版商,并且弄清楚这一出版商准备推出的、销售量居中的和库存储备着的科幻小说作家。这些读者会更多地参考科幻杂志的书评、书展上的作家推荐和本地的科幻小说小组而非依靠书店的售书员。但在20世纪80年代,通用的分类变得相当重要,出版商给图书添加了标签,以帮助书店员工分门别类摆放上架。除了专业书店以外的全部书店都认为科幻小说是一种难把握的类型。在这种情况下,售书员仍因为和读者在这些分类方面的异议而感到不安,所以常常不赞同在书脊上盖上这一类别的章。

WH史密斯连锁分部的一位资深人士认为,该体裁的分类尤其艰难的原因,在于连锁模式迫使英国小说杂志《新世界》(*New Worlds*)遵循1968年诺曼·斯宾拉德(Norman Spinrad)《杰克·巴伦窃听器》(*Bug Jack Baron*)的连载形式。他对这一创作体裁本身及其对普通读者的挑战性极度不信任。其他人则视它为一种仅面向青少年或男性的小说类型,因而当妇女出版社(The Women's Press)或维拉戈出版社(Virago)推荐时,总会面临分到科幻类还是奇幻类的问题。英国的售书员经常为仅在美国出版并销售图书的诉求，或因图书再版后分在不同条目下而感觉沮丧。不过，他们都一致同意延续按体裁给图书分类的方法。首先，尽管他们并没有一个关于此类别的定义，但都为20世纪70年代后期遍布各个年龄层次的读者抢购"星球大战系列"图书套装的热情而震撼。其次，他们明白这些读者会再度光顾书店并继续购买科幻和奇幻分类下的作品。不仅如此，他们还将之视为一种难得能卖出精装本特别是奇幻三部曲的类型；并且，尽管看不到图书评论，他们对平装本的销量也大为惊叹。售书员注意到，这一体裁在媒体、新电影、广播剧和电视上获得了大幅度的推广，对科幻小说越来越普遍的基本认知将促使新客、老客走进书店。然而，在采访和非正式的讨论中，近四分之三的售书员透露，他们不同程度地对这种体裁抱有轻视的态度。

50

回溯图书贸易史，这是一段非常有趣的过渡时期。笔者在那段时期曾进行过调研的几家独立经营书店已经被逐渐崛起的连锁书店所替代或挤出市场；开展过的实证研究采取的是观察书店文化的形式。观察法的参与者提供了从一种文化内部理解其常识的多重方式：它有效避免了对文化经验与实践的假设和理论模型补充的依赖。与销售人员和浏览者的互动交流意味着我对书店文化的解读是从非正式访谈——一种需要区别于单纯地收集逸事信息的方法推导而来的。

> 非正式访谈最常见于人类学研究。它看似一种随意的交谈，但其实就像结构式访谈会有明确的议程一样，非正式访谈也有其特定却隐含的研究议程。研究者采用非正式的方式来探索一种文化的分类含义。这一形式在挖掘人们的想法和人与人之间兴趣点比较的人类学研究中非常实用。这样的比较

> 有助于确定团体中的共同价值——影响行为的价值。非正式访谈在确立和维持一种融洽良好的关系方面也非常有益。(Fetterman 1989,48)

就同在书店那样，笔者还在粉丝文化和读者团体当中开展了相似的访谈。但在和书店员工的访谈中，为了维系和谐关系的互惠互利情况要更加明显一些。

> 简言之，与参与观察者和实地考察的从业者建立信任和合作关系是必须的，这有助于准确掌握可靠、高质量的行业内日常情况。信任和合作只是程度问题。参与观察者应当寻求至少在实地考察的少量关键人员那里实现最大限度的合作。信任与合作是持续存在的问题，依赖于在具体情境下进行着的互动。你将不得不明确在进行现场的田野调查时，什么时候才达到有足够的合作和信任度来支撑真实调研的程度。换句话说，你必须不断地揣摩和评估信息提供者、与其关系的紧密程度、其性格品质，以及你与业内人交流时的情境和场合等信息。(Jorgensen 1989,70)

51　售书员愿意和我交流，是因为我熟悉许许多多的奇幻小说角色扮演游戏，而它们吸引了许多新读者和年轻读者走进书店，成为其潜在顾客。销售人员意识到他们需要加深对所有潜在读者的了解，但在这方面他们反而很难掌握足够的讯息。

20世纪70、80年代的衰退期为出版商和售书员增加了更大压力。图书馆的预算已经不足以维持通俗小说的精装本销售额。惨淡的销售额和公众关于科幻小说与《新世界》及科幻小说家的动向日益成为当代文学中的一部分的讨论，加剧了出版商视科幻小说为一种争议多、衰落中、不稳定的体裁的情绪。在 20 世纪 80 年代中期，符合以下观点的多部作品在英美小说的粉丝圈中流传：挑选优秀的科幻小说需要有高度专业化的知识储备，比如斯蒂芬·R. 唐纳森(Stephen R. Donaldson)的杰作《异教徒托马斯·斯寇文编年史》(*The Chronicles of Thomas Covenant the Unbeliever*, 1977)[①]在商业上前所未有地大获成功。大家都知道该书在获得由戴尔·雷伊(Del Rey)经营的巴兰坦出版社(Ballantine)[②]内一对颇有影响力的编辑夫妇的支持以前，曾被 47 家不同的出版社拒绝过。莱斯特·戴尔·雷伊(Lester Del Rey)是一位深受好评的科幻小说作家、评论家和编辑，其妻朱迪-林恩(Judy-Lynn)则是一名奇幻小说领域的知名编辑。纵观 20 世纪 80 年代，科幻小说除非归入奇幻类型之下，否则都排不进英国畅销书排行榜前 100 名。书商们还记得，针对这一危机，在 1983 年图书市场营销的理事会上有过一次协商；在这一显示半数图书都由当代作家创作的会议上，正式启动了对科幻小说的促销。

随着石油输出国家组织(OPEC)的崛起，不断削减的宣传预算重心逐渐向类型畅销书，如阿西莫夫、克拉克(Clarke)、海因莱因(Heinlein)的作品转移。面对 20 世纪 60 至 70 年代的这些大获成功的作家，北美的新作家不得不转而投向更小规模、日渐衰落的小出

---

① 书商们常把这一系列作为模糊营销的一个典型案例，这本书被贴上了奇幻系列的标签，使用了与奇幻相关的景观编码，但在行业杂志上评论时，它也被视为当代科幻小说的典范。书店承认的双重分类或许证明了戴尔·雷伊的科幻小说和奇幻书单在营销上取得的成就。

② 在此处和其他地方的讨论中所提到的材料都属于逸事传闻，但都是从 1984 年至 1987 年英美科幻大会上对作家、编辑、出版商、粉丝和读者的大量采访中提取出来的。

版社和印刷厂。因而一旦作家发现其作品有一定的市场，便会尝试着重新排版印刷。于是自20世纪80年代初开始，图书贸易在出版科幻类作品时衍生出了三个书店方和职业作家都需要注意的基本方案。奇幻三部曲因为能够保证精装版的销售额和图书馆的采购量而深受出版商欢迎。弗兰克·赫伯特的“沙丘系列”(Dune Series)、迈克尔·摩考克的“艾尔瑞克系列”(Elric Series)、安妮·麦卡弗里(Anne McCaffrey)的“龙骑士波恩年史”(Dragons of Pern)和玛丽昂·齐默·布拉德利(Marion Zimmer Bradley)的“黑暗之极”(Darkover)系列小说激励了盛行一时的“三卷本长篇小说”的回归。然而，奇幻三部曲所使用的封面图片有别于科幻小说的特质受到了关注，割裂了潜在的市场。基于《星际迷航》(*Star Trek*)和《神秘博士》(*Dr Who*)系列的大获成功，以及与奇幻角色扮演的游戏世界相关小说的推出，两者共享的世界和各主题的选集受此影响，在当时很是流行。新踏入这一类型的作家在签约方面备感压力，因为如果销售得好，他们就需要交出三卷本的系列或更多的续篇。来自各方的评论员发现，这种长篇连载的形式正在损害该文学体裁的发展。它和一种由两大因素引发的第三种趋势挂上了钩：不同媒介行业的汇集，以及辨识能够实现大量促销的图书品牌而不必冒险把职业发展的希望寄托在不断涌现的新人身上。查尔斯·普拉特(Charles Platt)视之为“中等销量”(midlist)图书的衰落：

52

> “中等销量”指的是处于出版商图书列表的中段。在这一清单头部的书单是得到大力宣传、销售量不低于十万册的畅销书；在末尾的则是西部小说、劣质的浪漫小说，以及各种充满陈旧套路、满大街都是的其他类型的作品。而处在中段某处的这些差强人意、有些深度的小说也自然会有差强人意、有些品味

的读者——大概和看BBC电视2频道的观众差不多。(Platt 1989,49)

如今出版业的可预测性比从前任何时候都更受重视。编辑不断寻找着按照预期能够收回投入的成本乃至盈利的书。尝试出版和胶印图书一旦不能收回成本，或回款的速度对于重版书来说过慢，就会极大地损害其利润。科幻小说在某种意义上来说得以自保，正是由于它被认为是一种不受待见的出版物，面临着艰难的市场环境，从粉丝群逐渐发展为专业协会，获得一定的奖项并出版新作续集，从而提升和维持住这一文类并增强其在中等销量作家当中的接受度。但是，出版商开始使用候选名单的方式来决定这些奖项和新作系列，以便确定具体作家。这些作家要么是在科幻读者中接受度较高，要么是能够开创或延续一个新的热销科幻小说系列。早期科幻小说中的概念被视为默认的条件设定，从而满足新读者的需求。[①] 越来越多的科幻小说摒弃了直白的政治评论、实验写作或内省，逐渐回归于读者难以预料的冒险奇遇。大量出版的奇幻历险似乎都可以有一定的框架设置，以便迎合和满足更多读者的期待。在这一时期的出版界，以上两大要点带来的最合情合理的变化就是在20世纪80年代，向奇幻的转型和对仿中世纪叙事的依赖占据了主导地位。

翁贝托·艾柯(Umberto Eco)就中世纪地点在大众传媒中(而不仅仅局限于科幻小说)的重要性的提升指出，这是一种回应某种

① 如普拉特(Platt 1989,50)所引用的几个例子，包括罗伯特·西尔弗伯格(Robert Silverbery)与班塔姆图书公司(Bantam Books)的交易，将阿西莫夫的三部中篇小说扩展成长篇小说。其他已出版并广受好评的科幻小说作家被委托，为该类型黄金时代作家出版的成功小说撰写续集。

特定文化氛围的新千禧年主义的形式。这些地点可以部分反映有关工作生活中的社会性焦虑(如去工业化和信息技术)、政治和国家的确定性(如冷战的终结、中东石油国家的力量、亚洲的技术创新,53 以及英国加入欧洲经济共同体[EEC])、性别化的权力关系、制度变革和现代化的前景。他将这些中世纪的叙事场景的反复运用视为在转型和危难时期审视资本主义根源的一种途径。①

与科幻小说不同的是,奇幻类的成功在许多方面用艾柯的理论可以解释得通。首先,这类奇幻的、中世纪的骑士冒险非常合适三部曲的形式。奇幻三部曲的素材还可以来源于其他更宽泛的类型。和科幻小说比起来,奇幻小说和浪漫传奇、神秘小说、恐怖小说和主流小说在书商和出版商的心里要受欢迎得多。现存的三部曲还可以在微调包装的基础上进行重排和再版。对奇幻类文本的阅读需求源于伴随着奇幻作品中角色扮演游戏的亚文化活动。从读者访谈中可以非常清晰地听到,他们希望在奇幻小说或系列丛书的个人化阅读以外,还能在其他的文化实践活动中也把它们用起来。这些小说为真人扮演建构了基础,同时,在现实中专为角色扮演游戏定制的实际商品之外丰富了故事的传播。

这一代的英国读者还与从前数十年中为信息技术与魔法间关系着迷的儿童影视业紧密相连,在当时刚成年不久的年轻人中,催生出了阅读奇幻冒险的读者市场。出版商对丛书的兴趣为科幻小说作家通过写书谋生指了一条明路。出版商还发现有这样一些作

---

① 许多学者、出版商和评论家在争论:为什么奇幻小说在这一时期如此成功。萨瑟兰(Sutherland 1981)解读《星球大战》,将该系列视为一个完美的产品,为那些在文化上受累于越南战争的人提供了逃避现实的机会。笔者(Moody 1991)曾说过奇幻类对女性作家和读者很有吸引力,这是因为它可以用来表现坚强的女性角色。艾柯也曾提出,奇幻或许还可以成为一个叙事上的地点,从而避免政治正确的问题。

家，他们会专门创作电视和电影的相关作品或者将其改编为小说，这有时可以给粉丝提供成为职业作家的机会。印刷出版的图书和影视化的小说之间的关系，已成为科幻体裁在跨越新式传媒形式改革中的中心议题。当时，奇幻系列和电视节目或电影改编的图书似乎扰乱了之前对科幻小说忠实性的传统和批判性视角（Platt 1989）。科幻小说、奇幻小说和新兴的混合科学奇幻作品之间的差异对读者和书商而言日益清晰。大家更多的是根据其封面设计的特质，而非出版商因为出版公司的转型，在经济非常困难的某段时期，为了保持各种类型表面的一致性而勉强人为设置的分类来加以区分的。

20世纪80年代，科幻图书封面的风格和设计完全颠覆了70年代科幻小说插图形成的抽象的、象征符号式的、转喻式的意象。人们认为这很适合当时出版的反乌托邦小说、推测性叙述等类型，尤其是与科幻小说新浪潮相关的作品。在英国，这一运动开始于迈克尔·摩考克于1964年对《新世界》杂志的编辑。这场运动中，斯科尔斯(Scholes)和拉布金(Rabkin)的观点在许多不同作家预测的两大要点上实现了统一：首先，是一种新的文学上的自我意识，它鼓励在写作中进行实验并回应批评；其次，是一种将作品作为反对确立定见和打破旧习标志的社会认知(Scholes & Rabkin 1977,88)。[①] 54

从前常被用于提高销量的插图风格在图像学意义上标记出了这一新的科幻小说；20世纪50年代，这种绘图风格曾被用于40年代杂志以平装本形式的汇编再版。迪·费特(Di Fate 1977,56－78)

① 就他自己的写作而言，摩考克更常与商业幻想的“剑与巫术”这一子类型联系在一起。在美国，朱迪思·梅里尔(Judith Merrill)通过她的编辑、批评而非其写作，成为这场运动的主要支持者。

通过审视这一时期两家知名出版社——王牌图书（Ace Books）和巴兰坦出版社——的发现来考量从杂志到平装本编辑校订的转变。两家出版社都有曾从事过科幻创作、转投出版业的专业科幻小说编辑，分别是唐纳德·沃尔海姆（Donald Wollheim）和莱斯特·戴尔·雷伊，但这两位在封面设计上的理念并不相同。[①]

迪·费特坚信，沃尔海姆正是因为对20世纪40、50年代纸浆杂质的熟稔，才保留了占据主导地位的华丽风格的封面设计，以吸引观者对科幻小说的兴趣，因为他深信，这一群体当中会有大量“不谙世事”的青少年（Di Fate 1997，59）。《惊奇故事》的一系列封面及其在低端市场的模仿品催生出的科幻小说套路，逐渐在电影海报尤其是戏仿之作中变成了一种文化符号：穿着金属文胸的蛇蝎美人、长着昆虫似的眼睛的暴眼怪兽、隐含阳物崇拜的火箭飞船、充满冒险的救援行动和曲折夸张的情节设计，都使得它们很对青少年男性读者的胃口。相对地，巴兰坦出版社任命理查德·M. 鲍尔斯负责亚瑟·C. 克拉克（1958）《童年的终结》（*Childhood's End*）的封面设计。鲍尔斯曾受到超现实主义艺术家伊夫·唐吉（Yves Tanguy）和胡安·米罗（Joan Miró）的影响，在科幻小说和商业艺术创作的画面运用方面具有独特风格。

---

①　沃尔海姆在写作和科幻方面都很投入。他最为人所知的创作是“王牌套装”，即将两本小说合二为一，采用不同的封面设计，从而降低了推广新作家的成本。1971年，他成立了自己的公司——DAW图书。如前所述，莱斯特·戴尔·雷伊是20世纪30年代末、40年代初的科幻小说作家、杂志编辑和评论员。1974年，他和妻子一起在巴兰坦出版社担任科幻小说编辑。朱迪-林恩·戴尔·雷伊凭借着她向大量读者推销科幻小说和奇幻小说、足以使其进入畅销书排行榜的能力，在促成戴尔·雷伊重印本方面发挥了重要作用。

> 鲍尔斯作品的突出特质在于其复杂巧妙和抽象兼备，非具象化的风格为之后其他艺术家大量多样化的设计方式提供了一个范例。(Di Fate 1997,59)

这一封面在开创了“一种整体感的同时，在很大程度上促进了图书销售的增长”(Di Fate 1997,59)。在克拉克的推理小说图画范例的成功之后，鲍尔斯的设计方法还被应用于新浪潮科幻小说的封面设计。但是，迪·费特认为，对这类画面的使用已经不再受欢迎了，因为随着其发展，为了营销策略的重估激励，它制造出了许多“对消费者来说过于刺眼、令人生厌”(Di Fate 1997,78)的封面。对于具有突出的叙事性特质，在 20 世纪 50 至 60 年代流行的具有特色、由特殊光谱的亚克力调色盘绘制的艺术品来说，这可以说是一种回归。笔者将以“亚克力调色盘”来指代以上在 20 世纪 70 年代末至 80 年代用于奇幻小说的色彩。这是一种色调更深但也更柔和的颜色，能够保持色彩的鲜明，因而特别适用于通俗读物和抽象的科幻小说的封面。[①]

55

在 20 世纪 80 年代中期笔者与之交流过的书商已明确地将封面艺术在色彩运用上的区别视为科幻小说的体裁特征。这些封面很大程度上集中于奇幻的世界或景观，它们构成了故事叙述的背景、情节，常常还包含了对故事主人公或人物的具体描写。书商都不约而同地把这些变化解释为色调和插图品质的改变，但他们对用这种奇幻或科幻小说符号来意指科幻小说是否合适犹豫不决。吉恩·沃尔夫的《拷问者之影》(*The Shadow of the Torturer*, 1980)就作为

① 这种色彩的运用在同一时期的《奇幻与科幻杂志》封面上非常明显。

混合科学奇幻类型的突出典型而被单拎了出来（Arrow 1981）。[①] 该书的封面显示出这本书荣获了世界奇幻奖（World Fantasy Award）、英国科幻小说奖（British Science Fiction Award）和星云奖。这一设计还很明确地包括了最新剧情叙事的套路，描绘了一个头戴兜帽、身披斗篷、全副武装的人物正从半山腰上一个石头建造的小镇走出来的形象。包裹全书的外封设计是为了让我们能够看到人物正要穿过一片古老的森林，走向停泊在岸边的船只。封面上天空中的云呈现出一种柔和的橘黄色，而下方的大地则是一种青绿色。封底的颜色比封面深，更着力展现大地而非天空。该书在封底明确地标注了其作为科幻小说的分类。

迈克尔·摩考克《秋日星光下的城市》（*The City in the Autumn Stars*）的封面也运用了类似的色彩对比（Grafton 1986）。[②] 明亮的天空用的是玫瑰色、洋红色和紫罗兰色，主角们乘着一艘由蒸汽驱动，黄、红、绿色相间的热气球状的飞船，这些颜色共同构成了封面设计顶部的明亮色块。飞船正在飞越一片呈柔和紫色印花图案的河谷，飞向森林中一座有着塔楼的、晦暗的城市。《秋日星光下的城市》并没有明确地被定义为科幻小说，而是归类为奇幻作品。深紫色的天空连接着深色的群山，以及由玫瑰色、洋红和象牙黑组成的三色塔。吉恩·沃尔夫图书的封面被虚构世界中原始的红褐色、橙色交织的天空和色调更深的、蓝绿色的群山一分为二。然而，杰夫·泰勒为

① 封面艺术家布鲁斯·彭宁顿（Bruce Pennington），封面上未署名。

② 封面设计师杰夫·泰勒（Geoff Taylor）。斯科尔斯和拉布金对作者的“保守的小说形式”的评论是：“如果说有一个主题贯穿摩考克的小说，那么这个主题必须是戏仿……摩考克的世界末日只是英国的世纪末（*fin de siècle*），由此推断，这是个花天酒地的世界，为快乐而活。”这是个消遣性的、奇妙的对现实的疯狂逃避。社会意识不会在此介入。”（Scholes & Rabkin 1977，89 - 90）

摩考克的小说精心设计的环绕式外封被一道黄色的、印着故事梗概、广告宣传和来自《卫报》(*The Guardian*)及《新政治家》(*The New Statesman*)推荐词[①]的护封破坏了。尽管书商对这一体裁非常轻蔑，但他们很欣赏书封的审美价值，同样尽心尽力地进行市场营销，并会在预判图书极具吸引力的情况下，把它们放在橱窗的最外层进行宣传展销。书店还会以室内装饰的形式，不定期地推出科幻小说、奇幻类型作品的促销推广海报，甚至还会有心愿橱窗中的图书通过图像的形式与之联系起来。

56

通过对这一形象的确立及其与之前科幻插图的区分，书商发现很难有效地描述以下两个系列的区别：由罗伯特·阿斯普林(Robert Asprin)和林恩·阿比(Lynn Abbey)编辑的“盗贼同盟世界传奇”和特里·普拉切特(Terry Pratchett)的整体作品。普拉切特尖锐、幽默的写作风格在科幻小说中形成了一种广为接受的亚体裁——比如《缤纷彩带》(*Strata*，1982)，就是一部对拉里·尼文(Larry Niven)的《环形世界》(*Ringworld*)这套经典科幻系列小说的戏仿之作。然而，建构于奇幻世界的“碟形世界”(Discworld)系列才是他最受欢迎的杰作。第二版的封面设计和随后的平装本的出版，都是由英国科幻与奇幻小说界最著名的封面设计师之一——乔希·柯比(Josh Kirby)[②]创作的。

---

①　考虑到深色的天空背景，沃尔夫的这本书背面的宣传词采用了粗体白色字体，所以该书的封底没有形成顶部亮色和下半部分暗色之间的对比。由此，它突出了虚构的世界图景，以及《泰晤士报》和广受好评的科幻及奇幻作家厄休拉·K. 勒吉恩(Ursula K. Le Guin)的评论。

②　科林·斯迈斯(Colin Smythe)出版社最初出版的“碟形世界”第一部《魔法的颜色》(*The Colour of Magic*)使用了艾伦·史密斯(Alan Smith)设计的作品。史密斯运用的颜色让人想起鲍尔(Power)的作品，尽管封面是叙事内容的代表，但它也相当抽象。(由圣马丁出版社[St Martin's Press]出版的)美国首版也采用了同样的封面。更重要的是，美国平装版没有使用柯比的艺术作品。

柯比在20世纪50至60年代为许许多多不同出版商和不同体裁的作品设计过封面，有着长期而丰富的从业经验。他的创作偏好更多地体现在科幻小说和奇幻作品上，但这方面的佣金标准直到20世纪70年代末才突然出现。

马尔科姆·爱德华兹（Malcom Edwards）鉴于1984年出版行业的经济情况，在对科幻小说的评价中指出，整个行业正在经历结构性的变化，这一点在体裁方面尤为突出。尽管他说过："科幻小说出版还从没有更收益丰厚过"，如普拉特那样，但他认为这其实要归功于花在交易市场头部的推广预算（1984，292）。

> 超级明星和"其他"作品之间已经形成了一条诸多出版商难以跨越的鸿沟；而这些"其他"作品代表着利润微薄的出版业，越来越严肃、难以满足需求的作品正日益挤压着简单纯朴的奇幻想象。（Edwards 1984，292）

推广预算的数据证明，我们可以发现，柯比开始完全专注于科幻小说和奇幻平装本的创作之中。在20世纪50年代，为了吸引双重市场的受众（Langford 1999，74），出版商希望封面能具有含混性：可能有一定的科幻色彩，但同时也必定呈现了一个探险故事。柯比认为这些平装本科幻小说的设计"大打折扣"。设计师因此受制于这些要求。柯比横跨科幻和奇幻类型进行封面的设计与创作，如1967年为《真实科幻杂志》（*Authentic Science Fiction Magazine*）、为美洲狮出版社的阿西莫夫和柯基出版社的亚瑟·C. 克拉克特别版所创作的封面都是如此。然而，他和连环漫画、奇幻系列的关联，使他与雷·布拉德伯里（Ray Bradbury）、厄休拉·K. 勒吉恩、安德烈·诺顿（Andre Norton）、罗伯特·西尔弗伯格、罗伯特·谢克莱

57

(Robert Sheckley)、汤姆·霍尔特(Tom Holt)、罗伯特·兰金(Robert Rankin)，以及两位重要而资深的系列科幻小说家 E. C. 塔伯(《杜马雷斯特》[E. C. Tubb, *Dumarest*])和菲利普·约瑟·法默(《水世界》[Philip José Farmer, *Riverworld*])产生了联系。在 1984 年，他的封面设计出现在了一经推出就大获成功的普拉切特“碟形世界”系列小说的平装版，以及柯基的两部奇幻系列作品《巫师、战士与你》(*Wizards, Warriors and You*)和《隧道与洞穴巨人》(*Tunnels and Trolls*)上。

尽管柯比的创作有别于常规的奇幻封面风格，也不使用柔和的亚克力调色板，但他的插画与奇幻小说之间形成的紧密关联性才是出版商所看重的。柯比的插图着重突出了“碟形世界”中的人物，以及对类似于中世纪风格的虚构世界的描绘。

英国发行版的“盗贼世界”系列就没有采用沃尔特·维勒兹(Walter Velez)受到高度评价的创作，他的图像叙事因为一部奇幻类的角色扮演游戏(FRPG)而在北美更有声誉。反之，出版商采纳的是布鲁斯·彭宁顿的画作，他运用了柔化的亚力克调色盘，以居于中心的主人公视角让读者看到了一个俯视城市景观的叙述场景。①

“盗贼世界”系列丛书和其他许多著名的短篇科幻小说、奇幻作家共享着一个存在着形形色色法外之徒的避难圣所。在 1981 年，混沌元素游戏公司发布了一款虚构世界及其相关人物、九大奇幻角色扮演系统的大纲。《圣所的暗影》(*The Shadows of Sanctuary*)再次

---

① 彭宁顿在 1982 年和 1984 年被授予英国科幻小说艺术奖。他为巴兰坦、柯基和天体出版社制作科幻小说封面。他还为游戏图书“恶魔的标志”系列和游戏《战锤》制作过封面。他最著名的作品是吉恩·沃尔夫的《新日之书》(*The Book of the New Sun*)系列的阿罗出版社英国平装版。这些都可以通过以下链接查看：http://easyweb.easynet.co.uk/～ajellis/wolfeart.htm。

运用了蓝绿色来描绘奇幻角色扮演中的盗贼的战斗，以及一个在中世纪风格的石质“工作间”里拿着弓弩的人。更有趣的是，“盗贼系列”第一部的全包式书封采用了玫瑰色、洋红色的设计方案来展现一位面对飞行怪兽的战士。[①] 这一场面在封底得到了延续：我们可以看到这位战士身后的人物们正在注视着这场战斗。这一呈现和其中的中世纪服装风格都能令人想到《碟形世界》的角色刻画，尤其是他们应对自身所处情境的方式。

在接纳和展示这些封面之外，书商还会充分利用它们来发展潜在读者和群体类型的周边产品。图像学、特定色彩的运用、俯视景观、主人公和重要人物的呈现、在20世纪80年代中期的书架上占据主流的环绕式外封等，都是这一体裁本身特质所涵盖的内容的延伸。这恰恰和一般情况下广受欢迎的科幻小说电影形成了对照，如：1977年的《星球大战》系列，1979年的《星际迷航》系列、《异形》(*Alien*)、《疯狂的麦克斯》(*Mad Max*)系列，《银翼杀手》(*Blade Runner*，1982)，《终结者》(*The Terminator*，1984)，《沙丘》(1984)，《回到未来》(*Back to the Future*，1985)和《机械战警》(*Robocop*，1986)。而这些电影引发的第二波浪潮反过来引发了对新的意义的追寻与科幻小说超越奇幻的再次复兴。当前我们在奇幻电影和奇幻文学领域占据着优势，尤其在青少年市场处于支配地位；但分类上的斗争已经不再局限于奇幻、科幻和惊悚这三类，而在于某类作品如何呈现在主流观众面前。

在一篇关于激进幻想的潜力的文章中，弗雷德里克·詹姆逊

---

① 封面插图是波尔·安德森(Poul Anderson)的故事《飞刀之门》(*The Gate of Flying Knives*)。这本书的封面邀请读者“进入一个由世界顶级科幻小说和奇幻作家创造的、全新的魔幻王国”。

(Jameson 2002)对奇幻和科幻文学之间的区别进行了探索。他摒弃了获取读者总数和对其通用差别的结构性分析的提议这“难以捉摸的过程”。他的论述指出,这种区别“对读者而言并非学术上或学业上的问题,带着一点有趣的异样,而是明显不同且对其他类别的品位绝不宽容的”(Jameson 2002,278)。科幻和奇幻小说都是大规模生产的产物,其读者群因为需要维持其销售量和在出版社的名单中上榜,要比詹姆逊认为的更多元化一点。对科幻小说影迷的研究经常基于对读者群类型非常表面的断言。因此,考虑到决定小说选择和阅读的文化实践与关系之间的循环关系,就会发现奇幻和科幻小说逐渐变得可以互相替换,并且它们在书店货架上的主导地位也可以互换。在这一过程中,封面设计和图书本身作为一种文化产品的市场营销手段,起到了关键性的冲击力量,有助于文本在文化价值上发挥作用。要了解读者群是怎样形成的,以及文化价值是怎样传播和本地化的,研究者随后需要让自己习惯于寻找途径,去邂逅读者并挑战诸如关于真实的消费空间是怎样利用的学术性假设,这一寻觅习惯是杂乱不堪、极其耗时的。

特里·普拉切特的《碟形世界》小说曾经缤纷光彩的封面如今已有了新的设计,由此它们得以脱离科幻和奇幻小说的分类,并登上更具综合性的小说类型书架。这些作品现在已经认定了简约的摄影式封面,可以避免它们互通源头,并寻求主流成人观众的认可,就像布鲁姆斯伯里出版社专为《哈利·波特》系列设计了“成人版”特制封面一样。然而,就普拉切特而言,现在的问题是文本体裁的变更。封面上的宣传简介并没有明确引向科幻或奇幻小说;相反,这些介绍强调的是幽默诙谐和大量全国性报纸上的推荐词。在21世纪之初,奇幻电影正是票房大卖的主力,而系列小说恰恰给予了许多不同体裁领域的作家机会,在观众心中树立像这些超凡主人公那样实现壮举的意愿。侦探小说、奇幻小说、恐怖小说、科幻小说和言情小说的读者群可以在不同的市场营销活动中,通过定期变化的封面设计来定位。[①] 在亚马逊网风靡的时代,在对畅销文本的分析中,要理解读者是怎样搜索他们所想阅读的作品,就需要考虑到英国城镇外的购物中心内开设的大型书店,以及出版商是如何提升综合类小说在大众读者中,而非仅仅局限于某类型读者群的兴趣的。这一探寻并不需要采用长时间跨度的社会调查的形式,但明白这些作为研究对象的畅销文本是怎样被摆放在书店内、投放市场、包装的,总会对这些作品是如何被销售出去的流程得出更加深刻的认识。

59

(王苇 译)

---

① 劳雷尔·汉密尔顿(Laurel K. Hamilton)的《吸血鬼猎人》(*Vampire Hunter*)系列就是这一趋势的一个典型体现:她的作品有时会作为恐怖、奇幻、浪漫、科幻和普通小说同时上架。

第二部分

是什么使图书畅销起来?

第五章　文学奖项、生产价值和封面图像

伊丽莎白·威比

悉尼大学

尽管不像布克奖那样深得国际图书界的赞誉，但迈尔斯·富兰克林奖仍是澳大利亚最负盛名的文学大奖。该奖于1954年设立，来自澳大利亚小说家迈尔斯·富兰克林的遗馈。她生前在美国的经历，使她深刻认识到澳大利亚缺乏类似普利策奖的文学类奖项。笔者有幸担任该奖项评委六年，而此章中对于近年来部分澳大利亚小说的图书封面与其生产、受欢迎程度之间关系的解读灵感，正是基于我每年审读大量作品的感悟。起初，我关心的是一幅不够有吸引力的封面或许会影响一本自认为值得更多关注的图书的销量。随后，我逐渐对几乎所有澳大利亚小说在英国和美国进行出版时都会更改其封面的原因产生了兴趣。通过以下对理查德·弗拉纳根(Richard Flanagan)和克洛伊·胡珀(Chloe Hooper)小说的考察可

以发现，即使在封面和其他副文本要素对一部后现代作品的意义产生极其重要贡献的情况下，这一现象依然会发生。

2002年的迈尔斯·富兰克林奖，我和其他评委同伴最终评选出五部入围作品。这五部作品中，有三部恰好出自同一家出版社——澳大利亚潘·麦克米伦出版社（Pan Macmillan Australia）；同时，我们不禁注意到其中两部小说明显比第三部投入了更多的时间和资金。这两部分别是澳大利亚著名作家蒂姆·温顿（Tim Winton）和理查德·弗拉纳根的作品，采用的都是全彩的精装书皮、上乘的纸料。弗拉纳根的《古尔德的鱼书》(*Gould's Book of Fish*，2001）还在每一章的开头插入了彩色的鱼，这些插图都是由小说最初的灵感来源、作家家乡塔斯马尼亚的罪犯艺术家W. B. 古尔德（W. B. Gould）手绘的；并且，为了呼应古尔德用他手头能找得到的材料来书写其手稿这一设定，印刷字体颜色也有所变化。第三部则是琼·伦敦（Joan London）的《吉尔伽美什》(*Gilgamesh*，2001)。纵然这位作家已经出版过两本获奖的短篇小说集，但这其实是她的长篇小说处女作。这部小说是平装本，采用的是黑白印刷和非常平淡不惹眼的摄影封面，几乎透露不出什么作品内容。

澳大利亚著名前出版商希拉里·麦克菲（Hilary McPhee）也是评委之一，她后来在报纸上发表过一篇文章，专门探讨近年来许多澳大利亚小说存在的、被她描述为“出版中的缺失”（under publishing）的问题。这反过来又引发了另一本入围小说的出版商的回应，他们也因为我们对提交给迈尔斯·富兰克林奖的入围小说的阅读可能会受到一本书的制作价值的影响这一情况而感到震惊。对于那些专注于图书发展而非从事出版业的人士来说，这一回应可能显得非常天真。尽管如此，诸多很成功的小说如今在销往不同的市场和国家时，会以迥异的版式出现。这些不同的版式暗示着出版

64

商其实对封面、插图和图书生产中的其他要素等对图书接受度的影响非常清楚。本章拟通过对一系列澳大利亚文学作品的考察，来探索其不同的版式是否可能影响本国及外国读者对图书的解读。

除了温顿、弗拉纳根和伦敦的作品之外，本章还将特别讨论彼得·凯里荣获多项大奖的《凯利帮真史》(*True History of the Kelly Gang*，2000)，该书仅在澳大利亚一国就先后推出过五个不同的版本。和弗拉纳根一样，凯里的这部小说也是基于澳大利亚的一位历史人物——绿林好汉内德·凯利(Ned Kelly)，假托他的书信展现生平经历。不仅如此，凯里也像弗拉纳根一样在文字的呈现上耍了点花招，在这方面他采用的是对假托为凯利亲笔手稿的非常详尽的书目的描述。我还关注了一部近期出版的小说，克洛伊·胡珀的《关于真实罪行的儿童书》(*A Child's Book of True Crime*，2002)。该书的标题即暗示出作品对当前至少是在澳大利亚流行的将历史与虚构混合杂糅的热潮的呼应，还以情色和暴力为它增添了几分风味。就像弗拉纳根的作品那样，胡珀的小说背景也设定在了塔斯马尼亚岛，因为岛上的哥特式遗迹而平添了几分令人战栗的气氛，但同时也激起了一些像弗拉纳根那样常年定居岛上而非仅仅在作品中领略一番当地风情的人士的不满。和弗拉纳根小说的相似之处还有，《关于真实罪行的儿童书》也包含了插图，不过用的是儿童涂鸦式的澳大利亚鸟类和动物形象的图画，这也是小说中非常重要的一部分。并且，在部分版本中，该书也采用了澳大利亚动物群作为封面，这是为了实现一种戏仿效果，呼应的是20世纪早期的部分英语儿童历险故事封面上出现的、譬如澳大利亚这样远离“大英帝国”的背景设置。该书的这版封面在我看来，是作品的意义中非常重要的一个组成部分，以至当我发现它的美国版封面大不相同时，感到非常惊讶。

我开始对知名作家和刚入行、不知名作家的小说在封面、护封与设计等方面截然不同的资金投入差别产生了兴趣。而这份好奇也是对正在进行中的、无处不在的市场营销与促销的调查的一部分。因为出版商需要不断地为他们的书投钱以保证他们最终不会落得个亏损的结果，知名作家如今大都收益颇丰。这也就导致一名新入行或者入行不久、尚未成名的作家要想吸引顾客、读者乃至评委的注意力将会更加困难。然而，随着我对这些图书的封面差异钻研的深入，一些非常有趣的议题使我逐渐注意到这些差别或许会对文本阅读在方式上产生影响。这一点似乎在作家有意在历史与文学、真实与虚构这些概念之间故弄玄虚的文本中，以及这种设计的副文本要素凸显之处尤为要紧。然而，以蒂姆·温顿的《肮脏的音乐》(*Dirt Music*,2001)为例，即使不在这样的情况下，澳大利亚版、英国版和美国版封面之间的不同仍引发了关于英国、美国读者面前的文字另有呈现方式的问题。或许某人期待的本是充满异国情调的元素，尤其是在看澳大利亚电影和电视节目时，这种翻转却常常出现。实际上，或许是因为部分优质小说不像能鳄鱼或内陆那样直接地和澳大利亚联系起来，出版商甚至想尝试掩藏温顿和凯里小说背景设定在澳大利亚的事实。

65　温顿在澳大利亚发行的精装版和简装版《肮脏的音乐》的封面上，都是映衬在阴沉多云的天空中的一棵巨大、美丽的猴面包树的图画。在占据了图画下半部分的干草之上，其主色调是棕色，还伴随着云朵和树干。这么一幅引人注目的画面可以引起来自澳大利亚内陆北部地区读者关于小说背景设定的共鸣，并且能够和小说的标题构成非常和谐的色彩效果。在小说内页的设计上，同样采用了一小幅黑白色调的猴面包树图样。同时，在阅读小说的过程中读者可以发现，到了某一特定的阶段，当主人公独自一人处在澳大利亚西部的某个非常偏僻的角落时，猴面包树对他而言会成为人类同伴的化身，更具体地说，是女性的化身。因此，当发现《肮脏的音乐》的英国精装版和平装版封面都和猴面包树、泥土、澳大利亚或任何相关的元素毫无关系时，我感到非常惊讶。这两个版本都是以蓝色为主色调，精装本的封面上印的是大海之中一艘空荡荡的小艇，而平装本封面则是一幅站在路边的男人背景的剪影。这两版封面也都和小说中的一些情节有联系——主人公偶尔确实会在路上搭搭便车，划划船——但和猴面包树在叙事上的中心地位相比，这些都微不足道了。两版封面尤其是平装版的封面并没有体现出人类与环境之间的内在联系，而这也是温顿的全部小说中共存的一大重要主题，甚至在作品的标题《肮脏的音乐》中已经有所暗示。此外，这些封面也都没有点出小说和澳大利亚的关系。英国版精装版封面的包书皮内页上的文字和澳大利亚精装版的几乎完全一致，只在最后一句话上做了重要的变动，把对温顿的赞誉由"同辈中杰出的澳大利亚小说家"改成了"同辈中最优秀的小说家之一"。虽然在宣传词上，美国精装版采用的仍是澳大利亚版本的最后一句，但在其他部分则十分不同，是以男性主人公而非女性主人公的视角来展现小说的情节。在美国发行的精装版和平装版都有着类似澳大利亚部分海岸的航拍图，并以棕色、红色和黄色为主，至少在色彩上更贴近了一点真实的澳大利亚。即使关注的焦点更多在于水而非泥土，读者仍能体会到地域的广阔——这是小说的另一主题。若没有了猴面包树打破文本的细小线条，上述这些非澳大利亚发行版本的页面设计也就显得不那么吸引眼球了。

对于理查德·弗拉纳根的《古尔德的鱼书》一书来说，其五花八门的澳大利亚版、英国版和美国版精装本与平装本在封面图像采用上的区别则没有那么大。这些版本在设计上都运用了一幅或多幅澳大利亚海洋生物的插画，事实上这些画正与小说的副标题——《十二条鱼中藏着的小说》(*A Novel in Twelve Fish*)相映成趣，是由塔斯马尼亚的罪犯艺术家威廉·比弗洛·古尔德在1830年绘制的。事实上，除了设计不同的外封皮、不同色的腰封以及不同的首页、版权页之外，《古尔德的鱼书》在美国格罗夫出版社(Grove Press)和英国大西洋书局(Atlantic Books)的精装本与澳大利亚斗牛士出版社(Picador)的精装版几乎别无二致。它们其实都是在澳大利亚印刷的；大概是为了分散该书较为高昂的出厂成本，加入了特别设计的大理石纹的环衬和彩印的十二条鱼插画，以及为模仿古尔德手写记录其旅程时随手取材的特色而采用了六种颜色来印刷小说的文字内容。作为书店对弗拉纳根小说的初期推广活动之一，在《一封理查德·弗拉纳根的来信》(“A Letter from Richard Flanagan”)中，弗拉纳根解释道，他曾偶然看到过古尔德的鱼类画作，由此构思出这部小说。他还为图书生产成本的高昂进行过辩护，以此作为对微软公司比尔·盖茨(Bill Gates)关于纸质图书已死宣言的回应，写道：“科技根本不会使图书显得冗余，它反而在创造力和商业价值上被赋予了更新的机遇。”随后的文字则是以下对运用多种色彩的油墨能够丰富其小说意义的详尽描述：

66

> 比利·古尔德[1]通过色彩思考，因此图书用了六种墨色来印制。这些色彩反映了他写就此书的艰难，是对这一行动中严酷惩罚的保留。譬如红色墨印的章节象征着古尔德蘸血为墨写就，紫色的用的是碾碎的海胆刺，蓝色的用的则是刚刚被他杀死之人的青金石火项链碎末；但这些颜色同时也在推动着故

① 即上述威廉·古尔德，英文中比利(Billy)是威廉的昵称。——译注

事前进，就像经典的电影中色彩所能贡献的那样。因此，紫色章节写的是紫色的散文，讲述了一位残暴君主的失败，而以绿色的鸦片酊写成的绿色章节讲述了关于幻觉、嫉妒与妊娠，红色章节则是一则关于谋杀和恐怖的传说。

实际上，各章印刷颜色的差别并没有描述中的那么明显，读者甚至可能没留意到，但叙述者会在篇章中通过重申他如何找到这些“墨水”来引起读者的关注。同时，各章色彩上的差别对于小说意义的重要性，也因为价格更便宜的《古尔德的鱼书》简装本并未采用不同色彩的油墨印刷而受到了质疑。这些简装本的读者只能更多地通过想象色彩上的不同来跟上该小说的魔幻现实主义路径。当然，任何一个版本的读者阅读的其实都是印刷体而非比利·古尔德的手稿。但是，对阅读体验的损伤更大的是，在澳大利亚的简装版当中，十二条鱼的彩色插图因为追求纸张布局的更高利用率原则，不能出现在每个对应章节的开头，而被全部安排到了书的封底。英国发行的简装版倒是保留了每章节开头的各幅鱼图，但因为该版本完全是英国精装版的黑白色复制版，因而这些图片也都是黑白色的。正如弗拉纳根的小说所体现的那样，尽管有新技术的优势，财务方面的考量仍会限制一位作家把图书的物质属性作为呈现其文本意义的一部分的尝试，尤其像从前斯特恩（Sterne）的《项狄传》（*Tristram Shandy*）那样在版面设计或字体印刷方面超越简单操作的尝试。以上种种在针对特定读者群的艺术设计图书中都可以运用，但应用于大众市场则是另一回事。

既然克洛伊·胡珀《关于真实罪行的儿童书》每章开头的澳大利亚鸟类与动物插画都是黑白印刷，那么其小说的精装本与平装本的内文本之间就几乎没有什么实质性区别；真正的差异在于小说的美国版封面与澳大利亚版、英国版封面之间。正如大家注意到的那样，后者的封面对20世纪早期那些典型的英国儿童书进行了一种巧妙的戏仿，这些作品也曾在澳大利亚广为流传。该书的澳大利亚精装版并没有采用防尘护封的设计，反而用的是一套有红、黄色精巧浮雕图案的深蓝色封面，正中间印着一只现已灭绝的塔斯马尼亚虎和笑翠鸟，背景里还有一群想要跨越红、黄色平原的袋鼠。该作的澳大利亚平装版和英国的精装版封面用的是这幅图画的放大版，不仅如此，画面上方还加入了一只挂在桉树上向外张望的树袋熊。而在美国发行的精装版反而用了非常引人注目的红、黑色搭配的封面，封面的中心绘着一只非常具有艺术化风格的黑天鹅。在澳大利亚精装版的封底也画着一只黑天鹅，不过它和在封面以及各章插图上画的动物一样，用的是一种非常稚朴明快的写实画风。相反，《关于真实罪行的儿童书》的美国版封面似乎在设计上有意要避开与早期的儿童文学之间的联系，并刻意削弱小说的澳大利亚特征。美国平装版的封面风格更沉静，以蓝色为主体基调，画面的重心是一位妇女裸露的手臂和肩头，从而将该书归于成人读物一类。它与澳大利亚的唯一联系在于页面底部空白处有一幅极小的袋鼠图片。美国版封面与澳大利亚版、英国版大不相同的事实表明，美国读者被认定为对这些版本中被戏仿了的早期儿童读物封面不太熟悉。这或许还说明了美国读者被认为与英国和澳大利亚读者相比更简单直白，因此假如一本书的封面相对花哨并在书名中带有“儿童”字样，就很可能会被直接当成一部儿童读物。

67

对于关注小说尤其是文学市场的人而言，彼得·凯里几乎称得上是当今最具国际影响、声誉且作品销量最大的澳大利亚小说家。他曾两次获得英国布克奖，第二次的获奖作品正是笔者接下来要探讨的《凯利帮真史》，再现了澳大利亚历史上家喻户晓的绿林好汉内德·凯利的人生。和包括凯里最畅销的作品在内的其他小说一样，这部小说也发生在19世纪。它想象凯利以第一人称的视角给他从未谋面的女儿去信，由此讲述自己的生平。这个女孩是凯里虚构的人物，却也是作家独特叙事声音的体现。通过流传下来的一封为自己的人生和罪行进行自我辩护的长信，作家以对小说的读者来说过于费神、极其古怪的句法和语言，让凯利发出了自己的声音，传递出对自身生活的体会。

即便自1989年起便定居在纽约，凯里仍然对早在1975年就出版了他第一部短篇小说集《历史上的胖子》(*The Fat Man in History*)的伯乐——昆士兰大学出版社(University of Queensland Press，UQP)保持着长期的忠实与信任。而鉴于凯里正是帮助昆士兰大学出版社保持盈利的重要作家之一，他们自然也有责任尽一切努力进行市场营销来推广凯里的作品。该社最初发行的《凯利帮真史》是一部精致优美的限量精装本，有着简洁的淡黄色封面和浅棕色的仿皮革书脊，设计风格看起来仿佛19世纪半皮革装订的图书。这种复古的模仿在结实的半透明纸质外书封上得到了进一步体现。大开本的平装本也同时推出，其封面以一幅版画为基础而设计，这幅版画雕刻了1880年维多利亚时期的乡村小镇贝纳拉(Benalla)，靠近凯利帮曾经的居住地。考虑到绿林好汉这个因素，封面可以直接描绘常见的、类似于19世纪澳大利亚的丛林地貌的描绘，这个封面没有这样做。然而，这幅版画被涂上了风格特别的色彩，尤其是碧蓝天空中的云朵和大片的橙色城镇反差鲜明，封面由此像小说本身所承载的那样，体现出一种美学上的张力和对历史的重构的结合。

68

随后，还推出了两版开本略小的平装本。前一版的封面与大开本的平装本封面不同，没有沿用之前的封面所特意强调的历史改编的风格并抛弃了对凯利的惯常文学想象，反而采用了一张凯利本人的小相片和真实手稿的拼接图,从而更多体现其作为历史人物的特质而削弱文本的虚构性。另一个澳大利亚平装版是在小说荣获布克奖之后发行的,有着迄今为止在澳大利亚最大、超过 10 万册的销量;其封面颇抽象,居中印着大大的字母 K,强调文本性而非历史性。在 2001 年,为了庆祝凯里第二次荣获布克奖,该书又发行了一套精装版。除了一款更精心制作的封面镶边和卷首插图之外,在图书封底还列出了该作荣获的其他七项文学奖项名单,这和之前的精装版保持了一致。总而言之,昆士兰大学出版社卖出了超过 25 万册的澳大利亚版《凯利帮真史》。印着字母 K 的平装版也对其入选布里斯班市政委员会为了鼓励阅读而发起的一项名为"一本书与一座布里斯班城"的特别推广活动,起到了相当大的支持作用。

在英国,凯里的作品由费伯出版社负责出版,重点落在文本的历史特色上,封面上用的是凯利的母亲在她的小木屋外和家人合照的图片。小说这一版本的读者因此或许会减少对书名中包含的所谓"真史"的质疑,而更倾向于相信它确实是凯利帮的真实历史。实际上,对澳大利亚本土或澳大利亚之外许许多多的读者来说,凯里笔下的内德·凯利现在就是真实的内德·凯利了。英国的精装本在标题页方面似乎也更倾向于一种基于历史学的阅读体验,因而采用的是人们站在小木屋前的纪实风格相片。然而与之相反的是,英国版的《凯利帮真史》是唯一不包含凯利故乡地图的版本。在美国设计的文本在版面编排和克诺夫出版社(Knopf)已发行的美国版完全一致,从另一方面来说也许受到了一些来自澳大利亚版本页面设计的影响,相比于阅读一部小说,更像是在读一本文件资料集。

尽管美国的精装版中带插图的标题页和整体设计与英国的精装版非常相似,但美国的出版商明显看到了他们的读者对与内德·凯利相关的更多信息的需求。因此,小说的卷尾环衬上印着一幅比之前的澳大利亚版尺寸更大、细节更清晰的地图，展示出凯利故乡与维多利亚州其他地区的关联。昆士兰大学出版社将这幅地图印在他们最新推出的平装版之上，它的优点随之得到了广泛认可。小说美国版的封底也有一幅基于19世纪版画的插图，这张图上的凯利摆着一副头戴头盔的姿势，面朝着正文开头部分的文字；另一幅图则是在凯利第一人称叙述的末尾与正文的最后章节之间的一列蒸汽火车。在英国的精装版中的同一位置，也有着仅仅局部放大自同一张相片的火车头插图。

69

然而，与费伯出版社相反的是，美国版《凯利帮真史》的出版商选择的封面既不强调文本的历史属性又不刻意凸显其澳大利亚特质。精装本的护封上有着呈现景观的插图，勉强可以被视为与澳大利亚相关的一些模糊的图标。美国平装版的封面上印着的两匹白马才真正令人惊喜。在凯利帮的种种恶行之中确实包含了偷盗马匹，选用这幅图简直再合适不过了。此外，这版封面也暗示了美国读者被认为相比于英国和澳大利亚读者更简单直白，而这部小说因为其标题，在营销中被塑造成类似于西部小说的作品。

在《凯利帮真史》出版以后，彼得·凯里曾宣称他将离开昆士兰大学出版社而转投兰登书屋，部分原因在于多年来负责他的小说在澳大利亚推广的卡罗尔·戴维森（Carol Davidson）当时跳槽到了兰登驻澳大利亚分部工作。在为《凯利帮真史》的最终销售量进行最后的努力时，昆士兰大学出版社将封面有着大大的字母K的平装版和凯里的另一部布克奖获奖作品、版面设计风格相似的《奥斯卡与露辛达》（*Oscar and Lucinda*，1988）进行联动宣传，两本书可以用一个具有红色系带的黑色小纸袋一起包装。昆士兰大学出版社完全有资格为自身作为少数独立发行澳大利亚小说的出版社而自豪，但值得注意的是，这种民族自豪感并没有蔓延到对麾下签约作家的澳大利亚文学奖项而非英国图书类奖项的推广当中。凯里以长篇小说处女作《幸福》(*Bliss*, 1981)、《奥斯卡和露辛达》和《杰克·迈格斯》(*Jack Maggs*, 1997)三次荣获迈尔斯·富兰克林奖，而《凯利帮真史》并没有获此奖项。对部分读者来说，即使故事的背景并不都设定在塔斯马尼亚岛，把这些过去都通通考据一通也有点累人。在日益全球化的时代，对为何涌现诸多澳大利亚小说家的疑问已经逐渐转向了对他们故事中的殖民地时期的兴趣。这些作家和他们的读者们是否正在回归过去，更能轻易地将澳大利亚白人男性英雄描绘为不受他控制的邪恶力量的受害者，以获得更大的把握？想象中后殖民的当下是否充斥着太多质疑这种令人宽慰画面的故事？人们或许忍不住会想象，这些对澳大利亚在历史上更具异域风情面貌的强调可能是为吸引国际读者而专门设计的。但正如本文所阐述的那样，英美的出版社通常会淡化他们所发行作品的澳大利亚渊源。因此，我们可以看到，在针对这些小说的海外读者进行包装时，澳大利亚作家仍多被归为具有殖民地文学特征的他者。过去，几乎所有澳大利亚小说都是在伦敦出版的，作家们因而没有机会参与文稿的校对；如今他们或许已不再像当年那样，全然无法对校样中的实际字句进行编辑更改。比如1901年，迈尔斯·富兰克林女士本人就曾惊讶地发现，她公认最知名的小说《我的光辉生涯》(*My Brilliant Career*)中，标题“光辉”一词后面原有的问号不见了，而这不过是对她原文无数改动中的一处而已(Webby 2004, vii - viii)。她大概对封面上的插图同样感到吃惊：这幅图上的女主人公正对着几只看起来很温顺的羊儿挥舞她的牧鞭！如今，澳大利亚的作家终于拥有了本土的出版业，即使这些出版社可能由多国公司控股，但它们依然具有一定的权利来决定这些澳大利亚作品面向公众的方式。令人担忧的是，如果出版业中目前的这些趋势持续下去的话，澳大利亚小说作家可能会再次面临依靠海外出版社的情况。而澳大利亚的读者也将不得不忍受含义不准确的封面，以及被损害而非增进的阅读体验。尽管上述每一个版本的澳大利亚《凯利帮真史》封面在各自的优点和阅读效果方面都有争议，但任何一版都会胜过印着白马的美国版。

附言

在2003年7月洛杉矶举办的作者、阅读和出版史协会会议上宣读了本论文的初稿后，笔者飞往纽约与儿子、儿媳小聚了数日。儿子好心地为我留存了最近《纽约时报》上刊登的关于琼·伦敦《吉尔伽美什》的整版书评。这篇书评非常赞赏的这本书在澳大利亚却受到了不公正的轻视，部分原因可能在于缺乏宣传和能够打动人的封面。笔者后来发现书店里这位作家的小说在美国的版本是这样的：有着精美设计的小开本精装版和非常引人注目的封面，上面的图片是一位正向火车车窗外眺望、被勾起思绪的年轻女性，这与其澳大利亚版本的封面大相径庭。由此看来，对于文中论及的多数澳大利亚特征不那么明显的小说而言，美国发行的版本明显更合适！

（王苇 译）

71

第六章　图书营销和布克奖

克莱尔·斯夸尔斯
牛津布鲁克斯大学

每年十月都有一个晚上，印刷工和装订工随时待命。这个晚上他们将聚集在伦敦，正在等待文学权威的裁决。正如克莱(Clays)印刷公司在描述这个紧张时刻时所报告的那样：

> 在邦加[克莱印刷公司所在的萨福克郡小镇]，人们的紧张情绪和布克奖得主揭晓当晚的市政厅一样高涨。根据传统，获奖图书的出版商会立即打电话给印刷商，安排立即重印。例如，1997 年，克莱印刷公司的客户总监在电视上观看了布克奖的颁奖典礼，晚上 9 点 59 分，他看到《微物之神》(*The God of Small Things*)获奖。到晚上 10 点，2 万份的重印已经确定，克莱印刷公司开始连夜制作。24 小时内，这些书就印好了，并运

往全国各地的书店。这本书的销量非常强劲，三天后，哈珀柯林斯出版社又订购了2万册再版，这一次封面上印有“布克奖得主”字样。(Clays 1998,58)

获得布克奖对出版公司来说是一笔大生意，因为本报告中提到的匆忙加印，以及随之而来的额外销售，都是显而易见的。因为印刷商不仅被立即授权加印，而且被要求完成修改后的重印版。这些重印版将会像这里提到的《微物之神》一样，在封面上增加一条标语[①]:“布克奖得主”。

本章探讨文学奖项特别是布克奖的颁发，对书籍生产和接受的影响。封面上的标语成为获奖者营销组合的一部分。这也导致了这些书的商品化，以及——就像布克奖得主经常发生的那样——神圣化。本章以扬·马特尔的《少年派的奇幻漂流》(*Life of Pi*, 2002)和约翰·班维尔(John Banville)的《大海》(*The Sea*, 2005)为例，探讨了“布克奖得主”标志的意义。本章研究了文学奖在普及“文学”小说和规定哪些书成为“流行”方面的作用，以及调查营销在文学市场中为书籍定位和通过书籍封面创造文化价值方面的影响。本章探讨了一个核心问题:在一个将布克奖获奖作品等同于文学和商业上成功的出版环境中，图书奖对“流行”小说概念的影响是什么，并最终从布克奖所认可的封面设计出发进行了对该奖项的反思。

---

① 原文作 strapline，还有“腰封绶带、副标题”等义，查本文所提到的英文原版书封面，“布克奖得主”在封面为一广告标语而非腰封或副标题，此暂译为“标语”，下同。——译注

72

布克奖的影响

扬·马特尔的《少年派的奇幻漂流》获得了布克奖——或者更确切地说是曼布克奖（Man Booker Prize），因为它已经在2002年[①]被重新命名以反映它的新赞助商。回顾10月的那个晚上，马特尔写下了这个奖对他职业生涯的影响：

> 《少年派的奇幻漂流》将在近40个国家和地区上映，代表30多种语言，而且还在不断增加。我现在受到了读书界的关注。我的创造性行为，像耳语一样构思，正在全世界回响。（Martel 2003，32）

正如马特尔的传记中补充的那样，《少年派的奇幻漂流》在获奖后"立即成为畅销书"，它的作者开始了"全球作家之旅"（Martel 2003，33）。有证据表明，获得布克奖无疑会带来商业上的影响，值得克莱印刷公司和其他印刷公司额外再版。在宣布获得布克奖后的第一周，《少年派的奇幻漂流》在英国卖出了7150本，成为当周最畅销的精装小说。接下来的一周，它卖出了9336本。此前，该书自5月份出版以来，总共只卖出了6287本，其中大约一半是在入围名单之后售出的（*The Bookseller*，2002a；2002b；2002c）。并不是所有布克奖作品的销量都如此惊人，但每年都有显著增长。D. B. C. 皮埃尔（D. B. C. Pierre）的《弗农小上帝》（*Vernon God Little*，2003）获得了2003年的布克文学奖，尽管其持续销量低于《少年派的奇幻漂

① 本章称该奖项为布克奖，但2002年后的具体情况除外。

流》(*Book Sales Yearsbook* 2004,93),但在宣布获奖前一周的销量为373本,在宣布获奖后一周的销量为7977本。2000年,玛格丽特·阿特伍德(Margaret Atwood)的《盲刺客》(*The Blind Assassin*,2000)的销量也从每周不到200本猛增到3000多本(*Book Sales Yearsbook* 2001,91)。"布克奖获得者"这一口号及其相关的宣传活动对图书的销售和生产产生了显著的影响。

理查德·托德在他对布克奖的长篇研究《消费小说:布克奖和当今英国小说》(*Consuming Fictions: The Booker Prize and Fiction in Britain Today*,1996)中,不仅强调了布克奖在使获奖者获得商业成功方面的作用,而且评估了它在商品化和经典化方面的影响。托德的论点是,后布克时期(即1969年该奖首次颁发之后)文学的商业化程度越来越高,他评论说,文学小说家"在一种越来越激烈的氛围中工作,在这种氛围中,严肃文学小说的宣传和接受都变得越来越以消费者为导向"(Todd 1996,128)。他认为,在这种不断变化的环境中,布克奖并不是唯一的影响因素:包括商业出版商和零售连锁店的促销活动在内的其他因素,也起了作用。然而,统计数据清楚地显示了布克奖对布克奖获奖者和入围作品销量的影响。此外,正如其他人所认为的那样,布克文学奖在当代英语小说经典的形成方面发挥了作用,在海外市场,尤其是在美国,与在英国一样,都是一股重要的力量。它还对后殖民小说的推广做出了一致的贡献,使包括1981年的萨尔曼·拉什迪(Salman Rushdie),1991年的本·奥克里(Ben Okri)和1992年的迈克尔·翁达杰(Michael Ondaatje)在内的作家脱颖而出(Niven 1998)。　73

布克奖也被视为文学市场持续健康发展的一个指标。在《20世纪60年代以来作为商业的英国图书出版业》(*British Book Publishing as a Business Since the 1960s*,2004)一书中,埃里克·德·贝雷格(Eric de Bellaigue)将布克奖的评委视为“小说领域卓越的仲裁者”，目的是提供一种看似客观的方式，来评估这种集合体对十来个最重要的文学出版社的影响。德・贝雷格总结道，这些出版社在布克奖的整个存在过程，以及它们自己的公司所有权的变化过程中，一直在创作高质量的作品(de Bellaigue 2004，18，185)。乔纳森・凯普出版社是一个特别的例子：它的公司历史是一系列的企业收购史，最近是由全球集团贝塔斯曼(Bertelsmann)收购，但在整个过程中，它一直有大量的赢家。因此，埃里克・德・贝雷格的观点是，公司收购并不一定会影响文学作品的质量。布克奖是否真的可以被视为客观的黄金标准还有待商榷，在本章后面，我们将对评委们的决定所带来的负面评论进行评估。然而，埃里克・德・贝雷格的论点中值得借鉴的是，布克奖被许多人视为质量的指标，因此，该奖项为“最优秀的当代小说”颁奖的目标被视为文学市场健康的标志(The Man Booker Prize For Fiction 2005a)。

布克奖是商业和评论界成功的关键，因此是图书营销人员武器库中的有效武器。艾莉森・贝弗斯托克在她的图书营销实践指南中建议：“如果你的一本书是即将到来的奖项的领跑者，你将被要求制定一个行动计划来支持和维持媒体的兴趣，并进一步利用它，如果这本书……获胜。”(Baverstock 2002，224)贝弗斯托克继续说，如果这本书真的获奖了，出版商可以在书的封面上制作宣布获奖的贴纸，还可以为零售商在书店里使用的销售点准备材料。因此，“布克奖得主”这一标语成为更广泛的营销组合的一部分，以该书在评委眼中的成就为基础。因此，特别是在较大的文学奖项中，当然还有在布克奖中，地板和窗户的空间都会被用来展示入围名单和最终的获胜者。

布克奖的组织者强调了该奖项及其入选书目营销的重要性。

获奖条件规定，如果出版商的书籍入围，出版商必须按要求联合推广活动。在2005年，这包括为任何进入候选名单的书提供3 000英镑的“公众宣传”，以及承诺“在宣布获奖后的三个月内，为获奖书直接支付不少于1 000英镑的媒体广告费用，包括获奖的海报或展示卡”（The Man Booker Prize for Fiction 2005b）。2005年，曼布克奖网站还为公共图书馆提供免费宣传包，包括100个书签、5张A3海报、100张贴纸和一个挂图，以制作展览，吸引人们借阅入围和获奖的书籍（The Man Booker Prize for Fiction 2005c）。除了这些宣传材料之外，还有出版商自己创造的任何东西，包括书店自己的品牌营销和布克奖总能带来的媒体报道。

因此，从大的规模和实际营销活动的规模来看，布克奖对20世纪后半叶和21世纪初文学小说的生产和接受产生了重要影响，这种影响在评论界和学术界都得到了多种分析。书籍长度的学术分析包括托德（Todd 1996）、哈根（Huggan 2001）、斯特朗曼（Strongman 2002）和英格利希（English 2005）。此外，还有许多较短的学术、行业和一般媒体评论。然而，这一章的目的是特别关注“布克奖得主”在封面上的作用，而这一章现在转向“在封面上评判”的元素。 74

“布克奖得主”：标语的使用

获奖后印刷的《少年派的奇幻漂流》在精装本和平装本中都印有“2002年布克奖得主”的字样。此外，2002年入围名单上的其他所有书籍都在封面上加了一条标语，以表明它们进了入围名单（米斯特里[Mistry 2002]、希尔兹[Shields 2002]、特雷弗[Trevor 2002]、沃特斯[Waters 2002]和温顿[Winton 2002]平装版的小说）。这些标语展示了入围大型文学奖项的营销价值，更不用说赢该奖项了（希尔兹和沃特斯的小说提到了他们获得橘子文学奖的额外候选名单）。爱丁堡坎农格特出版社（Canongate）曾将扬·马特尔从他的英国原出版商费伯那里吸引过来，以出版《少年派的奇幻漂流》。该出版商利用布克奖的获奖来推销马特尔后来的作品。《赫尔辛基罗卡曼迪欧家族背后的真相》（*The Facts Behind the Helsinki Roccamations*，[1993]2004）是一部短篇小说集，最初由费伯出版社出版，2004年在《少年派的奇幻漂流》获得布克奖后由坎农格特出版社再版，封面上附有马特尔的名字，标注着“布克奖得主”和“《少年派的奇幻漂流》的作者”。坎农格特出版社的两个封面采用了同一位艺术家的设计，主题和视角相似，从而有助于形成作家的视觉品牌。马特尔的第一部小说《自我》（*Self*，1996）的费伯版在 2002 年后的印刷中也有“《少年派的奇幻漂流》的作者，2002 年布克奖得主”的标语。因此，布克协会被用来推销获奖作者和他们的书、入围作者和他们的书，以及获奖作家作品集中其他作品的未来版本和再版。布克奖的标语，以及布克奖获奖后的设计决策，成为作者品牌的关键要素。

平装版的《少年派的奇幻漂流》现在有两条标语。其中，在书的底部，表明这本书是“2002 年布克奖得主”，而在封面的顶部是“第一畅销书”的字样。正如这一章已经指出的那样，这些共同的标语是紧密相关的，因为《少年派的奇幻漂流》获得布克奖无疑有助于使其成为国际畅销书。因此，德·贝雷格所感知的文学“卓越”转化为经济上的卓越。

《少年派的奇幻漂流》的封面如此清晰地结合了评论界和商业上的成功，概括了詹姆斯·F. 英格利希对皮埃尔·布尔迪厄（Pierre Bourdiea）文化生产场域概念的发展。在《文化生产场域》（*The Field of Cutural Production*，1993）中，布尔迪厄提出了“经济资本”和“文化资本”的概念，其中经济资本代表市场上的成功：销售额、票房收

75

入、大众知名度。另一方面,文化资本是由那些“只承认他们所承认的人的承认而不承认其他合法性标准”的人授予的,即使这种资本的授予仍然“受到……经济和政治利益的法律的影响”(Bourdieu 1993,38—39)。在布尔迪厄的理论中,这创造了一个倒置的原则。当遇到商业上成功的艺术品时,这一原则就会遇到问题。正如布尔迪厄继续说的,“一些票房成功可能会作为真正的艺术而得到承认,至少在场域的某些部分”(Bourdieu 1993,39)。布尔迪厄并没有解决这个问题,这个问题尤其存在于20世纪末和21世纪初的英国文学领域。事实上,文学奖所制定的价值构建是这一时期文化资本和经济资本如何结合的一个突出例子。

詹姆斯·F. 英格利希在他的文章《赢得文化游戏:奖品、奖项和艺术规则》(“Winning the Culture Game: Prize, Awards, and the Rules of Art”, 2002)中,通过对布克奖和特纳奖([Turner Prize]后者属于艺术而不是图书奖项)的讨论,思考了布尔迪厄的工作如何应用于20世纪下半叶的艺术奖项研究。英语在20世纪后期引入了“新闻资本(可见度、知名度、丑闻)”的概念,作为经济资本和文化资本之间的中介和转化力量。英格利希认为,“规则……不再适用”,文化资本和经济资本的“两个谨慎区域”“必须被搁置一边”,作为理解价值生产的一种手段(English 2002,123,125-126)。正如《少年派的奇幻漂流》的封面标语所明确指出的那样,文化和经济资本与布克奖的授予走到了一起。马特尔卷入了一场争论,争论的焦点是他的小说是否过于接近巴西作家莫瓦西尔·斯克利亚尔(Moacyr Scliar)的《麦克斯和猫》(*Max and the Cats*, 1981)——有些人认为这接近于剽窃——这只能证实英语在经济和文化原则之外增加了“新闻资本”,以及随之而来的“丑闻”(Blackstock 2002)。

因此,封面上提到文学奖的条带标志着图书在流行和文学方面的成功，以及像布克奖这样的奖项能够赋予获奖及入围作品的经济和文化资本的特殊组合。这种结合也产生了大量的“新闻资本”。对于像《少年派的奇幻漂流》这样的书，它在市场上的地位并没有得到保证，尽管有积极的评论（如Atwood 2002、Jordan 2002和Massie 2002），布克奖发挥着情境性的作用。它带来了一本书的商业和文化上的成功，并指出它可能是一个矛盾的实体：一个流行的文学标题。它还将其实质性地放置在市场上，例如：在布克奖的展示中，在买三送二的促销活动中。通过将这本书放在如此突出的促销活动中，它的市场知名度进一步提高，确保了进一步的销售，并确保布克书在关于文学价值的辩论中处于中心地位。布克奖使这本书在极其拥挤的市场中脱颖而出，在21世纪初的英国，每年有超过10万本书问世（Book Facts 2001，17）。评委会发表的评语和封面上的宣传是一种主要的营销手段，在确定文化价值方面发挥着不可低估的作用。

76

“布克的流行趋势”

然而，尽管布克奖对许多人来说代表着文学的黄金标准，但很明显，该奖项并非没有批评者。每年都有一些人认为获奖作品是不正确的，它作为优秀文学的主要仲裁者的地位受到质疑。有些人认为每年都会有错误的作品获奖，《太阳报》的一名记者在《少年派的奇幻漂流》获奖后的第二天写道：

> 布克奖的伟大之处在于它给了我们一份我们不想读的书的清单，就像特纳奖给了我们一份我们不想看的艺术清单一样。
>
> 遗憾的是，艺术界如此脱离现实。（Brown，2002）

这封信,以及它在大体上保守、诙谐的小报《太阳报》中的位置,完全有可能是一种下意识的反应。在宣布获奖后,记者很可能没有那么快的时间读完《少年派的奇幻漂流》。尽管如此,这里有一个合理的观点,不仅仅是布克奖的荣誉可能会让一些人对某本书既反感又喜欢。目前还没有大规模的消费者调查来澄清购书者对获奖书籍的态度,尽管有证据表明,获奖书籍的销量增加,以及与之相关的营销活动,对销售的积极影响远大于消极影响。

这封信引发的争论是布克奖与"大众"概念的协商,以及它在普及文学方面明显但非正式的作用。这是托德关于布克奖的著作《消费小说》(*Consuming Fictions*)中的论点,他调查了他所谓的"严肃文学小说"在最近几十年被商业化并因此获得普及的方式,而布克奖正是这一过程的核心。托德的论文与英格利希的文章发表于同一时期,在这篇文章中,可以看出文化资本和经济资本之间的对立的消解。英格利希的观点集中在奖项的媒体和宣传影响上,而托德的观点则更广泛地着眼于文学小说出版的营销环境。然而,这两项研究都涉及文学小说与"大众"概念相交叉的环境,无论是具有大众吸引力,受到大众好评,还是广为人知,或换句话说,受大众知识的影响。

在《英国历史小说:1950—1995》(*The English Novel in History: 1950 - 1995*)一书中,史蒂文·康纳(Steven Connor)对战后的文学小说给出了一个初步的定义,这有助于阐明文学与通俗小说之间的关系:

> 文学小说通常是用否定来定义的——它不是公式小说或类型小说,不是大众市场小说或畅销小说——用减法来定义,它是在去除当代出版中获得的大多数条件后剩下的东西。然

而，文学小说能否幸存或能否得到保护的问题，往往会模糊文学（具有习惯或传统意义、价值和权力）与商业之间关系的问题。（Conner 1996，19）

77 康纳将文学小说解释为“否定”，提供了一系列文学不是什么的同义词：公式、类型、大众市场、畅销书或商业。“受欢迎”也可以加入这个列表。布克奖在其历史上所扮演的角色之一，就是打破文学和商业之间的对立。该奖通过其对文学小说营销组合的贡献，以及其媒体价值，使文学小说更加“流行”，但也与大众类别进行了协商，正如本章最后一部分所讨论的，它本身也受到了对其民粹主义观念的变化的影响。

这封信寄给《太阳报》的时机十分具有讽刺意味，因为2002年的布克奖评委明确表示要推广该奖项。与此同时，该奖项也更换了赞助商，并随之更名。由主席丽莎·贾丁（Lisa Jardine）领导的评委会宣布，他们的议程是奖励他们认为易读和受欢迎的书籍，2002年9月公布候选名单后的新闻报道就证明了这一点。《泰晤士报》（*The Times*）的报道标题为《布克奖评委抨击“自负和浮夸”》（Alberge 2002），《每日电讯报》（*Daily Telegrph*）重复了喜剧演员、2002年评委大卫·巴德迪尔（David Baddiel）的评论，他说，一些由出版商选入的书“宏大，严肃，庄重，不是很有趣，其中一些有一种粗俗而明显的严肃性”（Reynolds 2002）。在同一篇文章中，另一位评委莎莉·维克斯（Salley Vickers）说，一些参赛作品是“浮夸的”。本周晚些时候，文学编辑罗伯特·麦克鲁姆（Robert McCrum）在《观察家报》上发表评论，提到了贾丁“声称今年的入围名单标志着‘一个新时代的开始’”，这一说法继续“点燃了……一场关于‘文学小说’的辩论”（McCrum 2002）。评委们认为，马特尔的《少年派的奇幻漂流》最能代表这个“新时代”，至少从销量来看，评审团的判断是正确的。第二年，文学评论家詹姆斯·伍德(James Wood)在他的《伦敦书评》中对2003年皮埃尔的获奖作品《弗农小上帝》的评论中提到了这一争论：

> 曾经有一种被认为是“布克小说”的东西——一个巨大的、雄心勃勃的气球被送上天空，象征着严肃和崇高的目标。这样的书并不总是很吸引人，甚至不是很有趣，尽管我们可能会因为它们的高度已经显得过时而逐渐怀念它们。去年，该奖的新赞助商让人们知道，现在是时候出现一个闪亮的新民粹主义了，到目前为止，评委们也表示同意。在新制度下，获奖者既没有引起大众的不满，也没有引起大众的困惑。
>
> 约翰·凯里是今年评委会主席，他宣布自己支持“扩大布克奖的评选范围”。他认为，他和他的评委们都偏爱“故事情节鲜明、有一种让人继续翻下去的冲动的书”。(Wood 2003a)

伍德的评论引起了争议，尤其是因为他暗示新的赞助商(一家金融投资集团)干预了评判过程。该奖项的管理者约翰·凯里和马丁·戈夫(Martyn Goff)迅速在《伦敦书评》(*London Review of Books*)的信件版做出了回应。凯里写道，伍德的指控是“严重的，诽谤的，虚假的”，赞助商没有以任何方式影响评判者的审议。所做的决定“反映了我们对文学质量的评判，而不是其他”。戈夫补充说，伍德的暗示是“完全错误并具有破坏性的”，曼集团(Man Group)的赞助完全是一种“无条件的慷慨”(Carey 2003；Goff 2003)。换句话说，凯里和戈夫很快就宣称，自主文化资本高于文学市场法则和全球金融世界。 78

伍德对此问题做出了回应，并澄清了他的评论，即评委们“同意”新的赞助商的说法，他说他“是在毫无意义地打比喻”。他接着写道，他“很高兴收回任何关于赞助商以任何方式影响奖项结果的指责”。然而，他重申了自己的信念：

> 过去两年的评审团似乎已经——当然是无意识地——陷入了一种新的时代精神之中。当曼集团去年接手布克奖的赞助时，人们纷纷猜测，丽莎・贾丁所谓的“新时代”已经开始……当时，记者们写道，“布克奖的新赞助商发生了一场非常英国式的政变”……管理者们想要控制奖项的形象，以及任何有关修改布克奖章程的争论。
>
> 其中大部分可能只是新闻炒作。尽管如此，今年和去年的评委都重新强调了选择通俗易懂、重视情节驱动的小说的重要性，而这两本书似乎符合这种强调。明年的赢家将是令人作呕的毛利史诗，我们将拭目以待。(Wood 2003b)

伍德提到的“新闻炒作”正是布克奖赖以繁荣的那种“新闻资本”，这一资本使其决定具有媒体价值，因此在市场上具有强大的影响力，结合了文化资本和经济资本。至于民粹主义的问题，很明显，无论新赞助商有意无意地施加何种影响，评委们，尤其是贾丁和2002年的评审小组，都要选出一个不会像出版商声称的那样，被指责为浮夸、装模作样或矫情的获奖者。我们只能假设，这些作品是出版商对布克文学奖获奖作品的回应，因此也隐含着对往届获奖者和评委会的批评。贾丁和她的小组希望将该奖项转变为一个民粹主义的框架，并通过《少年派的奇幻漂流》找到了一个合适的获奖者。事实上，在增加封面之前，这本小说的包装就反映了布克的新时代：一个朴实的设计，以一艘船、大海、一只老虎、一个男孩和一些鱼为特征,简单、多彩甚至是孩子般的绘画。[①]

伍德与布克奖权威机构的冲突标志着关于文学严肃性和民粹主义的持续辩论,以及布克奖在创造和定义这些术语方面的作用。这场争论的内在问题是,抛开布克奖对销量和声誉无可置疑的影响,它是否真的可以被视为文学价值的客观仲裁者(就像德·贝雷格所说的那样)。要全面地评估这个问题,就必须对布克奖的历史进行更全面的研究;然而此处篇幅有限,关于布克奖,文学和大众之间的协商仍在继续,本章将以另一个例子"2005 年布克奖得主"来终结这一探讨。

79

"不是布克奖的一般作品"

2005 年,媒体分析似乎表明,布克文学奖选择了约翰·班维尔的《大海》,从而回归了严肃。从朱利安·巴恩斯(Julian Barnes)、塞巴斯蒂安·巴里(Sebastian Barry)、石黑一雄(Kazuo Ishiguro)、阿里·史密斯(Ali Smith)和查蒂·史密斯(Zadie Smith)的小说候选名单中,评委们选择了班维尔的作品,这是他复杂、严肃而不受欢迎的作品生涯中的第 14 部——如果以销量来计算人气的话(Brockes 2005;Fay 2005)。这一选择引起了《独立报》文学编辑博伊德·汤金(Boyd Tonkin)的强烈反应,他写道,这一选择是"对评审过程的歪曲结果的歪曲",是"比赛 36 年历史上最糟糕,肯定是最反常,也许是最站不住脚的选择"(Tonkin 2005)。《卫报》的报道比较温和,但仍称班维尔的获奖是"在博彩公司和文坛圈内人士的眼皮底下"发生的

---

① 这一章并不是专门讨论布克奖获奖者的封面设计。从这个角度对 2005 年奖的两个简要评估,请参阅海兰(Hyland 2005)和索普(Thorpe 2005)。

“最大的文坛政变之一”。这本小说被描述为“风格对忧郁内容的胜利，使他的书成为入围名单上最不商业化的书之一”（Ezard 2005）。严肃的态度而非受欢迎的程度似乎再次占据了上风。

2005年小组主席约翰·萨瑟兰写下了有关媒体对他的团队决定的反应，他清楚地知道这将是出乎意料甚至可能是挑衅的回应：

> 有人想知道：将会用什么词来描述？“有争议的”？“安全的”？“偏心”？“怪诞”？结果第二天早上的报纸用了“令人惊讶”这个词。令人惊讶的不仅仅是因为这本书很受欢迎，还因为这本特别的小说相较于入围名单的竞争对手居然更受欢迎；从表面上看，它更具有读者吸引力，更有活力，更能引起人性的兴趣，更多的赌注押在作品身上——更多的一切，或许除了艺术本身。（Sutherland 2005）

萨瑟兰为他的评委会从艺术角度选择“最佳”小说的决定辩护，反对任何其他可能授予该奖的理由，包括受欢迎程度或“读者吸引力”。这是对布克文学奖所发展的文化、经济和“新闻资本”相结合的明确反驳，尽管具有讽刺意味的是，这一反驳将不可避免地引起媒体的兴趣。在获奖后的一次采访中，班维尔本人谈到了自己作品的“文学”性质、获奖者的受欢迎程度，以及布克奖在这两个词之间的互动：

> 班维尔说，《大海》“不是布克奖的一般作品”，他希望它的成功能向出版商传达一个早就该传达的信息：“文学小说是可以赚钱的。在这个注重形象的时代，这一点非常重要。”
>
> 当然，我认为，所有布克奖的获奖作品都是充满文学性的

小说。

> 班维尔愁眉苦脸："没错，布克奖获奖作品将是一本文学作品。但我觉得在过去的15年里，有一种向更民粹主义的作品发展的稳定趋势。我确实觉得——当然我是完全有偏见的——今年是回到80年代和90年代初的美好时光。这是一个非常好的候选名单和一个体面的评审团；它没有任何单口相声演员或媒体名人，我认为这是布克奖应该有的。中产阶级小说还有很多其他的回报。""应该有一个像样的奖给……"他停顿了一下，"……真正的书。"(Brockes 2005)

80

班维尔的评论引发了布克奖所产生的文学和通俗概念之间持续不断的争论，也引发了有关布克奖本身定义的斗争，各种不同的利益集团（包括评委、赞助商、图书贸易行业、记者、评论家、作家和读者）竞相控制布克奖的发展方向。这反映了詹姆斯·伍德对凯里和戈夫信件的回应，他在信中还观察到"选择通俗易懂、重视情节驱动的小说的重要性得到了新的强调"，以及"一种闪亮的新民粹主义"。

为了强调自己的观点，伍德顺便提到了早前一部不那么"民粹主义"的布克奖获奖作品，那是一部"令人作呕的毛利史诗"：凯莉·休姆(Keri Hulme)的《骨干人物》(*The Bone People*，1985)。这本小说经常被引用为布克奖评委做出的最有争议的选择之一。在《消费小说》一书中，托德引用了《标准晚报》(*Evening Standard*)对这本书的描述，称其为"有史以来商业上最具灾难性的赢家"，尽管他随后质疑了这一说法，因为报纸没有考虑到新西兰和澳大利亚的销量(Todd 1996，76)。尽管如此，《骨干人物》在布克的神话中往往代表着一种困难的、非商业的文学，这种文学与评委们选择并为图书行业所推崇的文化与商业相结合的更典型的成功作品不同。

汤金在他对2005年奖项的负面评论中说,“对于布克奖的声誉来说,它可能不亚于一场灾难”(Tonkin 2005)。这句话似乎很极端,但作者蒂博尔·费舍尔(Tibor Fischer)在《卫报》上用不那么激动的语言回应了这一原则:

> 没有人可以质疑班维尔获得该奖项的权利;他在小说的引擎室里挥汗如雨。他的第一本书于1970年出版,此后他写了一系列备受推崇和赞誉的小说。他是一位聪明、有天赋的作家和敏锐的评论家,也许他获的奖是终身成就奖。然而,他的入选令我惊讶,因为我担心《大海》这本书对布克奖的声誉不会有太大的好处。当然,布克奖不应该根据其可能的读者数量来分配给一部作品,它应该根据质量来授予,尽管如此,布克奖的获奖作品会是今年为数不多的、读者倾向选择的作品之一。(Fischer 2005)

费舍尔正确地指出了评选出布克奖这样具有影响力的奖项的评审团所面临的战略困难。表面上,评委会将奖项颁给当年出版的、符合资格要求的“当代最佳小说”。然而,这样的标准是模糊的,并不可避免地导致评论员和评审产生怀疑,然后构建他们自己的质量标准和读者的概念,就像费舍尔在他的文章中所做的那样。此外,由于布克奖是英国最重要的文学奖项,它确实在很大程度上影响着图书销售,而这对评委在审议过程中的影响目前尚不清楚,也许永远也不会被完全发现。(这方面的信息可能会在马丁·戈夫目前正在撰写的回忆录中透露,也可能会在牛津布鲁克斯大学布克奖的档案中找到,但这两种方法能在多大程度上全面揭示评判过程的

81

复杂性,还有待观察。)但评委必须至少考虑读者会在多大程度上欣赏他们的选择,并考虑他们的选择会如何反映布克奖的传统,即使是在无意识的层面上。

因为该奖项陷入了一个悖论:为了能够完成奖励和推广"当代小说中最优秀的作品"的使命,它必须保持自己在公众眼中的地位——即使有时选择是出乎意料的,甚至是有争议的——多年来它必须一直保持其卓越的文学价值仲裁者的光环。"新闻资本"必须与经济资本和文化资本一起创造。因此,布克奖在知名度上进行了投资,以保持自己英国市场上知名度最高的文学奖的地位。获奖书籍的选择不仅反映了书籍本身,也反映了布克文学奖,影响了它的声誉,创造了新闻资本,这对布克文学奖的突出地位和影响力至关重要。

所有这一切似乎都与封面问题,以及在布克奖获奖作品的营销中使用"布克奖获奖作品"的标语有关。然而,关于布克奖的角色和方向的争论,以及它对通俗和高雅文学定义的干预,反映在图书封面及其在文学产品市场定位中的影响作用上。"布克奖获奖作品"的字样,以及这本书将被大力营销并在书店的显著位置摆放的含义,向潜在的读者发出了信号。那么,这些信号是如何被市场传播的正常干扰所接受的呢? 对一些人来说,这条标语可能是购买和阅读该书的吸引力,但对另一些人来说,比如《太阳报》的记者,这可能是一个要避免的警告。围绕该奖项的新闻争议,以及它与"流行"这一概念之间的关系,导致了对这些信号的干扰:例如,《大海》或《骨干人物》这些"布克奖获奖作品"与《少年派的奇幻漂流》这样的"布克奖获奖作品"会被不同的人接受。此外,布克奖获奖图书的封面有一种方式,即通过它们的标语,反映出布克奖本身,从而在定义布克奖方面发挥作用。作为一个直观的说明,为了纪念布克奖 30 周年而出版的《布克30年》(*Booker 30*, 1998)这本书,末尾印着过去获奖作品的封面缩略图作为装饰。这为该奖提供了最新也是最持久的定义。这就是说,通过获奖书籍,该奖项最突出地由它所做的决定构成。说到底,布克奖除了获奖者、图书贸易活动、相关的媒体和批评分析的综合之外,还有什么别的意义呢?

综上所述,图书封面上的判断标志在文学市场中扮演着各种各样的角色。与布克奖一样具有影响力的奖项,对销量有着强烈的影响,并为文学作品的营销和推广做出了贡献。通过该奖项将文学作品构建为"畅销"图书,这些评审标志也将获奖作品和入围作品定位为流行文学书籍。最后,在每年由布克奖评委就价值问题进行的谈判中,布克奖获奖图书的最终标签反映了布克奖本身,每年都会改变自己的形象、营销影响和文学许可证书。因此,"布克奖获奖图书"是市场成功的标志,是文学价值的定义,是一种布克奖选中的图书积极构建布克奖含义的自反行为。

82

(魏三原、孙博涵 译　贺晏然 校)

第七章 J. K. 杰罗姆和反精英主义的准文本阶段

苏珊·皮克福德

巴黎第十三大学

这本书的要求之一是，当我们以“文学”标准定义某本图书时，应考虑到“文学”的本义。因为“文学”并不像我们有时认为的那样，是个永恒不变的概念。文学没有固定的地位；它是更广阔的图书世界的一部分，其中包括文学的诸多表达形式。某些特定的图书有时可能被视为“文学”，但并不绝对；它们可能被读者当作图书资料或其他素材(Bradbury and Wilson，in Robert Escarpi，*Sociology of Literature* [1958] 1971，7)。

JEROME K. JEROME
Trois hommes dans un bateau

Accueil de la critique lors de la publication du roman, en 1889 :

"L'argot des employés de bureau."
"Cet auteur de dixième ordre nous inonde depuis dix ans de ses produits de dixième ordre."

Max Beerbohm.

"Humour pauvre, limité et décidément vulgaire."
"Combien ce livre apparaîtra démodé avant même la fin du siècle."

Saturday Review.

"Un exemple des tristes conséquences à attendre de l'excès d'éducation parmi les classes inférieures."

Morning Post.

...et commentaire de l'éditeur Harrowsmith :

"Je me demande ce que deviennent tous les exemplaires que je publie. Je crois que le public doit les manger."

Texte intégral

Couverture :
Caillebotte,
Baigneurs (détail).
Collection particulière.
Photo Giraudon.

9 782080 705365

Catégorie G

图 7.1　弗拉马里翁版《三人同舟》封底。
©弗拉马里翁出版社。

84　埃斯卡皮在这本具有开创性的法国通俗小说研究文本中对出版业的研究表明，应注重将作家、书籍和读者联系在一起的关系研究。他认为这是一个涉及心理和政治、美学和经济的研究过程(Bradly and Wilson 1971，7)。这个研究探讨了为什么 J. K. 杰罗姆的《三人同舟》自 1889 年第一次出版至今超过百年仍被奉为经典。它关注的是埃斯卡皮通过检查弗拉马里翁于 1990 年出版的平装本所采取的极不寻常的编辑策略而确定的关系，该平装本选择了使用一系列负面评论作为封底的推荐语(图 7.1)。

这种分类之所以没有在19世纪末发生，很大程度上是由于当代出版、批评领域的冲突，以及对书的原始市场的看法。正如Q. D. 利维斯(Q. D. Leavis)在《小说与阅读大众》(*Fiction and the Reading Public*，[1932]1990，34)中所观察到的那样，在19世纪末或20世纪初的某个时候，"好评与普及之间……出现了一种奇怪的对立关系"；不同的图书市场迎合了欣赏水平迥异的读者，"畅销书"一词在有教养的读者中成为贬义词。J. K. 杰罗姆曾进入畅销书之列——《三人同舟》在美国销量超100多万册，但不幸的是由于大量盗版而未能登上畅销书排行榜。然而近年来J. K. 杰罗姆迎来一次小小的文艺复兴，《三人同舟》现在被列为"企鹅经典"和"牛津世界名著"，在出版类别方面获得了令人尊敬的经典地位。根据雷切尔·马利克(Rachel Malik)在出版分类上对经典的定义："以特定方式出版的一套文本，例如采用一种独特的编辑机制。"(Malik 1999，28)

J. K. 杰罗姆的当代批评接受

J. K. 杰罗姆于1859年出生在沃尔索尔(Walsall)，此时他的父亲——一位不墨守成规的部长——进行了一系列灾难性煤矿投资，导致了这个家族的破产。这个家庭从中产阶级逐渐衰败，同时也从中部搬到了伦敦东区，他的父亲在那里做五金工，这对杰罗姆的世界观产生了巨大影响。1871年父亲早逝两年后，14岁的他开始了各种各样的工作，包括在他十几岁的时候做了两年的旅行演员。这是一个观察流行文化实践的绝佳视角，使他能够进入流行小说的新兴市场，他在1885年出版的第一本书《舞台上和舞台下》(*On the Stage and Off*)中借鉴了这一点——一个潜在演员的短暂职业生涯。这本书还算成功，但在接下来的20年里对杰罗姆的批评已经很明显了:他在自传中指出评论家“谴责它是垃圾”(Jerome 1926,74)。1886与1889年,他相继出版了《懒人懒思录》(*Idle Thoughts of and Idle Fellow*)和《三人同舟》,先是在《家庭钟声》(*Home Chimes*)杂志上连载,随后由布里斯托的J. W. 阿罗史密斯(J. W. Arrow Smith)出版。

85 尽管杰罗姆的许多后续作品获得了广泛的成功,包括1907年的《第三层楼的流逝》(*The Passing of the Third Floor Back*),评论家们的态度还是很严厉。在《我的生活与时代》(*My Life and Times*)中,杰罗姆反思了他在职业生涯早期受到的批评:

> 我想我可以声称,在我职业生涯的头20年里,我是英国最受虐待的作家。《笨拙》(*Punch*)杂志总是称呼我为“阿里·K.”阿里(“Arry K.”Arry)。然后一本正经地开始教训我,把粗俗当作幽默,把无礼视为机智……马克斯·比尔博姆(Max Beerbohm)总是很生我的气。《文汇报》说我是对英文字母的威胁,《早报》把我当作下层阶级过度教育所带来的可悲后果的一个例子。(Jerome 1926,74)

1897年,奥斯卡·王尔德(Oscar Wilde)在给伦纳德·史密瑟斯(Leonard Smithers)的一封信中,对英国文学学院的筹建提出了一个典型的敌意评论:

> 我看了这个学院的优秀作家名单。哪类人被推荐是很有趣的。……就我个人而言,我无法判断出阿盖尔公爵或J. K. 杰罗姆谁是更好的选择——但我认为是前者,未读的总是比不可读的要好。(Batts 2000,91)

事实上，为拟议的学院提出的作者名单中没有一个包括杰罗姆的名字。1894 年，罗伯特·希琴斯(Robert Hichens)在《绿色康乃馨》(*The Green Carnation*)美学主义运动的讽刺中，将对杰罗姆的喜爱作为庸俗主义的代名词。从《笨拙》对伦敦口音的模仿和《晨报》(*Morning Post*)的评论中，这种批评对立的阶级性质很明显：杰罗姆的读者被正确地认为主要来自新文化的"下层社会"，显然被视为对主流文学标准的威胁。

杰罗姆的作品中一个引起批评的特殊方面是他的幽默风格，这种风格受到了由马克·吐温(Mark Twain)等作家所代表的美国新幽默风格的影响，在很大程度上借鉴了"低级"的俚语和惯用表达。《笨拙》多次将杰罗姆称为"阿里·K."阿里，这是一个明显的例子，表明了作者这种居高临下的态度，他虽然不是土生土长的伦敦人，但显然陶醉于和他一起长大的职员和店主的生动表现。1889 年 10 月 5 日的《星期六评论》(*The Saturday Review*)对《三人同舟》的评论中也同样关注了这方面，批评了"1889 年的店员口语英语"，并得出结论说："这本书唯一的严重缺点是，它描述的生活和记录的幽默都很糟糕，有限，而且非常粗俗。"(Connolly 1982,74 - 75)直到 1959 年，乔治·桑普森(George Sampson)还轻蔑地提到杰罗姆的幽默，认为这是伦敦职员所喜爱的音乐厅传统的一部分 (Jerome 1990,13)。虽然这种描述并非不准确——事实上，J 和他的朋友们在泰晤士河之旅结束时，去了阿尔罕布拉剧院看了一场包括"来自喜马拉雅山脉的世界著名柔术演员"的演出(Jerome 1994,184)——但这种语气表明，在主流批评话语体系中，杰罗姆和他的读者仍被流行文化传统视为底层、有失体面的。它也忽略了杰罗姆作为一个文学家的更广泛成就：1892 年至 1898 年作为《闲人》的编辑，他是文学界的一

86 员，发表了马克·吐温、鲁德亚德·吉卜林(Ruyard Kipling)、萧伯纳(George Bernard Shaw)和阿瑟·柯南·道尔(Arthur Conan Doyle)等作家和朋友的作品。

杰罗姆的朋友、同样以“新幽默”传统写作的美国作家伊斯雷尔·赞格威尔(Israel Zangwill)相信大部分仇恨是杰罗姆成功的原因：

> 现代英文作品中有一个最令人困惑的习惯，即嘲笑幽默作家——这是最罕见的文学现象。他的出现的确引起了一阵欢呼；即使是评论家也有发现的喜悦。但他刚建立并从事一项显然有利可图的业务，就引起了一种反应，他成了文学犯罪的代名词。(Connolly 1982，114 - 115)

约翰·凯里在《知识分子与大众：文学知识分子中的傲慢与偏见(1880—1939)》(*The Intellectuals and the Masses: Pride and Prejudice among the Literary Intelligentsia, 1880 - 1939*, 1992)中探讨了某些知识分子对流行文化形式产生敌意的更广泛背景。凯里认为，在1871年《教育法》(Edcation Act)大幅扩大了读者群体之后，知识界有可能失去作为品味仲裁者的垄断地位，而这正是他们独特而昂贵的大学教育带给他们的。因此，知识界的某些阶层明确认为自己是一个贵族阶层，他们开始贬低那些正在超越他们文化控制的新的阅读形式，包括报纸和杂志，比如《家庭钟声》《三人同舟》就是在上面首次刊登的。凯里提出的论点是，文学现代主义是作为一种策略，通过故意产生封闭的文本来排除大众读者的地位。不幸的是，对于杰罗姆的批评声誉来说，他的作品是新读者喜欢的流行文学的主要例子，包括他的新闻、轶事、俚语风格和短文格式。这意味着他的书是通勤者在从评论家无法想象的郊区小家到城市琐碎工作的枯燥旅途中的理想读物。这也很容易联想到普特尔先生(Mr Pooter)[1]阅读《三人同舟》。

《三人同舟》的主题也可能引起评论家们的愤怒：它的灵感来源于泰晤士河上航行的日益流行，而泰晤士河以前是富人的专属区。凯里引用了包括叶芝(Yeats)和庞德(Pound)在内的作家的话，他们利用尼采对乌合之众的比喻来描述人群，比如19世纪80年代，由于廉价的火车票让人们很容易逃离伦敦，成群结队的度假者在泰晤士河上冒险，人数不断增加。根据安德烈·托皮亚([André Topia] Jerome ed. Topia 1990，19)的说法，1888年，大约有8000艘船只在泰晤士河上注册；到1889年，共有12000艘。1888年，一天有800艘船只经过博尔特水闸(Boult Lock)观看在阿斯科特(Ascot)举办的比赛，同年，有8000人乘坐火车前往亨利镇(Henley)观看皇家帆船比赛。这条河，就像文学领域一样，正在民主化，无论评论家和地主是否喜欢这种现象。通过上述两种方式，一种长期享有的特权受到了攻击。在这种情况下，杰罗姆特别提到了那些将落后地区视为洪水猛兽的地主，这很有趣：

> 河岸边业主的自私本性与日俱增。如果这些人能如愿以偿，他们就会完全关闭泰晤士河。他们实际上是沿着小支流和死水区这样做的。他们把柱子推进河床，把铁链从河岸这边拉

87

① 乔治·格罗史密斯和威顿·格罗史密斯的《小人物日记》(George and Weedon Grossmith, *Diary of Nobody*, 1892)的日记作者，最初发表在《笨拙》杂志上，他以自我满足的简单方式记录了自己单调乏味的郊区生活。

> 到河岸那边，在每棵树上钉上巨大的公告牌。一看到那些公告板，我天性中一切邪恶的本能就都被激发出来了。我觉得我想把看到的每一个都扯下来，用锤子砸在放它的人的头上，直到我杀了他，然后把他埋葬，把木板放在坟墓上作为墓碑。(Jerome 1994,68－69)

20世纪，由于出版业的创新促使廉价读物的供应量不断增加，抵制文化走向民主化的问题一再出现。20世纪30年代在英国和20世纪60年代初在法国推出了廉价的平装书集——1935年推出了艾伦·莱恩的企鹅图书，1953年推出了阿歇特出版公司(Hachette)的“口袋书”(Livres de Poche)，这两个与19世纪末对流行文学形式的批判攻击极为相似的抵制时刻就产生了。弗拉马里翁版的《三人同舟》在这场辩论中明确地表明了自己的立场，用负面的批评来吸引读者。

将负面的封面简介作为一种编辑策略

营销经理对他们的产品发表负面意见显然并不常见，更不用说把它们作为书的封底在著名网站上刊登了。通常，公众对这种负面意见的认识会导致销量下降。1990年版的《三人同舟》进行了一场特殊的、具有潜在高风险的宣传活动。2003年3月在法国贸易杂志《图书周报》(*Livre Hebdo*)上发表的一项民意调查(125)表明，42％的图书购买者表示，他们受到封面和封面模糊的影响，我们可以假设，这里有一个精心规划的出版策略——一个颠覆了模糊的惯常修辞的立场，其特点是夸张而不是轻描淡写。[①] 那么，什么样的出版策略会导致出版社破坏卖给 42%的图书买家的机会呢？

答案之一是看看使用这种策略的各种图书和其他文化产品。虽然使用负面的封面简介极为罕见，但这种策略有时也会被采用。少数的例子可以分为两类：第一类是引发争议的作品。在这种情况下，负面评论就像经历过战斗留下的伤疤，表明这部作品是如此前沿，以至连评论家都不理解它。这种做法的一个典型案例是伊恩·班克斯（Iain Banks）的《黄蜂工厂》（*The Wasp Factory*），该书在扉页前的前几页转载了极其负面的评论，如"当一家精明的出版商的信心和投资被一部无与伦比的堕落作品所证明时，说明这是一个病态的、病态的世界"（《爱尔兰时报》[*Irish Times*]），还有"就一个文本来说，《黄蜂工厂》飙升到平庸的水平。也许粗鲁明确的语言、淫秽的情节，被视为一种令人愉快的前卫风格。也许这都是一个笑话，意在愚弄伦敦文学界对垃圾的尊重"（《泰晤士报》）。在这种情况下，大胆的出版策略旨在给作者和公司塑造一种特立独行的形象。另一个相关的例子是彼得·罗伯（Peter Robb）的卡拉瓦乔传记《M》，其中引用了布莱恩·休厄尔（Brian Sewell）的名言"值得被灌输思想"，在这一案例中，他明确地代表了罗伯和布鲁姆斯伯里出版商作为挑战艺术界的特立独行的新贵的地位，这意味着传统的束缚。[②]

88

① 加拿大网站〈http://www.goodreports.net〉设立了一个名为"虚浮"（The Puffies）的奖项，致力于夸张的封面宣传的艺术，庆祝诸如"埃里克·博戈西安（Eric Bogosian）的写作就像 M－16 撕开了西方文明的大脑"这样的瑰宝。

② 原文注释：我非常感谢东萨里图书馆（East Surrey Libraries）的希拉里·埃利（Hilary Ely）让我注意到这个例子。

第二类是相关的作品。其中负面评论被用来定义潜在购买者的目标群体,这些群体将确定自己与批评者所代表的群体相反。这种策略可以用于那些希望将自己定义为对抗主流标准和主流品位的作品。在幽默作品中,这样的评论被用来暗示这些批评者根本不懂这个笑话。其中一个例子就是汤姆·莱勒的专辑《与汤姆·莱勒一起浪费的夜晚》(*An Evening Wasted with Tom Lehrer*),它自豪地印着如"更多的是绝望而非有趣"和"莱勒先生的灵感不会受到诸如品位等抑制因素的束缚"的评论。这类作品还包括《三人同舟》的封面。其修辞意图是让潜在买家感觉到,他属于那些拥有足够微妙幽默感的特权群体,能够理解所有批评者都错过的笑话。它还对读者说,如果你喜欢这个笑话,那么你买了这本书是不会感到失望的。

封面简介是法国出版业的一个相对较新的创新。根据热拉尔·热奈特(Genette 2002,38)的说法,它在20世纪60年代开始广泛使用,当时大量的平装本使早期形式的评论或审查成本昂贵且不切实际。与此同时,封面的宣传也突出了这本书作为一种商品的地位:正如艾伦·鲍尔斯(Allan Powers 2001,6)所建议的那样,"书套或封面是一种销售手段,在形式和目的上接近广告"。因此,封面简介代表了该书非主流化过程中的一个关键要素,该书在20世纪60年代初至中期的一场辩论中引起了法国知识分子的激烈争论,这场辩论被称为"*querelle du poche*"[1]。艺术理论家于贝尔·达米施(Hubert Damisch)在1964年11月出版的《法兰西信使》

① 即"口袋书之争"。——译注

(*Mercure de France*)上首先发起了挑战。[①] 达米施(Damisch 1964, 45)认为平装本不过是对这本书的贬低,将其变成了一种产品:"口袋本完成了书……到产品的转变。"他对色彩鲜艳的封面特别轻蔑,他认为这些封面能立即向读者提供书的主要内容——即使是平装版的经典文本——读者不再需要从阅读中获得满足感。这一辩论在让-保罗·萨特的《现代》(*Le Temps Modernes*)杂志上继续进行,该杂志还在1965年初邀请了一批知识分子,就这个问题发表他们的观点。其中一些人支持达米施,包括作家波勒·泰弗南(Paule Thévenin),她的贡献集中在对蒙田《随笔》平装版的分析上,批评该封面展示出的"粗俗",这让她想起了一部电影结尾的字幕,以及"基本的"批评意图(Thévenin 1965,1749)。然而,大多数来稿坚决反对达米施,认识到硬币的低交换价值并不一定意味着同样低的使用价值,正如泰弗南所暗示的那样。让-弗朗索瓦·雷韦尔(Jean-François Revel)、伯尔纳·潘戈(Bernard Pingaud)和让-保罗·萨特本人都反对达米施的精英主义观点,他们更喜欢庆祝以"口袋本"为

89

---

① 这场辩论再现了20世纪30年代企鹅平装本出版后英国提出的许多论点。乔治·奥威尔(George Orwell)在《新英语周刊》([*New English Weekly*]1936年3月5日)上写道:"作为读者,我为企鹅出版社鼓掌:作为作家,我要诅咒它们。"出版商斯坦利·昂温(Stanley Unwin)在《泰晤士报文学副刊》([*The Times Literary Supplement*]1938年11月19日)中写道:"如果能够证明——而且比通常想象的更不确定——六便士的重印本创造或培育了一个新的阅读群体,那么它们的理由将是压倒性的,但如果证据表明,它们的影响主要局限在普通图书购买者对二先令六便士和三先令六便士布面重印本需求的转移,那么就没有同样值得高兴的理由了。"一周后,玛格丽特·科尔(Margret Cole)也在此报上回应道:"现代出版商……已经发现并培养了一个新的图书购买群体,我认为任何人都不会怀疑……当一本关于芭蕾舞剧的专业书………能够在冲量销售的五个月内卖出十万册……更令人难以置信的是,这一浪潮中的十分之一竟然被属于过去被认为是'购买主力'的相对少数读者……购书不再是少数人的专利,只有尽你所能给人们最好的,才能吸引住他们。"参见 Schmoller 1974,311。

代表的文化民主化进程。让-弗朗索瓦·雷韦尔特别赞扬教化不再是仅仅通过学校和大学：他将“口袋本”视为一种治疗硬化症的良药，这种硬化症折磨着任何形式的文化，而这些文化依赖于一个漫长的启蒙过程，大师通过一种点滴的方式将知识传递给学生。“口袋本”让读者直接接触书籍，让他们绕过了正规的文化机构。

目光敏锐的读者会注意到，法国的“querelle du poche”发生的日期有些不同。在英国，这场辩论几乎在艾伦·莱恩推出他的收藏集时就开始了。而在法国，从1953年推出阿歇特的口袋书系列，到1964年于贝尔·达米施的回应之间相隔了十多年。然而，达米施的文章是在两个新的平装书系列“观念”（“Idées”）和“10/18”出版后不久就问世了的。这两个系列通过丰富新的书名和纪实文学，包括当代哲学和社会学的作品，拓宽了口袋书的内容（企鹅出版社早在1937年就开始出版此类书名，并以“鹈鹕”印记出版）。因此在法国，口袋本长期被视为没有威胁的、轻便的、娱乐性的读物，这比英国平装书的时间要长得多。直到这两个新系列的推出，它才被视为对文化霸权的挑战。这一点明确表明，正是在口袋本扩展到学术出版领域后不久，某些文化评论家才开始谴责它，进而提出了有关文化尊严的主张。波勒·泰弗南的评论揭示了这一点。很明显，她认为口袋本并不比垃圾杂志或电影好多少，它们具有每部作品的影响力都转瞬即逝的典型特征。（事实上，早期口袋本本身似乎格外突出这
90
一特征，并在封底宣称“*le livre de poche paraît toutes les semaines*”，即每周出版一次。）一旦某本书的异化开始影响到迄今为止一直是严肃学术出版领域的流派，文化评论员作为圣殿守护者的角色就会明显受到威胁。很明显，读者愿意放弃传统文化权威的指导意见，包括批评工具、学术介绍、笔记等，为了获得更便宜、更通俗易懂的版本，他们更喜欢按照自己的方式阅读经典著作——甚至是蒙田的

散文。这场辩论发生在1968年5月学生起义之前的几年里,这也许并不完全是一种巧合。年轻人和学生都在寻找着文化解放的手段,而这正是口袋本可以提供给他们的。

这种现象与19世纪末英国的情况有着惊人的相似之处。在这两种情况下,读者群突然扩大,读物具有非主流化进程,以廉价的格式广泛提供,阅读可能成为日常、广泛的事情,这会形成对知识界霸权的威胁,知识界有可能失去其文化仲裁者的地位,因而通过诋毁新读者可获得的文化产品的质量来反击。

在这种情况下,副文本特别是封面宣传非常重要,因为它使出版商能够在市场上定位他们的产品。广告的使用本身就表明,这本书是一种出售给任何有能力消费的人的产品,而不是为少数人的快乐而保留的神圣物品(这就是为什么许多如"七星文库"[La Pléiade]那样的高层次收藏文集仍然回避它们)。就《三人同舟》的封面而言,这一民主化的过程是通过讽刺性地引用了早已死亡和埋葬的品位仲裁者的负面意见,与阿罗史密斯的引用形成对比的,阿罗史密斯本人是一位远离伦敦文学圈的外地出版商,他强调了这本书是长期流行并获得成功的。在此过程中,他强调了文学评论家对公众舆论的漠不关心和他们曲高和寡的评判,这两点使他们批评的实用性受到了质疑。

小说家贝特朗·勒让德尔(Bertrand Legendre)论证道,作为现代出版战略的结果,衡量一本书在市场上的合法性,既要看它在大众中的成功,也要看它对传统文化机构的有效性。① 因此,出版商将使用诸如公布惊人的销售数字等策略来创造合法性——这是D. Q.利维斯(Leavis [1932]1990,25)在20世纪30年代早期注意到的一

① 见 http://www.u-grenoble.fr/les_enjeux/2000/Legendre/Legendre.pdf。

个发展："……出版商将简单地宣传——'沃里克·迪平（Warwick Deeping）的"老巨蟒"（OLD PYBUS），六周内 75000 本'，假设一部小说吸引了一大群人，就更有可能是'好的'读者的数量比少数人的数量要多。"到 1990 年，《三人同舟》弗拉马里翁版在文化市场合法化的替代策略变得如此牢固，以至这本书的编辑觉得能够讽刺和嘲讽对传统合法化结构的引用了，因为后者不仅低估了大众口味在塑造持久成功中的重要性，也被新文化秩序的经济火力所压倒。

91

结论：杰罗姆是如何成为圣者的

令人感到讽刺的是，杰罗姆最终在 1902 年凭借他的半自传体小说《保罗·凯尔弗》（*Paul Kelver*）得到了评论界的一致好评。《泰晤士报文学副刊》将《保罗·凯尔弗》与《大卫·科波菲尔》（*David Copperfield*）和《一个非洲农场的故事》（*The Story of an African Farm*）进行了比较，并得出结论："没有哪位当代作家比 J. K. 杰罗姆先生更受到低估了。《三人同舟》的作者身份已经成为悬在他脖子上的沉重的磨石。"（Connolly 1982，121）今天，《保罗·凯尔弗》已经被完全遗忘了，而杰罗姆能够名扬江湖要归功于这本小书。有趣的是，英国各种经典收藏中的《三人同舟》的重印本反映了大众口味和更传统的文化合法性之间的影响力之争。1993 年，《三人同舟》首次在"华兹华斯经典"（Wordsworth Classics）标签下以平装经典本印刷。事实上这是该公司早期作品之一，"华兹华斯经典"作品的定价为一英镑，其批评机制降至最低，显然是面向广阔的市场。[①] "企鹅

① 据华兹华斯出版社网站报道，该公司在 1996 年改变了战略，当时很明显，缺乏批评机制阻碍了向学生和学者的销售，而学生和学者仍然是图书购买市场的重要组成部分。参见 http://www.wordsworth-editions.co.uk。

经典”为了应对“华兹华斯经典”的威胁，在1994年推出了“企鹅流行经典”，再次以《三人同舟》作为最初的标题之一，尽管当时它从未被列入“企鹅经典”目录。一旦杰罗姆在经典作品中占有一席之地，他就能获得一个不错的地位：正如雷切尔·马利克（Malik 1999,28）所说——经典就是“任何发表在经典文集中的文本”。《三人同舟》于1998年、1999年分别列入了“牛津世界经典”目录和“企鹅经典”目录。

文化合法化的问题已经全面展开。在法国，当平装书开始主导市场时，三分之二的小说作品以口袋本畅销，而在英国80%的书都是平装本。[①] 现在，正是那些以前体现了文化合法性的图书（如学术性出版物、学术批判权威的经典文集等）不得不遵循平装本文集的出版策略，以免失去市场份额。这可能是近年来经典扩大的一部分原因，其中包括的文本，其主要特点不一定在于其内在的文学品质，而是在于它们能教给我们的关于中产阶级品味的东西——如亚瑟·柯南·道尔爵士、H. G. 威尔斯和P. G. 沃德豪斯（P. G. Wodehouse）等作家，现在都可以在“企鹅经典”或“企鹅现代经典”中找到。很简单，现在决定这本书是成功还是失败的因素是平装本，如果像J. K. 杰罗姆的情况一样，平装本在经济上被证明是成功的，那么赋予文化合法性的收藏就可以选择接纳这本书作为经典的一部分，或者决定将其排除在外、失去一本流行而成功的作品的销量。

弗拉马里翁版《三人同舟》的负面封面宣传，象征着标准平装书出版的经济合法性和经典收藏的文化合法性之间力量平衡的逆转， 92

① 这些数据摘自奥利维耶·勒奈尔（Olivier Le Naire）在《快报》（*L'Express*）上的一篇文章（2003年1月2日）和弗洛朗斯·努瓦维尔（Florence Noiville）在《世界报》（*Le Monde*）上的文章（1995年1月6日）。

而经典收藏似乎越来越愿意用其部分文化合法性来换取流行文本的成功。在来自更广泛娱乐行业的竞争日益激烈的背景下，图书越来越被大型企业集团视为跨媒体协同作用的载体，传统出版界只有捍卫图书作为我们文学遗产主要载体的文化特性才能生存；然而这样做有可能恢复对这本书的精英主义态度，从而疏远读者大众市场平装书的主要读者。出版商营销部门提出的解决方案是，重新定义经典文本，不是从文学质量的某种理想尺度出发，而是从其在文化品位的社会历史中的意义出发。

（孙博涵、魏三原 译　贺晏然 校）

第三部分

“图书的影视化记录”：文化产业与互文性

第八章　流行化身平装书

格里·卡林，马克·琼斯
伍尔弗汉普顿大学

感知的环境

20世纪60年代，作为人工制品的书籍和作为研究项目的文学二者似乎都陷入了危机。1964年，传播学大师马歇尔·麦克卢汉(Marshall McLuhan)写道：

> 图书曾是第一种教学机器，也是第一种被大规模生产的商品。在增强和扩展书面文字的过程中，印刷术揭示并大大扩展了写作的结构。今天，在电影和受电力加速的信息流动的影响之下，印刷品的形式结构就如同一般的机械装置，像被冲到沙滩上的树枝一样突出。(McLuhan 1967, 185－186)

但是，书籍的死亡实际上预示着一种重生，尤其是文学平装书的重生。因为在这十年里，书籍进入了新的市场，并促进了新文化环境的形成。书籍的命运和"文学"领域被卷入了这一时期不断加速的象征交换和文化变异的趋势之中，这些趋势在改变书籍的同时，也使书籍及其象似性(iconicity)成为新的流行和亚文化环境的中心。在1997年关于60年代平装书的一次广播回顾中，曾经是地下杂志《奥兹》(*Oz*)编辑的理查德・内维尔(Richard Neville)强调了这一时期书籍的"护身符意义"，同时，安迪・马丁(Andy Martin)认为"60年代的关键时尚配饰和启蒙徽章就是书籍。从你牛仔裤后袋里露出来的黑塞(Hesse)或赫胥黎(Huxley)是纯粹的精神时尚"(*Paperback Writers*, 1997)。书在60年代的流行环境中不仅发挥着"配饰"作用，而且这种配饰是有文化的标志，使以前处于被保护和功能受限状态的领域民主化，成为新兴波希米亚文化地图上的标志性参照点。

阿道司・赫胥黎的一卷书可以作为一个特殊的案例来看待。赫胥黎关于他使用致幻药物麦司卡林(mescaline)经历的作品《众妙之门》(*The Doors of Perception*)和《天堂与地狱》(*Heaven and Hell*)于1969年被收录在企鹅出版社的一本书中[①]，此书在60年代被当作对于意识实验的一种流行的学术探索和合理辩护，因而得以反复再版。在这些文章中，赫胥黎不遗余力地将迷幻体验神圣化和仪式化。随着60年代的到来，迷幻体验出现在了街头，并渗透到整个文化中。在迷幻药物的影响下，赫胥黎端详并思索着他好莱坞家中日常物品变形成光芒四射的"神奇事实"，这促使他对世界、自我

① 简体中文版有北京时代华文书局2020年版《知觉之门(插图本)》及北京燕山出版社2017年版《众妙之门》等。——译注

及二者之间的相互作用，特别是对艺术进行了长时间的沉思。由凡·高、波提切利（Botticelli）、埃尔·格列柯（El Greco）、塞尚（Cézanne）和维米尔（Vermeer）的作品引发的漫长而多面向的离题讨论，反过来又产生了哲学和美学的主题。在这些主题中，赫胥黎参考了华兹华斯和布莱克的诗歌、古典音乐、中国绘画、心理学、东方宗教，以及他对之怀有兼收并蓄热情的其他元素。然而，很少有人注意到的是如下这些冥想的地点：

96

> 我被带去参观了这个城市，其中包括在日落时分参观了号称“世界最大药店”的地方。药店后面，在玩具、贺卡和漫画中，令人惊讶地立着一排艺术书籍。我拿起手边的第一本书，这本书是关于凡·高的。打开书后看到的图片是《椅子》——那幅令人震惊的物自体（Ding an Sich）的画像，这正是这位疯狂的画家所见，带着一种崇敬的惊恐，试图在他的画布上呈现出来。（Huxley 1969，25－26）

尽管他对“世界最大药店”的俗气不屑一顾，但赫胥黎笔下的连锁店很快就会成为艺术书籍和其他大规模生产的印刷品展示和销售的典型零售环境。正如60年代末对艺术界的调查所指出的，“许多艺术书籍和杂志的流行设计和外观，以及它们不断增加的数量和种类，反映了它们对前所未有的广泛受众的吸引力”，而“国际出版业的革命”使得这些书籍廉价而且插图丰富（Sturt-Penrose 1969，142－143）。图像和文字的复制品在郊区大商店里可以买到，有助于传播独立的智识主义，这就是60年代的特点，在赫胥黎死后也是如此。

但赫胥黎的书在流行文化环境中也以其他方式成为护身符。赫胥黎那两篇文章的标题都取自激进的浪漫主义诗人威廉·布莱克的作品。浪漫主义者,以及其他来自文化史上各个领域的波希米亚式的前卫作家和艺术家,都成为流行和迷幻智识主义(psychedelic intellectualism)所汇集的蒙太奇元素。1965 年,摇滚乐队大门乐队(The Doors)通过赫胥黎的作品引用布莱克的诗句为自己命名。柯基出版社也出版了两本现代诗歌选集,封面是由哈普沙什和彩色外套(Hapshash and the Coloured Coat)的迷幻艺术家和时装设计师设计的,是受新艺术风格启发的流畅绚丽风格。紧接着企鹅出版社就出版了《阿尔比恩的孩子》(*Children of Albion*),这是一本"地下"诗歌选集,标题来自布莱克,封面也是他创作的华丽版画,还有一长篇来自此书编辑的布莱克式宣言(Horovitz 1969;Roche 1967; Geering 1968)。廉价平装版的《众妙之门》开始被人传阅,这些人之前对赫胥黎毫无了解,更不用说布莱克了,正是通过这种途径,浪漫主义诗歌和药物实验成为亚文化交流的流行话题。60 年代中期,《众妙之门》的企鹅版封面展示了马克斯·恩斯特(Max Ernst)的作品《喝鸡尾酒的人》(*The Cocktail Drinker*)的一个局部,从而标志着这样一场运动——迷幻主义和整个图像驱动的文化将广泛采纳并大量引用超现实主义及其心灵革命计划。书籍封面及其使用的图像开始表明文学与其传统在流行文化的新环境中可能的契合点,以及它们之间可能建立的联系。

这类观察的意义不一定在于文学和知识潮流变化,而是在于将97 文学关注的问题融入新环境。正是基于这点,文学和知识领域的概念就像迷幻药实验本身一样,开始摆脱传统或权威的使用阶序。赫胥黎的思想和《众妙之门》作为平装书商品的命运合二为一,因为两者都进入了大众文化智识主义的循环回路和参考资源。赫胥黎文章平装本出版(1959)之时,企鹅出版社当时显然"不经营那些旨在用感官刺激和污染心灵的产品,这些产品更应该列入毒药登记册,而不是图书馆目录”(Williams 1956, 22)。但是,正如赫胥黎关于麦司卡林的文章所讽刺的那样,他自己的意识正在发生变异,而企鹅出版社的使命也同样如此。

流行化身平装书智识主义

> 60 年代初,在 T 恤衫和棒球靴时代到来之前,艺术院校极度崇拜的对象是雷·查尔斯(Ray Charles)、查克·贝里(Chuck Berry)和波·迪德利(Bo Diddley)、马迪·沃特斯(Muddy Waters)、查理·明格斯(Charlie Mingus)和蒙克(Monk)、艾伦·金斯伯格(Allen Ginsberg)和杰克·凯鲁亚克(Jack Kerouac)、罗伯特·约翰逊(Robert Johnson)。如果你自命不凡,可能还会搞来兰波(Rimbaud)或陀思妥耶夫斯基(Dostoyevsky)的平装译本,当然这些完全是为了展示(Cohn 1970, 151)。

20 世纪 50 年代末和 60 年代初兴起的“平装书革命”证明了书籍进入了一种全新的社会和文化关系网络。自战争以来,平装书通过利用新闻机构、超市和书摊作为其商业渠道,彻底变革了图书销售,这既拓宽了市场,也为那些很少去书店或考虑随便买一本书的人提供了图书。随着 20 世纪 60 年代平装书种类的增加(1960 年有 6000 种,到 1970 年增加到 37000 种),销售渠道和读者群的多样性也在不断增加(Laing 1992, 84)。这个市场中存在着某些质量上的区别,比如低俗小说和高质量的企鹅系列之间。但这里的关键问题是,平装书的爆炸实际上扩大了书在所谓的后印刷文化中的存在和功能。不断扩大的教育部门和蓬勃发展的流行文化可能表明,平装书的主要受众和市场是由年轻人组成的，但平装书革命本身的扩散力量决定了关于受众和消费的区别与分类会在混合中消失。正如马尔科姆·布拉德伯里(Malcolm Bradbury)在1971年写道的：

> 许多明确的市场分层要么消失了，要么被淹没在规模巨大的出版活动中；今天，读者的社会基础是什么？什么样的文化假设和标准将他们结合在一起？文学在他们的生活中扮演什么样的角色？这些问题似乎比以往任何时候都更不清楚。

就“文学”问题而言，布拉德伯里认为在这样的环境中，“书已经进一步转向‘媒介’的特征——一种广泛的传播资源，它不太专门致力于文学本身”(Bradbury 1971, 224, 227)。对这一立场的另一种看法可能是，文学正在成为新兴多媒体环境中的一个贡献性特征，而不是与之截然不同的类别，“优质”平装书被卷入这些新的传播和交流系统中的方式，可以从战后企鹅出版社的历史中得到说明。

98

1956年，在企鹅出版社开始向书店发行优质作品的平装重印本的21年后，它还推出了一本名为《企鹅故事》(*The Penguin Story*)的书来庆贺。企鹅平装书是成功的，但它们的成功很大程度上取决于它们在大众市场上的差异性。

> 人们最熟悉的企鹅形象特点当然是避免使用图片封面。在美国，花哨的封面被认为是确保平装书大量销售的必要条件；在英国，大多数廉价的平装本也都采用了图片封面。经常有人说，如果企鹅出版社顺应这种普遍做法，它的生意可能会更好；但不管这种假设是否正确，出于品位问题的考虑，它都已经决定拒绝美国式的封面。(Williams 1956, 26)

战后英国“低俗”小说的爆炸性增长证明了平装书的巨大市场，而这些平装书的艳俗封面预示着性、暴力和一般的美国式主题。到了50年代中期，由于一系列对淫秽罪名的成功起诉（尽管书籍内容很少达到封面所暗示的程度）、印刷厂的罢工，以及战后为防止美国出版商向英国出口小说的禁令被解除，许多这类书籍的出版商便消失了（Holland 1993）。但低档次的平装书并没有消失，尽管内政大臣做出了努力，它们仍经久不衰，成为英国知识分子堕落的象征，这些知识分子像理查德·霍加特（Richard Hoggart）一样，把它们作为“褴褛和俗艳”的证据，用以证明来自“糖果世界”的“大众艺术”正在取代本土的流行文化形式（Hoggart 1958，206－207）。与美国保持距离成为战后英国人的一种普遍策略，它坚持英国文化的精选性、其产品的质量，以及对受外观和形象支配之市场的抵抗力——企鹅图书的封面甚至使“相对较新的书看起来像旧书”（Sutherland 1991，7）。《企鹅故事》本身采用了彩色摄影封面，展示了年轻人浏览书架上的企鹅图书。这是一种纠正性的讽刺，因为其图书封面最显著的特点就是书籍本身的平淡无奇：高度风格化的彩色编码设计，显然是为了展示书脊而不是封面，它们的目标是聪明的读者，这些人的选书只着眼于内容。至关重要的是，企鹅图书外观大规模生产的统一性和禁欲主义已经成为质量的标志，有别于作为商品的廉价平装书那种“艳俗”的花花绿绿。但是，即使在《企鹅故事》出现在书架上的时候，企鹅图书的外观革命也在进行中，因为随着这本书的出版，全彩色的图片封面作为一种实验被引入小说系列中（Green 1981，9）。

企鹅出版社在20世纪60年代向图片封面的全面转向，可以被看作一种对书籍功能变化的回应和商业投机行为。托尼·戈德温在1961年成为企鹅出版社的小说编辑，这一点很关键，因为它表明了企鹅出版社所处的文化潮流。“在1961年之前，戈德温一直是一个书商，而不是一个出版商。他在20世纪50年代建立了两家伦敦书店，其中更广为人知的是位于查林十字路的良品书店（Better Books），他很快就获得了非传统书商的声誉。”（Green 1981，14）良品书店建立的人际网络在“良品书店作家之夜”等活动，以及前卫的展览和团体中（杰夫·纳托尔[Jeff Nuttall]的耻辱展览于1965年初在那里开幕，另类戏剧团体人物秀[The People Show]也设在那里；见Green 1998，35－39）都能得以体现。1965年，艾伦·金斯伯格在那里读书，这对他再合适不过，因为正是良品书店向新兴的都市波希米亚传播了地下和垮掉派的文学和杂志，6月，良品书店的活动孕育了在阿尔伯特音乐厅（Albert Hall）举行的国际诗歌节，许多人将其视为英国地下诗歌的创始时刻。金斯伯格的朗诵被录下来，然后由该店的经理巴里·迈尔斯（Barry Miles）制成唱片。迈尔斯是一个具有催化作用的反文化人物，通过他的地下中介，披头士乐队被引入了前卫艺术，而前卫艺术被引入了整个文化中。1966年，迈尔斯与他人共同创办了英国的第一份地下报纸《IT》。它很快就从主要关注文学（第二期刊登了埃兹拉·庞德战时广播讲话的翻译）转向了对流行文化的迷恋，杂志第六期对保罗·麦卡特尼的严肃采访体现了这一点。这个采访极大提高了销售数字，并且帮助流行音乐艺术家成为反文化的主要倡导者。地下刊物为新的文化中介提供了一个平台：编辑、批评家和评论家，他们促成了新思想的涌现，并促使“合法文化产品的范围扩大，一些旧的象征等级被打破”（Featherstone 1991，35）。除了成为新的波希米亚知识界的载体外，地下报刊还充分利用新的印刷技术，将激增的迷幻设计融入他们的页面中。《奥兹》杂志尤其以大量使用哈普沙什和彩色外套以及马丁·夏普（Martin Sharp）等艺术家的封面和版面设计而闻名，他们的作品也成为海报、唱片和书籍封面的亮点(例见 Owen and Dickson 1999, 113-143)。

托尼·戈德温认识到平装书在这些新兴文化领域的潜在作用,而良品书店的活动预示着,在其编辑指导下,企鹅图书注定要进行亚文化的跨界。虽然至晚从 1960 年平装版的《查泰莱夫人的情人》因淫秽罪被起诉失败后,企鹅出版社就被认为是新"激进自由化"的先锋,但戈德温"认为企鹅和其他平装出版商一样,过于依赖过去 60 年的作品,应该采取更激进的编辑政策,以培养新兴人才"(Baines 2005, 97)。随着这 10 年的发展,企鹅开始通过出版一种新文化分析,将一种新的文化意识主题化。一批激进的知识分子和新左翼思想家在 60 年代的企鹅封面上发表了他们的作品,同时还有一系列重新焕发活力的"企鹅特辑"(Penguin Specials)、"英国怎么了"(What's Wrong with Britain),以及"激进教育"(Radical Education)系列(Laing 1992, 84-87),以至早在 1962 年,《地产公报》(*Estates Gazette*)的一位评论员就宣布"随便找一部流行的社会主义作品,企鹅出版社大概率都会出版,早晚而已"(转引自 Hare 1995, 281)。这些对新文化的反思表明,在 60 年代的共识破裂期间,企鹅所阐述的关于文化和合法性的概念既是含混不清的,也是广泛传播的。 100

企鹅出版社还通过出版美国垮掉一代的作品(Corso, Ferlinghetti and Ginsberg 1963)展示了艺术的新领域,后来又在其现代诗人系列中出版了《默西之声》([*The Mersey Sound*] Henri, McGough and Patten 1967),此书成为畅销书(Hewison 1986, 257)。尽管取得了这些流行文化上的成功,企鹅图书外观的现代化过程却是犹豫不决的,恰恰显示了其对这些文化跨界形式的焦虑。20 世纪 50 年代,图形设计被纳入企鹅的封面,但仍受制于三分格的封面设计。20 世纪 60 年代初,在杰尔马诺·法切蒂的艺术指导下,企鹅出版社“引入了在‘企鹅经典’‘现代经典’‘英语图书馆’和‘科幻小说’系列的封面上使用艺术复制品的设计公式”(Green 1981, 23),通常以知名艺术作品的局部为主要组成部分,或者在其小说系列中展示新的设计风格。根据布莱恩·奥尔迪斯(Brian Aldiss)的建议,1961年至1965年的企鹅科幻小说系列的封面使用了保罗·克利(Paul Klee)、巴勃罗·毕加索(Pablo Picasso)、伊夫·唐吉和马克斯·恩斯特等艺术家的超现实主义艺术作品,将前卫传统介绍给渴望参考的读者(Aldiss 1986, 208, 462)。J. G. 巴拉德(J. G. Ballard)认识到这种文化影响和批评意识的结合,他在1966年声称“当我们周围世界的虚构元素成倍增加时,超现实主义的技术在此刻有特殊的意义”,同时他也意识到超现实主义在构建这个“宣传和电影,更不用说科幻小说”的媒介化世界中的作用(Ballard 1996,88,84)。企鹅平装版的巴拉德《淹没的世界》(*The Drowned World*)上有伊夫·唐吉的《岩石宫》(*Le Palais aux Rochers*),这反映了该书在面对虚假的矿物领域时对人类灭绝的精神分析探索。在企鹅科幻小说系列上使用超现实主义艺术作品的做法,大胆地象征着它们是另类的经典原型,结合了现代主义的感性和对当代的象似性意识。科幻小说在这种跨界营销中的作用,同时标志着高度的严肃性和当代的酷。这一点明显体现于美洲狮出版社1968年出版的威廉·巴勒斯(William Burroughs)实验性剪裁小说《新星快车》(*Nova Express*)平装版。该书在“美洲狮科幻小说”系列中发行,其封面插图是用一根皮下注射针作为星际火箭。

这种美术与商业设计、文化生产与批判视角之间界限的瓦解,似乎在1964年托尼·戈德温聘请艾伦·奥尔德里奇(Alan Aldridge)担任企鹅出版社新任艺术编辑时尤为明显。奥尔德里奇后来成为60年代重要的波普艺术家,以其在汽车和女性身体上的图形设计而闻名——他在彼得·怀特黑德(Peter Whitehead)的电影《托尼特,让我们都在伦敦做爱》(*Tonite Let's All Make Love in London*,1967)中对后者进行了实践。根据乔治·梅利(George Melly)的说法,奥尔德里奇构想了在女孩身上绘制设计以宣传企鹅图书的想法(Melly 1972,137)。他为谁人乐队(The Who)的专辑《赶快喝一杯》(*A Quick One*,1966)绘制了封面,还为良品书店诗歌朗诵会录制的唱片提供了封面,迈尔斯声称,"这是最早的一些准迷幻设计作品"(Palacios 1998, 34)。他设计电影海报(包括D. A.潘尼贝克[D. A. Pennebaker]的迪伦(Dylan)电影《不要回头》(*Don't Look Back*)和安迪·沃霍尔(Andy Warhol)的《切尔西女孩》(*Chelsea Girls*)),是一个有创造力、才华横溢的插画师(如披头士乐队的《插图歌词集》[*The Beatles Illustrated Lyrics*])。作为《企鹅漫画书》(*The Penguin Book of Comics*)的设计师和插画师,奥尔德里奇的贡献是为流行文化的一个重要领域带来了一种开创性的图形批评语汇(Perry and Aldridge 1967)。至关重要的是,他在企鹅设计中加入了新的图形艺术风格方向,这成为那个时期的典型,而之所以能成为典型,是因为对艺术和设计的新认识正是这种新文化的核心。奥尔德里奇借鉴了不同的流行形式(他在1966年为《企鹅约翰·列侬》[*The Penguin John Lennon*]设计时呈现了披头士的超人装扮)、波普艺术和新艺术风格,并对他的设计中引起共鸣的历史风格资源有着高度清醒的认识,他流畅的喷绘风格将使他成为乔治·梅利眼中"这个时期最具创造性的图形记录者"(Melly 1972, 155)。奥尔德里奇自己认为他的艺术创新与流行音乐实验的融合点有关——把披头士的超现实主义歌词作为对他自己作品的赞美(Aldridge 1998, 8)。他对当代设计趋势的认识和使用,使企鹅平装书得以浸透到流行市场:

101

> 他制作的五颜六色的迷幻插图正是戈德温所希望的,用来淡化文化体面性的内涵,戈德温认为这种体面使企鹅被对手(尤其是潘恩出版社)抢走了很大一部分年轻的读者群。奥尔德里奇在这方面无疑是成功的,因为在那些年里,企鹅的封面看起来更像唱片的封套而非书的封面。(Green 1981, 24)

事实上,正如菲尔·巴恩斯所观察到的,在成为由"嬉皮士"海报和唱片封套所构成的设计环境一部分的过程中,书籍成了它们自己的海报广告(Baines 2005, 132 - 139; Barnicoat 1972, 57 - 69)。也许正是因为企鹅的科幻小说系列由奥尔德里奇亲自负责插图和设计,所以从这种方式中受益最大。奥尔德里奇用后现代的综合风格取代了对现代主义和超现实主义艺术作品的简单挪用,再加上当代的方法,使科幻平装书成为60年代设计感的典范。他为巴拉德的《无端之风》(*The Wind from Nowhere*)设计的封面将达利(Dali)的软物与日本木版画的独特海景结合在一起,并以60年代商业插图的平面精度来制作(图8.1)。

平装书的封面艺术可以被看作60年代波普文化潮流中文学和各种艺术传统流转方式的指南——这是对独立知识分子精神的向下和向外的重新定位,也是企鹅精神的一部分。封面艺术引用过去和当代的规范,开始反映多元化,宣示着所有的文化领域现在都可以进入,同时被拼贴成当下的构造。戈德温和奥尔德里奇组成的富有创造力的编辑和设计团队最终招致了企鹅出版社创始人艾伦·莱恩的愤怒,因为封面设计在使用性图像方面变得越来越大胆,一些设计会让作者感到不适,奥尔德里奇曾提到:"问题:带有裸露胸部的封面使销售量上升,但会使作者不适。"(引自 Powers 2001, 91)企鹅出版社的封面深深扎入流行文化资源的流通循环中,被莱恩视

图 8.1 《无端之风》平装本(企鹅图书,1967)。© J. G. 巴拉德,1962。

为对庸俗的大众营销的屈服,促使他指出"一本书并不是一罐豆子"(引自 Lloyd-Jones 1985, 74)。尽管戈德温和奥尔德里奇在 1967 年离开,企鹅出版社仍然认真地对待创新和插图。正如杰里米·恩斯利(Jeremy Aynsley)所表明的,"1968 年后出现的许多设计可以被视为奥尔德里奇时期建立风格的延续或延伸"(Aynsley 1985, 128)。 102

平装书封面的展示效果在保守的评论家中唤起了焦虑,使其影响进一步扩大。平装书的图像化封面可以看作一种可怕的症候,它包括区隔的消解,以及写作的"作品"具象化为流行环境的"形象",

《追求新奇者》(*The Neophiliacs*)一书将平装书的封面作为现代的肤浅程度的指数，其中说道：

> 到了50年代末，英国有种在变革的浪潮中走向未来的感觉，在很大程度上是由各式各样的“图像”所刺激和保持的——正如“现代”设计的重要性所显示的那样，从不列颠节(Festival of Britain)上那首先映入眼帘的新式玻璃混凝土办公大楼，再到平装书的封面；为了将他们的产品包裹在一种紧跟时代的光晕之中，电视广告越来越多地使用暗示性的当代图像，如跑车在流线型的高速公路上疾驰，而且往往伴随着现代爵士乐的配乐。(Booker 1969, 45)

103

平装书在关于建筑、技术、基础设施、社会运动和大众传媒的讨论中显得非常重要，主要是因为它毫不费力地参与了现代的符号学。如果图像和“外观”的兴起是一种新兴商业文化的标志，那么，正如布克的例子所表明的，它的标识(signs)通过新的联系来运作，从它们周围的媒体和技术中拼凑出“紧跟时代的光晕”。在这里，对传统意义上的文学品质至关重要的持久性和连续性的观念被彻底否定了，因为在这个新的环境中，只有轰动的、流行的和转瞬即逝的——那些仅靠封面的力量就能销售的——才能充分参与。但是，换个角度看，只有对包装有文化敏感性的关注，才能让书在这个新环境中重生；只有从既定的传统中解脱出来，书和文学作品才能成为一个自由交换的时代标识。

“小企鹅唱着克利须那神的颂歌”[①]

如果说在20世纪60年代早期到中期，企鹅平装书的封面“看起来更像唱片套，而不是书的封面”，那么，唱片封套也许正是一个最佳的指示，表明社会和知识界的转变正在修改书籍的文化地位和符号性功能。多米尼·汉密尔顿(Dominy Hamilton)指出，60年代的专辑风格不是出自50年代唱片的“青少年”封面，而是源于他们的亚文化对立面——言说着姿态和信息的现代爵士乐封面：

> 现代或“自由”爵士乐的发展得益于黑胶唱片的发明，它使录制长时间的即兴表演成为可能，而这些唱片的封面至少被证明和音乐一样有影响力。购买爵士乐唱片的知识分子和“波希米亚人”想要的是信息，但他们也得到了风格。(Hamilton 1977, 11)

正如汉密尔顿所展示的那样，披头士乐队的前两张唱片是对流行音乐进入知识分子和波希米亚风格的鲜明说明。《请取悦我》(*Please Please Me*, 1963)展示了一张内部包装的产品照片，照片中的年轻乐队面带微笑。他们的下一张专辑《与披头士同行》(*With the Beatles*, 1963)是通过一张忧郁的存在主义照片呈现的，高度的黑白对比中浮现出四张没有表情的面庞。这个镜头是由时尚摄影师罗伯特·弗里曼(Robert Freeman)拍摄的，他还在1964年为《艰

① 原文为“Elementary Penguin Singing Hare Krishna”，出自披头士乐队1967年发行的歌曲《我是海象》(“I Am the Walrus”)。——译注

难的一夜》(*Hard Day's Night*)制作了一系列安迪·沃霍尔式的封面图片。汉密尔顿提到：

> 这些封套的朴实无华使它们与早期的爵士乐封面联系起来……但是，在更大程度上，它们利用了唱片买家对视觉信号微妙矩阵的定义和认同，而这些信号在60年代的末期变得越来越复杂和深奥。(Hamilton 1977, 12)

104　事实上，到1967年，披头士乐队的《佩珀军士的孤独之心俱乐部乐队》(*Sergeant Pepper's Lonely Hearts Club Band*)的封面是"我们喜欢的人"的暗示性拼贴，由彼得·布莱克(Peter Blake)以真正的波普艺术风格从"找到"的图像中设计和组合而成(他在60年代初为企鹅出版社制作了许多封面，最引人注目的是为科林·麦金尼斯[Colin MacInnes]的伦敦小说所做的。他自己的《披头士1962》[*The Beatles 1962*]出现在企鹅出版社的乔治·梅利《叛逆风格》[*Revolt Into Style*]版本中)。阿道司·赫胥黎与一种作家、艺术家和思想家——如埃德加·爱伦·坡、奥斯卡·王尔德、刘易斯·卡罗尔(Lewis Carroll)、奥布里·比亚兹莱(Aubrey Beardsley)、阿莱斯特·克劳利(Aleister Crowley)、阿尔伯特·爱因斯坦、H. G. 威尔斯、卡尔·马克思、卡尔海因茨·施托克豪森(Karlheinz Stockhausen)、劳莱与哈代(Laurel and Hardy)、威廉姆·巴勒斯、黛安娜·朵丝(Diana Dors)、鲍勃·迪伦和一批印度古鲁(gurus)——的作品及姿态为60年代的知识领域注入了活力，电视的出现使人们可以找到任何曾被忽视的人(Taylor 1987, 31)。当然，在封套折页的背面印有歌词，这使得音乐文本在流行音乐史上第一次具有了诗歌的地位(Miles 1997, 341)。这使得录音制品以某种方式在封面上流露出来，标志着包装被整合入艺术品中。然而，它也表明，专辑所包含的不仅是可以一次听完的转瞬即逝的流行歌曲，而且是值得阅读和反思的文字，就像文学作品的文本。这种抒情性的展示是流行音乐转化为文学的最后阶段，这种转化在诸如60年代中期迪伦的唱片封套说明中的长篇散文诗，以及安德鲁·卢格·奥尔德姆（Andrew Loog Oldham）为滚石所做的“纳查奇语”（nadsat）说明中已经有所预示（Loog Oldham 1995）；约翰·列侬也已经在1964年获得了福伊尔斯文学奖（Foyles Literary Award）。

虽然《佩珀军士》显然是一张“概念”专辑，但它也是一张关于用法、跨界和结合的标志性地图，这些在流行音乐的新知识环境中不再被禁止。奥尔德里奇认识到了流行音乐产品在艺术上的创新性扩展，他对保罗·麦卡特尼说：“打动我的是，《佩珀军士》……把这个俚语看作一曲交响乐或一本平装书，它试图呈现一场持续一小时的完整演出。”（Aldridge 1969，141）在《佩珀军士》发行后不到两年，即1969年2月，《摇滚诗歌》（*The Poetry of Rock*）的出版标志着一种趋势——流行音乐获得了与其他成熟艺术领域相埒的地位，理查德·戈尔茨坦（Richard Goldstein）要求杂志“远离诺曼·梅勒（Norman Mailer）、爱德华·阿尔比（Edward Albee）、艾伦·金斯伯格和罗伯特·洛厄尔，为电动棒乐队（Electric Prunes）腾出空间”（Goldstein 1969，1-2）。摇滚乐正在成为“艺术”，正如1963年威廉·曼恩（William Mann）在《泰晤士报》上对披头士的评论所表明的那样，“这使摇滚乐第一次登上了艺术版面”（Frith 1983，168；Frith & Horne 1987）。到了60年代末，流行音乐已经成为文化表达的关键形式，它包含了更多典型的文学和艺术的主题、技术与意识形态，同时实现了电子大众传媒之前不可能实现的环境渗透。正如麦克卢汉所认识到的，“今天，青少年音乐是一种环境，而不是在环境中演奏和播放的东西”(McLuhan 1969,72)。这种文化上的饱和使唱片散发出艺术的属性和大众的可得性,其所处的位置可以随意经由文本以外的注解标示出来。在《佩珀军士》的后续作品中,披头士选择了理查德·汉密尔顿(Richard Hamilton)来设计封套,希望他的极简主义白色设计能够“将其置于最深奥的艺术出版物的语境之中”(Hamilton 1982, 104-105)。“很明显,汉密尔顿的目的是模仿小出版社的高端印刷标准”(Walker 1987, 97-98)。至此,各种艺术形式的融合似乎已经完成。

105

现在,流行音乐作为新近受人尊敬的艺术门类,其中的商业和意识形态因素反过来影响了更成熟但更排他的艺术领域。《佩珀军士》发行后不到两年,巴里·迈尔斯推出了一个名为泽普(Zapple)的唱片公司,目的是将实验音乐和诗歌引入披头士的苹果唱片(Apple Records)项目。它本质上是四年前迈尔斯在良品书店创新的延续,该项目雄心勃勃,但由于披头士在的音乐和商业上的分裂,以及70年代的文化和政治紧缩,它最终消亡了。然而,泽普公司明确提出了成熟艺术和大众智识主义的理想化融合,以及流行艺术家作为文化中介和促进者的角色。这种努力中的革命性希望和商业理性却是从平装书的民主化精神中汲取了重要灵感:

> 已经承诺在泽普发表的知名作家和诗人包括:劳伦斯·费林盖蒂(Lawrence Ferlinghetti)——美国最畅销的“严肃”诗人;诗人兼剧作家迈克尔·麦克卢尔(Michael McClure);资深文学家肯尼斯·帕琴(Kenneth Patchen)和查尔斯·奥尔森(Charles Olson),以及诗人兼散文家艾伦·金斯伯格。苹果唱片公司希望新的标签将有助于为唱片业开辟一个新的领域,与平装书革命对图书出版业的影响相同。该公司现在正在研究这个标签

的新市场理念，它希望最终能在销售平装书和杂志的商店里零售。(Miles 1997，475;Inglis 2000，12)

就像60年代的梦想本身一样，“平装书革命”也许可以被理解为嵌入并促进了那个时代的乌托邦政治，它是试图重建社会，使之成为一种更加自由、平等、明智，在意识形态上更为自觉的文化。20世纪70年代，人们开始摒弃文学的大众化营销，以重新树立文学的威望为目标，对其进行排版和装帧。大众智识主义过时了，平装书的出版中重新出现了学术和艺术的等级阶序(Worpole 1984，6-9)。然而，这一时期留给我们的是凸显出将文学作品再当代化的重要性，通过封面艺术表明它们在不断发展的文化媒介环境中的地位。自20世纪60年代以来，书籍封面一直是自学精神的可靠指南。正如一个15岁的孩子在1965年所说的：

> 我有时会有一种想好好读一读书的冲动，我埋头阅读卡夫卡的《城堡》(*The Castle*)已有约两个星期了。通常我不会这么干，但它看起来不错。我在书店里看了一圈，如果书封好看，我就会买下它。(Hamblett and Deverson 1964，188)

(李铀 译)

107

第九章 “现已改编为电影”：通过当代电影销售文学的复杂商业问题

瑞贝卡·米切尔
得克萨斯大学泛美分校

图 9.1　2005 年《傲慢与偏见》电影配套版平装本封面。经企鹅图书公司许可使用。引言和注释©费雯·琼斯(Vivien Jones)，1996，2003。

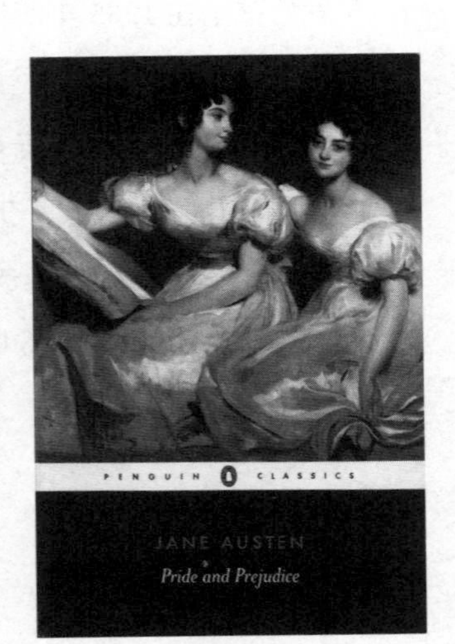

图 9.2　企鹅经典版《傲慢与偏见》平装本封面。经企鹅图书公司许可转载。引言和注释©费雯·琼斯，1996，2003。文本顾问的注释和年表©克莱尔·拉蒙特(Claire Lamont)，1995，2003。附录、原版企鹅经典导论©托尼·坦纳(Tony Tanner)，1973。

1986年，改编自E. M. 福斯特（E. M. Forster）同名小说（*A Room with A View*）的电影《看得见风景的房间》公映。评论家理查德·梅恩（Richard Mayne）在《视与听》（*Sight and Sound*）杂志上写道："我们从未忘记过这是一本书。"（1986，134）"这"实际上是一部电影。可以肯定的是，这部电影的文学性相当丰富，采用了章节式的叙事方式，忠实呈现了福斯特原文中的情节和对话，但它仍然是一部电影。梅恩的评论从电影的视觉性转到文学性，是一种典型的电影改编作品批评手法，即回归到原始材料来判断一部小说的电影版是成功还是失败。这是一种业界广为接受的做法，也是一种常见做法。 108

然而，对小说进行电影改编的效果是双向的。一方面小说可以影响电影的接受度和口碑，另一方面电影——特别是那些预算充足，可进行广泛交叉宣传的大制作——也可以影响原著小说的接受度。尽管没有评论家对电影的反应那么容易量化，但读者对电影带给原著的影响的反应，特别是对作为交叉宣传主要工具的电影配套版书籍封面的反应可能更加重要。

下面以一名英语专业本科生在阅读简·奥斯丁的《傲慢与偏见》（*Pride and Prejudice*）时的反应为例。在撰写本章时，这部小说再次被改编成电影。

> 这本书的封面让我完全没有阅读的欲望。我只找到一种企鹅版，封面上是凯拉·奈特利（Keira Knightley）明媚动人的大特写，旁边有个难看的大圈，里面写着"现已由焦点影业改编为电影"。我一直很烦那些为了看电影或者看完了一部糟糕的电影改编后才跑来读原著的人，所以我把封面撕掉了，不然我

真的受不了整天带着它到处走。①

这名学生看不上“为了看电影才读原著的人”,甚至在阅读这本小说之前,因此也是在她尚未就人物外貌形成自己的想象之前就是如此。她的这种不屑情绪影响了她的购书决定,然而这种反应在出版业对电影配套版书籍的讨论中和书籍封面的评价中常常被忽视,因为前者认为这种交叉宣传机会只会带来积极效应,而后者则主要关注封面的艺术价值。用以探讨读者和书籍之间关系的现象学方法可以帮助澄清读者与书籍文本和书籍本身(包括封面)的主观联系。现象学解读以及受其启发的读者反应学派最近正重新兴起(理论方面的例子参考 Harkin 2005,实践方面的例子参考 Warhol 2003)。现象学解读的复兴意识到读者大众一直以来就知道的事情:读者与书籍之间的直接的情感甚至身体互动是孕育乐趣、分析对出版业尤为重要的销量的肥沃土壤。

拜当今的名人崇拜效应所赐,如果小说封面上出现受欢迎的电影明星,其销量就会增加。把小说改编为电影似乎确实为这种互文性宣传创造了绝佳的机会:将电影明星的熟悉面孔与家喻户晓的故事人物相结合,吸引喜欢电影的消费者走进经典文学殿堂。但实际上,小说要想搭上电影的顺风车并取得成功并不是那么简单。出版商必须平衡两种相互较劲的目标:既要争取刚接触经典小说的读者——对他们来说,大热电影版中熟悉的剧照仍然是一种诱惑——又要维护那些可能觉得“经典”文本封面上出现电影图片格格不入的忠实读者。

109

① 感谢莫莉·麦甘恩(Molly McGann)允许本文转载她在 2005 年秋季学期课堂写作作业中的评论。见图 9.1。

从银幕到纸页：早期的互文性

由于小说为早期电影剧本提供了现成的素材，因此这两种艺术创作模式之间的关系在电影诞生之初就已经确立。通俗小说的情节经过了时间的考验，吸引读者的能力毋庸置疑；电影制作人以观众熟悉的故事为蓝本进行创作，可以在删减情节的同时保证观众仍能跟上剧情，特别是在无声电影的年代。将小说搬上大银幕看似容易，但实际上离不开对电影性质的一系列假设，例如，构建和欣赏视觉叙事也采取了一种与阅读类似的方式。可以肯定的是，这类假设在早期就受到了挑战，许多最大胆的早期电影作品，那些利用电影媒介固有视觉特性的作品，显然都未将小说作为原始素材（例如谢尔盖·爱森斯坦[Sergei Eisenstein]的《战舰波将金号》[*Bronenosets Potyomkin*]和罗伯特·维内[Robert Weine]的《卡里加里博士的小屋》[*Das Kabinett des Doktor Caligari*]）。当然也有例外，最明显的是乔治·梅里爱（George Méliès）的先锋科幻电影《月球旅行记》（*Le Voyage dans la Lune*，1902），这部电影的灵感就是来自儒勒·凡尔纳的小说。

小说一直以来都是电影业的灵感来源。根据莱斯特·阿斯海姆（Lester Ashiem）在其 1949 年未发表博士论文中的计算，“1935 年至 1945 年期间，主要电影公司发行的电影中有 17%[约 1000 部]改编自小说”。莫里斯·贝亚（Morris Beja）则计算过，美国制片公司制作的电影中，有 20%到 30%改编自小说（引自 Giddings 2000，21）。1975 年，杰弗里·瓦格纳（Geoffrey Wagner）估计这一比例“超过 50%”（27），并且这一数字仍在不断增长。

人们可能会认为，既然电影制作者一个多世纪以来都在从文学资源中获取素材，那时至今日大部分经典作品肯定已经被挖掘完了。然而事实上，电影业对拍摄同一个故事的热情似乎没有减弱，甚至还多次翻拍。不断变化的习惯、观众愿望、社会对原始文本的欣赏或反应，以及不断进步的技术，都促使电影公司愿意重新讲述早已在纸页或银幕上讲述过的故事。导演们对于制作和翻拍改编作品的热情，证明了主观性解读的力量。

也许正是这种主观性的交汇使得电影改编实践成为学术界特别感兴趣的话题（见 Giddings，Selby and Wensley 1990；Leitch 2003）。大多数关于改编的研究，其焦点一直是由文本产生的电影，少有研究关注改编电影上映后给原著小说的接受度带来的影响。110 造成这种不平衡的因素有许多，其中一些与两种艺术形式的内在性质有关。罗伯特·斯塔姆（Robert Stam）对这些偏见进行了探讨：

> 首先，它源于对历史**先在性**和**资历**的先验性评价：也就是说，假设**越早**的艺术必然**越好**……其次，对改编的敌意还源于假定电影和文学之间存在激烈竞争的**二元思维**……改编成为一种零和博弈，电影被认为是大举侵入文学领域的后起之敌……敌意的第三个源头是**偶像恐惧症**。这种对视觉艺术根深蒂固的文化偏见，不仅可以追溯到犹太教、穆斯林和基督新教的“雕刻偶像”禁令，也可以追溯到柏拉图和新柏拉图对现象外观世界的贬低。（2005，4－5，强调为作者所加）

这些文化偏见“根深蒂固”，似乎连斯塔姆都是站在小说电影版相对不如原著的基础上进行分析的，认为“不可否认的事实”是，许多改编作品是“平庸之作或误入歧途”。这些电影版本的质量欠佳完完全全是电影公司和电影制片人的责任，出版社愿意采用电影图像只不过是市场经济作祟罢了(例如 Cosgrove 2002, 16)。

事实上,电影已经开始成为小说的插图,尤其是在封面上,演员熟悉的面孔可以作为书中人物的插图。神奇的是,观众在看完电影后,竟然会去书店买下并没有刚才观影时那种特定视觉感受的原著,但其实这种现象并不罕见,而营销人员也从小说开始被改编成电影的那一刻起就利用这点进行营销。

两种艺术形式的故事

出版商向文本中注入电影视觉元素的生动案例之一,是林恩图书公司(Lynn Books)在 20 世纪 30 年代出版的精装书系列。怀特曼图书公司(Whitman Books)的“小小故事书”(Big Little Book)系列大获成功,为林恩图书和众多其他出版商提供了模板:一套廉价插图版故事书,主角多为流行漫画人物,如迪克·崔西(Dick Tracy)、小孤女安妮(little orphan Annie),偶尔也有几本缩写版文学经典,如《小妇人》(*Little Women*),主要面向年轻读者。林恩图书套用了“小小故事书”的模式,但主要出版近期有电影版上映的小说,并使用电影剧照作为该系列的封面和内页。从 1935 年中到 1936 年,林恩图书出版了 17 部小说,其中 10 部有相关电影,包括查尔斯·狄更斯(Charles Dickens)的《双城记》(*A Tale of Two Cities*, 1935)。这本书的封面设计采用了剧情中最紧张的画面,即西德尼·卡顿(Sydney Carton)站上断头台,准备顶替查尔斯·达内(Charles Darnay)赴死的那一刻。对于潜在的读者来说,比起西德尼·卡顿,肯定是罗纳德·科尔曼(Ronald Coleman)这个名字看着更为熟悉,他在 1935 年米高梅拍摄的电影版中扮演卡顿。于是科尔曼的名字大大地出现在封面上,甚至比狄更斯的名字还大,而封面下方还标有“米高梅出品”字样,让人不禁疑惑书里面的到底是狄更斯的小说还是米高梅的电影。

111 林恩系列重在电影与艺术的结合,除了在封面设计上做文章外,还将视觉元素注入文本,创造了对观众和读者都颇具吸引力的产品。例如,《双城记》一书中使用了80张电影剧照作为“插图”。而《野性的呼唤》(*The Call of the Wild*)中则附有86张剧照。忠于原文从来不是这个系列的主要目标。林恩版的维克多·雨果巨著《悲惨世界》(*Les Misérables*)只有192页,其中包括约68张来自由查尔斯·劳顿(Charles Laughton)主演、20世纪福克斯公司(Twentieth Century Fox)出品的电影的剧照。林恩系列的经典小说类似于如今经过大幅删节并配有大量插图的“插图版经典系列”(由现代图书馆和阿卜杜[Abdo]出版公司等多家出版社出版,不同版本间略有不同),也通过插图(这里是电影剧照)和精简的文字来讲述故事情节。林恩系列精装书的特点是封面色彩丰富,使用大量电影图片展示小说故事情节,价格低廉而且篇幅简洁,明显是为了那些跟小说比起来更有可能会先去看电影的读者设计的。该系列寻求的是愿意阅读电影版小说的消费者,这些消费者会选择这一版本只是因为这是他们所喜欢电影的文字版,而不是因为这是电影所依据的原始文本。此后的剧本小说寻求的也是类似的读者群体。这一消费者群体,特别是那些刚接触小说的读者,对于书商来说具有巨大的价值。正如诺兰(Nolan 2004)所说,电影这种视觉媒介对他们的吸引力使得电影搭售策略在这一市场中如鱼得水。

电影的大众吸引力和具有象征性的电影海报,为20世纪中期大量的世俗小说及其常见的低俗封面提供了稳定的灵感来源。在某些情况下,这种灵感在商业和艺术上都结出了丰硕的果实,因为著名的海报艺术家加入了书籍封面或封套设计的行列。如魏德曼

(Weideman)所述,在20世纪初的法国,“图卢兹-劳特雷克(Toulouse-Lautrec)、斯坦伦(Steinlen)、福兰(Forain)等著名海报艺术家将书籍封套当成迷你海报进行设计”(Weideman 1969, 6)。半个世纪后,海报设计大师的营销巧思在封面设计师这里发扬光大。早期的平装书遵循了精装书风格简约的传统,例如企鹅早期系列(1935—1938),采用简洁的图案设计,相关讨论见施罗德斯(Schreuders 1981, 9)。而低俗小说则借用了海报设计师创造的营销技巧,各式各样的性感元素,穿着紧身服饰的女郎摆出电影里的拥抱造型或挑逗性的视角,这些都是这一时期的特色。除了让人从视觉上联想到电影,这些封面还往往印有电影风格的文案。“她像乡村一样娇艳丰美,一样难以驯服”,哈里·惠廷顿(Harry Whittington)1956年的《欲焰情潮》(*Desire in the Dust*)就在封面上写着这样的挑逗之语,而这本书确实在1960年被拍成了电影。惠廷顿非常懂得如何在小说中运用电影技巧,除了世俗小说之外,他还为电影和电视剧写过小说和剧本(Lupoff 2001, 172)。《欲焰情潮》以及许多类似书籍的这种宣传卖点会吸引那些在书中寻求电影体验的消费者。

从20世纪30年代末开始,平装本变成了面向大众读者的世俗小说的标准装帧方式,封面插图往往挪用电影海报的意象和设计,即使是在某部小说没有电影改编,或者出版社没有获得电影公司图片授权 112 的情况下。[①] 例如,有一种与正版电影配套书擦边的版本,依靠公众对电影版形成的印象但又不使用改编作品中的图片。1951年出版的海明威《丧钟为谁而鸣》(*For Whom the Bell Tolls*)班塔姆版正是

① 虽然经典小说的文本几乎都属于公有领域作品(通常用作封面的精美艺术图片也是如此),但出版商争相通过拍卖购买电影剧照的版权。见 Norman Oder (1996), '"Sense"-ible tie-tins', *Publishers Weekly* 243(1)(1 Jauary): 36。

利用了这种公众记忆。马杨(Mayan)绘制的封面上，英俊粗犷的棕发男人正深情地望向迷人的金发女郎。乔治·罗波夫(George Lupoff)模仿消费者的口吻对这个封面做出了评价："有点儿像格里高利·派克(Gregory Peck)版的美国冒险家加上 1943 年电影版里英格丽·褒曼(Ingrid Bergman)演的那个金发碧眼的西班牙共和国游击队战士，虽然不完全是，但也差不太多吧。"(2001, 147)差不太多，也就是说让读者想起了电影版，勾起了他们购买的欲望。

这种插图式封面即使用在正版电影配套书上也很受欢迎，但到了 20 世纪 50 年代中期，电影剧照开始超过插图，成为电影配套书封面的主流(Crider 1979, 32－34)。出版商不需要印刷新版就可以进入这个利润丰厚的市场。皮特·施罗德斯在其有关封面设计的出色概述中指出，封套通常被视为一种可以快速使用、更符合当下的意象(例如相关电影提供的图片)的更新平装书封面的方法。施罗德斯特别提到两个例子，一个是 1948 年口袋书(Pocket Book)版《快乐无疆》(*Chicken Every Sunday*)的封面，另一个是 1949 年班塔姆的电影配套版《了不起的盖茨比》(*Great Gatsby*)，这个版本采用了艾伦·拉德(Alan Ladd)版的电影剧照作为封面。这两个版本的剧照封面与 20 世纪 40 年代流行的绘图或油画封面(Schreuders 1981, 116)形成了鲜明的对比，并为后来的电影配套版封面开了先河。

当今的交叉宣传

自最早的电影配套书推出以来，出版业从电影业那里获得的远远不止是小说封面的图片。电影业的营销和宣传方法成为书商的榜样，这不仅是因为电影业的营销预算大大高于出版商(Bolonick 2001, 17)，而且因为电影宣传的策略也适用于图书营销："宣布最新

力作登场，公开展示其内容和吸引力，直接在大街上告诉观众怎么样才能观赏到这部作品。”（Hyde 1977，47）

这两个行业之间的重合度越来越高，除了原著小说外，电影搭售产品的范围进一步拓展，纳入了辅助文本和其他文学相关产品，例如有声读物。1996年，由李安执导、改编自奥斯丁同名小说的《理智与情感》（*Sense and Sensibility*）上映，掀起了一系列电影相关产品的销售热潮，包括附有电影剧照的电影封面版小说，以及不带电影宣传的企鹅版小说、艾玛·汤普森（Emma Thompson）编剧的电影剧本和有声读物（Maryles 1996，322）。这种与电影相关的文学作品大受欢迎，连“原创剧本往往也会同时进行‘小说化’，即出版电影小说”（Giddings 2000，22）。电影作品小说化表明了一种将观影经历具象化的愿望，也就是将转瞬即逝的体验化作文字，永久地固定下来。这种愿望非常强烈，兰德尔·拉森（Randall Larson）的《电影到书籍》（*Films to Books*）中记录了2500多部这样的电影小说（Larson 1995）。

113

毫无疑问，一部电影也可以通过提前发售配套小说进行互相宣传以取得更好的成绩。某些情况下，电影版封面设计会在电影上映前数月发布，电影公司希望能借此在小说爱好者中制造话题，引起对电影版的讨论（Maryles 2001，19）。但是，从电影版交叉宣传中获益最多的是出版商。电影配套小说如今已非常普遍，而且是一种非常重要的宣传工具，连行业期刊《出版人周刊》现在都会定期列出清单，介绍即将推出电影版的小说。除了交叉宣传的机会外，电影配套版经典小说还有机会提高定价。“企鹅经典”版《傲慢与偏见》（图9.2）的售价为8.00美元，而封面上有凯拉·奈特利和马修·麦克费登（Matthew MacFayden）的电影版则是10美元。封面的改变并不是只限于图片的更换。虽然两本小说的内容完全相同，但企鹅公司采用了电影公司选择的标题,将奥斯丁书名中的单词"and"换成了电影片名中的符号"&",进一步模糊了文学和电影之间的界限。

这种愿意采用小说电影版外观(在上一个例子中甚至包括标题)的做法说明了潜在利润的力量:"一部经典或文学作品被拍成电影时,会提升人们会对这本书的兴趣"(Pedersen 1993, 2),这似乎已经成为一条举世公认的真理。而行业刊物上的大多数讨论都相信"所有宣传都是好宣传"。当被问及电影配套书是否存在生产成本风险时,美国企鹅图书公司平装书交易销售主管帕特里克·诺兰指出:"其实没有什么风险——火了一次就能一直火下去。"(Nolan, 2004)

读者与电影主演

电影配套书是一种可以赚钱的交叉宣传工具,电影厂商和出版社双方都能从中获益,这一点已得到充分肯定。但是,当我们回到本文开头引用的英语系本科生评论时,这两个行业之间的轻松关系就变得复杂起来。对出版社来说,电影配套书似乎前景广阔、大有可为,但为什么会在读者中激起如此强烈的反应呢?而且为什么这种反应往往是负面的呢?甚至连那些不熟悉原著小说的读者也是如此?要回答这个问题,我们必须跳出销售数字,关注阅读体验,并且再进一步,关注阅读时的想象体验。

现象学作为文学(以及哲学)话语模式的兴起与电影的兴起同步进行。读者反应学派受胡塞尔20世纪初将经验看作理解个体现实本质的手段的影响,为对诗歌、小说乃至电影的主观但"知情"(Fish 1970, 145)的反应赋予价值,将其视为生成意义的场所。验证个人对小说的阐释和解读意味着验证个人的心理图式,即个人在头

脑中解释和构建叙述的方式。改编理论可以提出标准来判断改编 114
作品在事件、语气或“宇宙”方面相对原著小说的忠实度,但不太适合用来解释为什么一个演员在一个读者眼中可能正好适配他喜欢的角色,在另一个读者眼里却是大错特错。虽然读者反应学派作为一个文学批评学派在20世纪80年代陷入停滞,但它是时下用来理解读者对小说封面的强烈的个人反应最有效的方法。

目前受欢迎的经典小说封面是古典美术大师的画作,其中大多数描绘的人物都不为当今读者所知。例如,“牛津世界经典书库”的《一位女士的肖像》(*Portrait of a Lady*)在封面上使用了亨利·方丹-拉图尔(Henri Fantin-Latour)的作品《索尼娅的肖像》(*Portrait of Sonia*)。它代表着书中的伊莎贝尔·阿切尔(Isabel Archer)吗?还是就跟标题的意思一样,是“一位女士”的肖像,而没有任何具体指涉?苏珊·桑塔格(Susan Sontag)写道,“无论从何种意义来看,都没有人会将画架上的画等同于画中的人物”(1989, 155),可能只有画中人物自己会这么想。作为封面插图,这幅图可以被理解为不是小说人物的肖像,而只是一名当代女性的肖像。这样的图像因此具有通用性,作为一幅填充图像而存在。这些封面都是公有领域内古典大师作品,在读者想象塑造人物形象时提供了一些留白或是想象的空间。

如果以一个具体形象填补这个空间,让读者觉得这个形象就是小说中的某个特定角色,更重要的是,让读者觉得这是跟自己生活在同一个世界里的个体,那么封面艺术就不再是供读者自由想象的空间,而更像是一种限制。当演员的外表和举止与读者心中的人物形象相悖时,可能会导致失望甚至是敌意。西摩·查特曼(Seymour Chatman)提出:“一个有趣的理论观点认为,评价性描述在读者脑海中唤起了视觉上的阐述。”(Chatman 1999, 442)电影的视觉修辞所要求的细节有可能与读者“视觉上的阐述”相矛盾，从而使观众感到格格不入。

即使在文本中的“真实”人物确实存在的情况下，读者与作者或人物的关系以及读者与那个人物的电影形象的关系之间的界限也可能变得模糊不清。1993年，维京出版社（企鹅出版社的子公司）出版了雷纳多·阿里纳斯（Reinaldo Arenas）的回忆录《夜幕降临之前》（*Before Night Falls*）的译本。这一版采用了低调设计，以作者的黑白肖像作为封面。2000年，导演朱利安·施纳贝尔（Julian Schnabel）基于该书拍摄传记片时，企鹅出版社出版了电影配套版小说，封面上印着的是主演哈维尔·巴登（[Javier Bardem]复刻了电影海报）。这个封面使文本和电影之间的联系变得更加复杂，因为这部小说是一本自传。与人物都是虚构的小说不同，阿里纳斯是真实存在的，而且也有他的照片。把一位演员的照片放在封面上，而这位演员又在以作者为原型的电影里扮演作者，这就让读者不得不去思考，阿里纳斯到底应该在图中的什么位置。

问题的核心是阅读文本和阅读电影图像之间的区别。两者都涉及“看”，即通过视觉获取信息，但相似之处似乎仅此而已，至少对文学批评家来说是这样。罗兰·巴特（Roland Barthes）就指出：“叙事并不能显示出在阅读小说时，可能让我们感到兴奋的激情，而这并不是‘视觉’感官上的刺激（事实上，我们并没有‘看到’什么）。实际上，那是一种意义上的激情，是一种更高层次的激情，蕴含着情感、希望、危险和胜利。”（Barthes 1977，124）如果“意义”调动起了读者的情绪，那是因为这意义是由他们自己构建出来的；对电影中视觉叙事的理解似乎更直接，不需要过多的构建。根据巴特的理论，从“意义”中获得的激情不同于从“视觉”中获得的激情，是“更高层次的”，这种价值判断延续了看似隐含在改编理论中的小说的优越

115

地位。乔治·布鲁斯通(George Bluestone)同样对比了理解电影所需的直接感知与理解语言所需的“概念理解屏障”(Bluestone 1966, 20),认为图像也没有经过“概念理解”的屏障过滤,这种观点是片面的,特别是演员在银幕内外的形象都经过精心设计时,但在小说被改编为电影这件事上,不少读者的反应往往带有这种偏见。

电影改编是将文本简化为视觉内容,而不是通过视觉来丰富文本,这一观点在弗吉尼亚·伍尔夫(Virginia Woolf)1926年对文学经典电影改编作品的严厉抨击中得到了呼应。那名购买《傲慢与偏见》的学生是在阅读小说之前,因此也是在她形成心目中的人物形象之前就对封面表示反感,与她不同,伍尔夫对改编电影的反应源于通过阅读经验建立起的对人物的亲密熟悉感。她写道,改编的“结果”对文本和电影都是“灾难性的”。

> 这种连接是不自然的……眼睛说“这是安娜·卡列尼娜”,一位穿着黑色天鹅绒、戴着珍珠,风姿绰约的女士出现在我们面前。大脑却说“这不是安娜·卡列尼娜,就跟这也不可能是维多利亚女王一样”。因为大脑对安娜的了解几乎完全来自她的内心——她的魅力、她的激情、她的绝望。电影强调的却是她的牙齿、珍珠和天鹅绒。(Woolf 1926,309)

虽然伍尔夫关注的是对外在形象的过度强调,以及对内在、精神和思想性的描述之间的对比,但她的批评也提出了关于根据读者的体验去准确描绘安娜,而不是单纯依靠小说对她的外表描写的问题。“这不是安娜·卡列尼娜,就跟这也不可能是维多利亚女王一样”可能也指电影版安娜·卡列尼娜跟伍尔夫对人物的想象相差之远,就好像不可能有人把她当成维多利亚女王一样。在伍尔夫为

《新共和》撰写这篇文章时，托尔斯泰的这本小说至少已有四个电影版，女主角分别由伊伦·瓦尔沙尼（Irén Varsányi）、利亚·马拉（Lya Mara）、贝蒂·南森（Betty Nansen）和玛丽亚·格曼诺娃（Mariya Germanova）扮演，其中没有一个符合伍尔夫通过阅读建立起的人物形象。

演员们深知读者和文本之间的这种关系，以及化身角色登上银幕难免会让读者失望。克拉克·盖博（Clark Gable）之所以对《乱世佳人》（*Gone with the Wind*）中的白瑞德（Rhett Butler）一角不感兴趣就是因为这种压力。他在电影纪念册中写道："米切尔小姐已经把白瑞德刻入了几百万人的心中，他们每个人都知道他是什么样子、什么做派。要让他们都满意是不可能的。一个演员如果能取悦大多数人就已经很幸运了。"（Dietz 1939, 13）他的这种批评，以及伍尔夫的批评，不是因为偏爱小说的内在本质，而是担心破坏读者和文本间的亲密关系。读者对小说的主观体验，以及对小说人物的身体特征的补充心理想象（如果这种想象确实发生了），取决于个体思维的不同理解。虽然某种共同的"互为主体性"（按胡塞尔的说法）使人们有可能对一个角色产生某种共同的想象，但仍有可能存在着严重的隔阂。

116

正是这种可能的隔阂，导致出版商和书商对随处可见的经典文学作品的电影配套版感到多少有些不安，尽管这类产品有可能带来不错的收益："让人感到不舒服的是，现在小说往往只被看作电影的附属品或广告媒介。"（Wagner 1975, 43）瓦格纳的不安是一种焦虑的表现，即担心小说失去它的主体地位；它也表明了重文学作品、轻视觉产出的观点仍有深远影响，尤其体现在书店老板身上。然而，书商也要面对读者的不满。企鹅公司副总裁玛西娅·伯奇（Marcia Burch）指出，并非所有的书店都喜欢上架电影配套版："他们抱怨这种版本看起来很垃圾,档次不高,配不上他们的顾客群体。”(引自Pedersen 1993, 24)这些反对意见往往源于读者的购书体验,显示了罗伯特·斯坦姆指出的文化偏见:“我认为拿一本19世纪的书跟电影搭售,再配上带演员照片的封面,多少会让整本书显得廉价。”(Pedersen 1993, 24)这些担忧表明,让书商感到焦虑的是,关联电影版会有损其产品的销量和文学性。这反映了罗伯特·斯塔姆的观念,即资历(“小说不过是电影的附属品”)和图像恐惧症(“配上带演员照片的封面……让整本书显得廉价”)是批评界支持文本/反对电影偏见的原因。然而,这些担忧并没有涉及读者的想象和电影形象之间的关系的问题,即在伍尔夫对《安娜·卡列尼娜》的批评和盖博对扮演白瑞德的焦虑中表现出的问题。

因此,通过电影销售小说是一个复杂的商业问题,因为它不仅仅涉及销量和共生宣传策略这些表面内容。在营销畅销小说时,采用改编电影中演员的一些特定的相片,会引发这样的质疑:读者个人在为故事创造一个想象世界时能够发挥什么作用?在针对这一主题的批评或理论讨论中显示出的针对小说的那些偏见可能也出现在某些排斥电影配套书的读者身上。在脑海中创造人物形象,甚至没有对人物形象的想象都是非常私人的,把现代演员的具体形象甚至照片与小说人物联系起来有可能会导致失去一名消费者。但是,被这些配套版吸引来的消费者所带动的销量足以让出版商有理由继续出版这类版本。为了解决这一难题,出版商提供普通版和电影配套版两个版本,除了封面,二者内容完全相同(Nolan, 2004)。但是,封面图片的影响力要求书商必须同时上架两种版本——哪怕只是为了让本科生不必把小说封面撕掉而已。

(贺晏然 译)

117

第十章　现实生活：线上书店中的图书封面

亚历克西斯·威登

贝德福德郡大学

图书的副文本要素好比大厅门槛或入口，热奈特的这一描述有着巨大的隐喻性力量(Genette 1997)。图书封面可以被视为我们匆匆一瞥、初窥文本的门径。带插图的封面既是广告又是挑逗，一面揭示着一面又遮掩着具体内容。它是在图书销售中大众商业性竞争与私密的文本世界中作家对读者的悄声言说之间的一道门槛。在书店或图书馆里，它就是谈判与抉择的场域。这些封面逗弄着我们——应当翻看这本书吗？应当买下这本书吗？它会带给我们想要的愉悦吗？尤其是当它引发的浏览行为变成某种选择上的愉悦，并且可能揭开一部作品销售和消费序幕的期盼时。

书店的内部设计师很明白浏览的重要性，这一点明确地体现在他们的设计布局中。尽管方式有所区别，但图书馆也是如此，鼓励读者进行反思性选择。这样的空间都会有实体线索,不仅仅体现在标识上,还在于书架的高度和可见性、家具的选择和摆放、室内地面的色彩和材质纹理、自动扶梯和楼梯走道的位置,这一切都能够向我们揭示这一空间布局背后的故事、包含的内容和所服务的群体。

根据市场营销的理念,图书封面被应用于这一空间,组成书店中可供选择的标题。无论图书上架是平铺还是竖排都要露出封面,因为读者需要通过它看到店里有哪些内容;它还会展示出哪些是新品,从而吸引消费者们走进书店。远处能看到的就是封面,是消费者在标志的指引下穿过这片空间前往的所在。无论是通过电视和广告的宣传,还是形成口碑的推荐和书评等更传统的形式,书店就这么被设计为能够使消费者潜在的消费欲萌发的地方。架上的图书根据派别、体裁、作家、生活方式或影视改编等分门别类地摆放。

从书店的门口望进去就能看到这些。剑桥镇的水石书店那弧形的临街橱窗正对着店里"买三赠一"优惠的柜面,上面堆满了书,在旁漫步扫视的人们就可以直接俯视这些畅销文体的封面:小说、传记、诙谐故事。右边是带着"理查德和朱迪读书俱乐部"精选和"剑桥推荐"标签的书架,为了展示其封面,封面朝上摆放着,下方的卡片上写着工作人员的推荐词。左边则是"影视改编"精选,同样也为了突出封面朝上摆放以展示(出演的)名流的面庞。顾客的目光可以穿过特惠柜台看到后面的书架,然后可能被封面、推荐卡片所吸引。而在更大型一些的店面,如鲍德斯旗下封面向外的书店的后墙上还有内嵌式的书柜,以吸引消费者进店一观。在两旁也放有少量的封面朝外的图书,在最初的吸引后继续勾住人们的眼球。当然,这一切确实也取决于图书的类型:烹饪类图书显然比法律类有更多的插画。在内嵌式书柜的两边,有时还会像下图(图 10.1)这样张贴一 118

图 10.1　在剑桥的鲍德斯书店,《戴珍珠耳环的女孩》DVD 被放在同名小说的旁边,周围是些读者可能一读的雪佛兰(Chevalier)的其他小说。2003 年 9 月由亚历克西斯·威登拍摄。

些宣传海报,直接将图书和明显有联系的其他媒介形式——如 DVD、有声书等——或其他同类书籍归在一起。

书店的布局也非常便于浏览。坐落在米尔顿·凯恩斯(Milton Keynes)的水石书店就为浏览者在门口专门设置了小黑板,标注着作家签名会的具体日期、时间,以及一些当地热点。在入口的另一端是摆放着作家作品的书桌,有时会张贴上图书封面、作家的宣传海报,还有用指引顾客按秩序排队的红色丝绸质地围绳凸显出的名人周边。从这一入口,浏览者还能看到书店斜对角处的自动扶梯旁标着“咖世家（Costa）请上楼”的标志。

从体裁的标签到对作家采访、签售的文字推荐，热奈特所说的副文本要素在书店的物理空间中非常明显。顾客的浏览顺序深受这些文字的引导。线上书店需要在效仿这种环境的同时与之竞争。使用线上信息的人群基本上都是有选购目标的，然而这些目标任务的完成有时并不能完全满足顾客的需求。在一项对线上零售杂货店的研究中，斯文森等人通过观察设计师如何寻求通过延长目标任务的挑选过程，来获得“一种带有特别情感及影响力特质的综合性浏览体验”（Svensson *et al*，2000，260）。设计师不仅加入了令人愉悦的社交体验的导引链接，如聊天室、游戏、竞答、英佰瑞（Sainsbury）连锁零售超市的“食谱、文章和创意”及易趣网（eBay）聊天版面的超文本链接等，更重要的是，他们还引入了社交导航的创意，允许用户通过发布食谱、推荐食物等各种方式互相帮助。莫尔斯沃思和邓杰瑞-诺特（Molesworth and Dengeri-Knott，2005）对易趣网上在线拍卖会的研究表明，部分用户访问该站点单纯是为了享受竞拍出价的愉悦感。这或许就像赌博一样，是一种无论是在线上还是线下的娱乐市场上都并不令人惊奇的、高收益的消遣活动。许多源自大富翁的游戏包含着类似于拍卖会包间里的那种竞价的刺激感。但在易趣网的这一案例中，有所不同的是风险成分和真正的资金投入。从杂货店购物到拍卖会，线上环境恰是一个专为顾客设计，通过共享、交互的电脑终端探索社交与消费的愉悦感的特定空间。

119

一项对图书封面在浏览行为中扮演角色的分析表明，书封比网页文本中的相关链接或者海报广告明显能吸引多得多的点击浏览。通过构建浏览的线上环境，一些书店的设计师就创造了一个可以叙事的舞台和道具。搜索、选择、通过推荐（留言或帖子）与他人的互

120

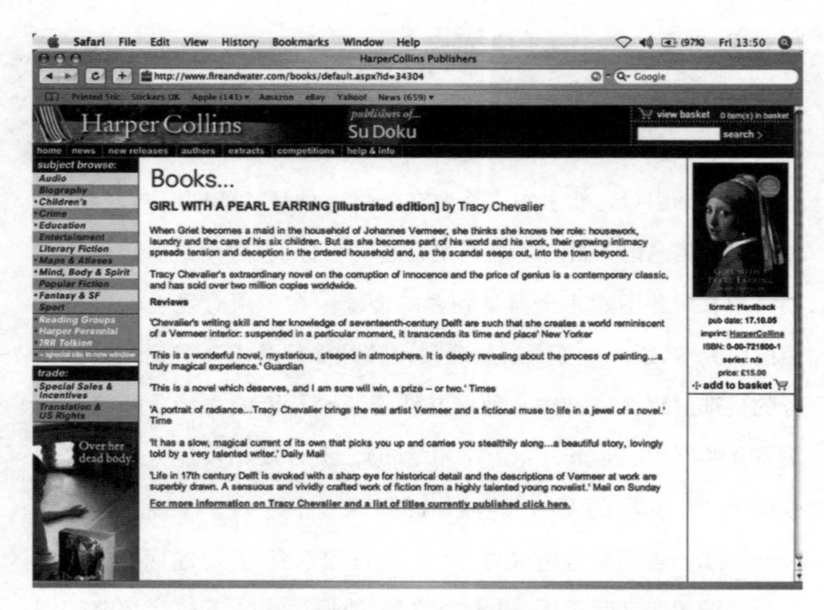

图 10.2 哈珀柯林斯在线书店网站。©(2006)哈珀柯林斯出版有限公司。

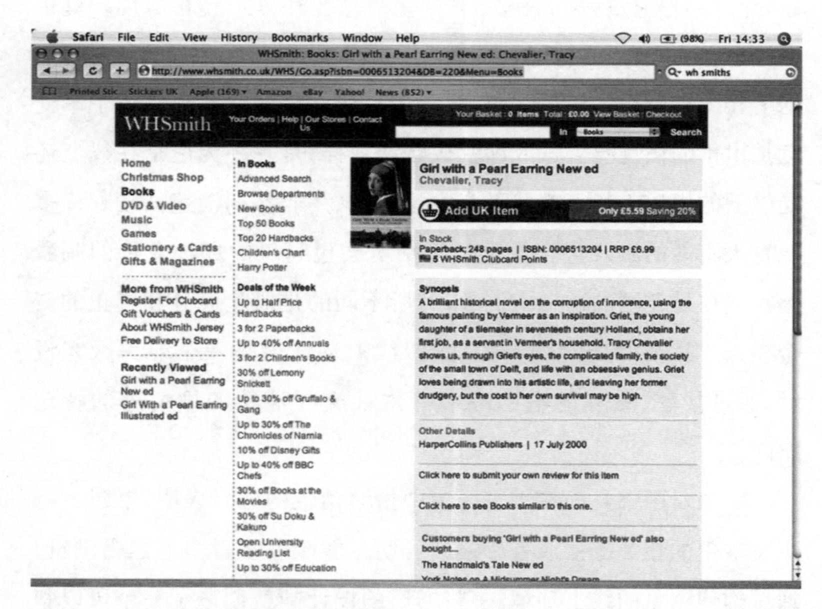

图 10.3 WH 史密斯在线书店网站。经 WH 史密斯许可使用。

动、排名列表及投票系统、最后的挑选及购买或出价行为等一系列相当严谨的过程组成了一个叙述性决议的结构。当然,数字化的叙述也不一定就得是单线条式的,还有多种途径,用户可以不断地点击同一个链接、反复阅读那些图书推荐和书评,以便对他们的选择进行比较。在对旧有的图书推荐与书评宣传方式的补充、满足顾客对新出版刊物不同渠道的个性化需求、响应出版商的促销活动,以及加入心愿单的大量购买书单等四方面,因特网书店做得尤为成功。

尽管如此,线上出版社和书店的发展方式还是有许多明显的区别。比如在奥塔克斯(Ottakers)书店的网站搜索"少女 珍珠"[①]的话,你找到的会是一个几乎不含缩略图的疏朗的布局。这一页面看起来就像一本有着作家专栏(约塞连[Yossarian]的日记)、新闻(科幻/奇幻/恐怖小说连载)、益智小测试和读者反馈的杂志。而在哈珀柯林斯线上书店进行同样的搜索时,你找到的则会是一张更像是图书馆目录的清单(如图 10.2)。通过链接,可以进入一个页面,右边一栏排着缩略图,中间区域显示内容简介、书评、带插图的作者访谈及其他副文本文字等。这一站点相比于其他线上书店能更多地向浏览者呈现其作者、其他相关作品和各种批评性意见,但在结构上层级明确,设计目标是提供信息而非创造一次浏览点击量。WH 121 史密斯(图 10.3)允许用户"浏览同该作品相似的图书"并"提交你的个人书评",还允许浏览者出于好奇,查看其他顾客的购书单。"相似图书"的链接会将你引向一个有着塞西莉亚·艾亨(Cecelia Ahern)、本·埃尔顿(Ben Elton)、妮可·里奇(Nicole Richie)等人作品封面缩略图的页面,这一筛选依据的是作品体裁,就像封面明确、

① 原文为 girl pearl,此处指"戴珍珠耳环的少女"。——译注

直接地展现给浏览者看到的那样。而“其他顾客还曾看过”的链接则有着不同的逻辑：作为跳转到新标签页的链接，这些推荐会显示出顾客购买玛格丽特·阿特伍德的《使女的故事》(*The Handmaid's Tale*，1985)，“约克导读”(York notes)系列中的《仲夏夜之梦》(*A Midsummer Night's Dream*)，夏洛特·宾汉(Charlotte Bingham)的作品《南希》(*Nancy*)，以及其他如马娅·安杰卢(Maya Angelou)的《我知道笼中的鸟儿缘何歌唱》(*I Know Why the Caged Bird Sings*)等收录于“约克导读”系列的作品。相反，英国版亚马逊网通过把缩略图放在顾客的推荐列表而非“还想购买”链接旁的方式，运用这些图片来激励用户之间进行社交互动。但是这也就使内容概要、出版商的简介或亚马逊评论都呈现在主页上，读者评论则在下方。

有趣的是，在WH史密斯和亚马逊网英国版的实际应用中，两者都试图通过网络文本这一方式促进浏览叙事的构建。图书封面的图片(大多是封面的扫描缩略图)和周边的其他网页文字共同组成浏览信息。因此，读者读到的出版商提供的图书简介和书店里的并不相同；这些简介(或书店给出的独家故事梗概)在下方出现，而将这些简介从书中分离开来的形式使之具有了与原文本不同的批判距离。幽默诙谐、机智反讽的故事简介被描述性的梗概、跳转链接或报纸书评选段等所取代。由此，封面当中的一个关键成分消失了。网上的个人推荐变成了读者评论，有些被视为“顶级”评论员的看法或焦点评论。在亚马逊网，图书推荐清单经常出现跨媒介作品的推荐。例如，塞西莉·冯·齐格萨(Cecily von Ziegesar)的《绯闻女孩2》(*Gossip Girl 2*)页面上就有着源自《出版人周刊》的引文和一段梗概，这段梗概或许出自布鲁姆斯伯里出版公司美国分社，透露了市场营销计划(“我们将会自2003年起，通过积极而前沿的营销推广策略，定期推出吸引眼球、反响热烈的系列丛书。引人入胜，这一系列可真带劲儿!”)。向下滚动鼠标来到读者评论区,该书已经被Designer Diva-Alicja这位正巧研读过全套该系列作品的“学生”评价过了。她发布了个人推荐的20部作品列表,其中就包含了“圈内人”(Insider)系列(由布鲁姆斯伯里出版)、电视节目,以及《绝对精彩》(*Absolutely Fabulous*)、《欲望都市》(*Sex in the City*)、《罗密欧与朱丽叶》(*Romeo and Juliet*)和奥黛丽·赫本影片全集等诸多电影。纵观这些名单可以发现,用户或多或少受到了这些相关评价、品位与兴趣的相似性和个体推荐的影响。这一点与身份认同密切相关:我是否也感兴趣呢?如果是的话,我或许也可以尝试一下这些推荐。一旦将自身归属于一个拥有共同兴趣的集体,那么这个集体的“曾购买过”列表就很容易刺激消费欲。这种归属感还会参与某种内部叙事,使用户在搜索和选择商品、比较并评估他们自身需求的过程中逐渐偏离。通过多种方式,以及和各种人物的互动,这一购买目标就落在了故事之后,浏览者开始和其他消费者进行互动;他们很享受这种延展到其他领域的交流——既有社交意义上的,如通过作品推荐和其他方面,也有文化上的,即涉及共同的兴趣,以及通过媒介实现的相互理解。

针对网购图书,一种常见的批评是读者不能够真正接触到实物,具体来说,就是把书拿在手上、读一读它的封底页或打开封面翻两页的需求。这种物理上的实际接触是在浏览过程中获得满足感非常重要的一部分。如果你不相信的话,可以走进一家商店,不碰任何东西试试;这种体验的愉悦感明显要少很多。当然,商家也不希望他们的商品被污损。必须承认,即便在多数情况下书店里的书可以拿到手翻开看一看,也不是在所有书店都能如此。譬如,在英国的零售店沃尔沃斯里卖的DVD和图书的组合套装是带有安全标签的透明塑料包装,因此无法打开看。鲍德斯和亚马逊的网上书店

122

响应了浏览者翻看内页的需求，提供了部分 PDF 格式的作品预览。这些缩略图上添加了水印，标明了仅获得该书的部分版权许可。点击图片，可以看到的是一个实际大小的图书封面和可供大致翻阅的几页内容的扫描件。通过这些图片，用户在网上可以像在商业街上的实体书店里那样，穿梭于热奈特所提出的入口之间；而这些阅读片段可以通过亚马逊网或谷歌检索到。这意味着图书的导读梗概和前几页的内容选段在网上俯拾即是，热奈特所言的虚拟门廊随处可见。

网络世界中，各种媒介间的相关性，好比图书与电影，通常大于传统意义上的差别和分层。在像亚马逊网或 WH 史密斯这样提供多种多样媒介形式商品的平台上，这一特征在初级检索时就会体现出来。就如特蕾西・雪佛兰的小说《戴珍珠耳环的少女》，该作被改编为电影(Peter Webber, UK, 2003)。在亚马逊英国官网上搜索与"少女 珍珠"相关的全部媒介商品时，结果中并不会专门区分不同的媒介形式，不过 WH 史密斯的线上书店会以蓝色线条将不同的媒介形式分隔开。但这两者图片的大小有时难以区分；影视原声的音频 CD 上的是最大的缩略图，而在商店的书架上则是最小的，用户需要看清说明文字才能区分它们。除此之外，有声书和平装书尤其难以分辨。在所有的线上书城中，封面图像都是以图标形式出现的，因此难以体现出这些媒介的实际形式，尽管有时会通过人物肖像或风景图片的形式有所体现(就像有声书后附的磁带或 CD 光碟那样)。笔者发现的唯一一家生动呈现图书图像的实际样式的网站是 bol.com，它采用的并不是按钮广告或标签链接形式，而是一张更大版本的图片或亚马逊网上有版权的文件材料。实际上，这些封面图像因为没有设置超级链接，并没有入口的作用。

当亚马逊网和 WH 史密斯线上书城对不同媒介的作品一视同

仁、并不区分时,封面上的这两张图片本身就说明制造商对他们商品的市场和地位有非常明确的认知。检索《戴珍珠耳环的少女》的封面图片时,跳出来的分别是维米尔的同名画作和一张电影剧照;这两者所承载的不同文化内涵将图书和电影区分了开来。绘画有着明晰而直接的文化价值,几乎出现在该书所有版本的封面上;1999 年哈珀柯林斯发行的版本有一张包含了维米尔画作缩影的插图。这幅图片还出现在千禧年平装本的封面上,铺满了整个封面,哈珀柯林斯发行的录音带、朗读版 CD 和字体放大版也是如此。羽毛出版社(Plume Books)2005 年推出的版本也采用了这幅图片,还加上了显眼的蓝色条纹。同年 10 月,哈珀柯林斯出版的精装本封面还添加了一个头饰式样的圆形浮雕,标明这是一款采用了新版材料和插图的限量发售版本。在 bol.com 网页上,这一缩略图还配有说明改编电影和维米尔画作之美的文字,以便增强对小说的购买热情,而亚马逊网则引用了出版商的评价:“本书全文中插入的 9 张维米尔画作均采用全彩印刷,以庆祝这部当代杰作达到百万册的销量。”这一表述中的逻辑非常明确:图书和经典之作都是可以传世的艺术瑰宝。

123

出版商希望构建这样的联结并不令人奇怪:该书正是一个基于维米尔的家庭和女佣所虚构的故事;然而它在媒介理论方面产生了奇妙的共振。作为一名重要的早期媒介理论家,瓦尔特·本雅明(Walter Benjamin)通过《机械复制时代的艺术作品》(*The Work of Art in the Age of Mechanical Reproduction*,1935)中的分析,强调了关于原作和复制品之间的差异性问题。他举出的一个例子正是古老的经典画作在 19 世纪中期的机械化背景下经过彩色印刷生产出来的数以千计的复制品。他认为如果把它们投入广大的市场之中,它们就会一天天为人所熟知,但只有具有原真性的原作能够不断地令观赏者惊叹。本雅明对灵晕的定义在媒介研究领域尤为重要，他坚持认为电影或其他可复制的媒介形式都不能蕴含它。正如博尔特(Bolter)界定的那样，"灵晕通常可以被理解为一种心理状态，是观赏者在凝视一项艺术作品时所经历的某种态度或感觉"(Bolter 2006,26)。以画作为封面图片就能使读者在阅读该书时获得某种更具原真性的体验吗？就这一点而言，影片和DVD的封面其实是遵循着传统的大众接受度，而非追求这种原真性，其封面图片反而是画作的一种超媒体形式。

考虑到线上书店的图书类型缺少了空间上的划分，线上的图书封面则需要以一些复杂而明确的方式来表明作品的体裁。广受认可的历史名画常被用在经典图书系列的封面上，以凸显其文化价值并暗指其特定的历史时期。历史小说的封面有时也会采用与其时代相当的绘画或文物来体现故事所发生的时期。同理，历史传记也多采用与主题相关的绘画作品。尽管并不一定是古老的经典之作，但这三类体裁对历史悠久画作的运用使得对雪佛兰小说封面的阐释变得意义模糊，反而明确了该画作是小说最初灵感的事实。

DVD的封面采用的是一张电影剧照，但并非真正来自影片的截图。这张剧照是由维米尔的画作和一张明确表明电影的历史爱情片体裁的图片组合而成。剧照中还展现了雪佛兰对画作的叙事性阐释，以及对画家与他笔下的模特之间似有若无微妙情愫的捕捉，映射了作家在影片的关键时刻对男女主人公之间的关系经过简化、并不完全准确的解读。(在影片揭露家庭内部的权力关系的同时，剧照并没有关于主人公维米尔将妻子的珍珠耳饰戴在女佣刚刚穿了耳洞的耳朵上时所蕴含的复杂而幽暗的叙述。)DVD和小说的组合套装采用的是带黄色边框以及附加获奖、提名等标签的电影剧照。(获10项英国电影学院奖提名和包含最佳女演员、最佳外语片在内的3项奥斯卡金像奖提名。）这些都是给书店浏览者的额外推荐条目，尽管这些封面上的奖项在网上的缩略图中不太清晰可辨，只有通过放大的图片才能看到。图书封面在图书和电影之间搭建了紧密的联系，用封面和封底上简单的图案来象征一本翻开的书和一部电影。其实对"DVD＋小说"套餐来说，消费者既是电影观众又是小说读者。这就引发却又暂时回避了一个常见问题：先读还是先看哪一部呢？还是两样都买了，回去再决定吧。虽然从肖像学来说，小说和作为附加物的DVD一样采用的是"DVD＋小说"组合装的电影剧照为封面，不像该书的其他所有版本采用的都是维米尔的画作图片。这标志着图书领域内一种文化态度的转变：人们不再要求印刷文本一定具有首发性或原真性。作品多样化的媒介形式其实都是复制品，对消费者而言它或许丧失了叙事的"原真性"，而是被改造成为其他的媒介形式。人们最初可能是通过观看电影、阅读小说或玩电子游戏的方式接触到一部作品，而后续的了解则会受到之前体验的影响。书店的线上环境复杂，不同媒介之间的界限早已被打破，并且不局限于此。生产商正在尝试产品升级，准备将每部具有创造性的作品的多种相关媒介形式（小说、电影、有声图书、电影配音）的具有版权性质的素材结合起来，打造成周边产品、典藏版、主题假日游等等。

124

为了更好地说明线上书店为了创造浏览的愉悦感所运用的方式，还有第二种有效的隐喻：布伦达·劳雷尔（Brenda Laurel）在《作为剧院的计算机》（*Computers as Theatre*，1993）一书中强调的概念化。这一隐喻在舞台空间和虚拟空间之间进行了比较，简单来说，屏幕就是一片舞台，用户扮演某个角色或主人公，图标则是舞台道具。一个故事是由主人公和舞台道具之间的互动创造而成的，因而这一隐喻丰富了叙述的要素。劳雷尔（Laurel 1990）的"叙事界面"跳出了亚里士多德学派对叙事的定义，创造性地提出了通过用户和与超文本事物相连接的图标之间的互动，以电子屏幕来形成叙事的观点。这是一个超出了热奈特在著作中提出的对叙事的文学性定义的概念。实际上，叙述声音本就是用户以智慧在屏幕之间，结合图标创造出的一个故事；而讲述者和受述者共享的也是同一个世界。劳雷尔后来于1993年修正过她的论点，补充了这些故事需要被写进计算机系统的设计之中的观点。这样的"叙事结构"存在于许多现实游戏与网络游戏之中，如彩弹游戏和"入侵者"，都需要一个允许参与者根据游戏规则选择各种各样的参数的叙事背景。然而这种不同的变形也引起了侵权和抵制，破坏了商业环境，这一直以来也是网络环境和黑客文化中的一大问题。劳雷尔特别参考了《星际迷航》中的全息平台，以之作为虚拟叙事中最有可能实现的代表。（此处的全息平台指的是一种由计算机生成的虚拟世界，其中的参与者可以和故事中人在"安全协议"范围内进行互动。）珍妮特·默里（Janet Murray）、亨利·詹金斯（Henry Jenkins）和玛丽-劳瑞·瑞安（Marie-Laurie Ryan）等游戏理论家对此展开了研究和争论（Murray 1998；Cassell and Jenkins 2000；Ryan *Narrative*，2001）。正如电视连续剧本身所展示的那样，当想象侵入真实的生活，所谓的安全协议走向失控时，现实世界也会面临危机。

瑞安关于游戏叙事的著作极大地推动了这一概念的发展。她认为叙事并不用和任何具体的媒介或形式（如小说）绑定；它其实是一种"精神世界（环境）的表征，被赋予时间、个体居民（人物）、参与活动的人员（事件、情节），以及正在发生的变化"（Ryan "Beyond Myth" 2001）。游戏的玩法就是一种这样的精神表征，它在一个有结构的有限空间中创造了不同的故事线。谜题和挑战是从游戏中获得快乐的关键，还有一点在于情节的走向由自己决定。这一点和

125

线上的浏览体验有多相近呢？笔者认为这有助于大家理解网上冲浪的吸引力和兴致勃勃的消费主义的满足感，因为浏览行为包括了寻找与发现、实现预期和获得满足乃至沉溺其中等一系列的快感。然而游戏本身是一种意图明确、有目标、有方向的活动，浏览则是漫无目的、自反式的愉悦。正是这种无目的性使用户沉浸在网站里，消费者徘徊于书店中，在令人愉悦的交互连接与社交关系中创造他们自己的故事。

（王苇 译）

第四部分

解读封面：变化的观众与图书的市场营销

第十一章　封面冲击：在女同性恋题材低俗小说中兜售性与生存

梅丽莎·思凯
安大略省爱普比学院

女同性恋题材低俗小说是美国20世纪中叶平装书黄金时代所涌现出的一类最为有利可图的作品，这在很大程度上要归功于其哗众夺目的封面艺术，而这些封面艺术至今依然作为一种复古媚俗(retro kitsch)在当代的消费品中流传。本章回顾了此类文学中最成功、最受喜爱的明星作家安·班农(Ann Bannon)作品的迷人封面及其接受史。本章的结构分为四个关键部分。“发现女同性恋”(Dis-Covering Lesbianism)介绍了班农的“碧博·布林克编年史”(“Beebo Brinker Chronicles”)五部曲的历史和出版背景。笔者还分析了这些书的福赛特(Fawcett)原始版本与其为数不多但铁杆忠实的女同读者之间的关系，并着眼于这些初版书作为“女同性恋故事档案”(Lesbian Herstory Archives)共同创始人琼·奈斯特(Joan Nestle)

所谓“生存文学”（[survival literature]引自*Queer Covers*，1993）的地位。女同性恋者由此学会了从图像学意义上辨识这些封面，以及如何在与审查制度所要求的消极成分的对抗中进行阅读。“揭示女同性恋”（UnCovering Lesbianism）分析了20世纪50和60年代的福赛特初版作为性泛滥产物的历史。这些封面绝大多数由异性恋男性制作，并且同样以异性恋男性作为目标受众，它们承诺并兑现了撩人挑逗，是一种对同性恋女性暮光世界的禁忌式窥探。这些封面也反映了当时人们对女同性恋的困惑，因此他们试图通过褪去其衣衫的方式来揭开女同性恋者的面纱，同时也希望把她的神秘引向光明处。“重现女同性恋”（ReCovering Lesbianism）分析了20世纪80年代水泽仙女出版社的重印版，以及它们如何反映了女性意识形态的第二波觉醒。具体而言，我认为这些封面都围绕着一种针对性与权力关系——通过男性化女同性恋者与女性之间的关系（butch-femme relationships）可以清楚说明——的女性主义矛盾心理上。最后，“覆盖女同性恋”（Covering Lesbianism）分析了近年克莱斯出版社（Cleis）的重印版。[①]我集中讨论这些重版作为后现代阵营的地位，因为它们相较于原著呈现出一种俏皮格调。自知再版是落入俗套

① 福赛特初版和水泽仙女、克莱斯出版社的再版并非市面上仅有的版本。班农的小说《我是一个女人》（*I am a Woman*）同样在1975年被阿诺出版社（Arno Press）收入“同性恋：社会、历史和文学中的女同性恋和男同性恋”系列（“Homosexuality: Lesbians and Gay Men in Society, History and Literature”），并以精装版重印，1995年被优质平装图书俱乐部（Quality Paperback Book Club）收入“三角经典：照亮同性恋和女同性恋的经历”系列（“Triangle Classics: Illuminating the Gay and Lesbian Experience”），并以廉价普及版重印（删去了《成为女人的历程》[*Journey to a Woman*]）。多年来，班农的小说陆续在英国、荷兰和意大利有再版问世。我将我的分析限定于三大美国版本的封面，因为我关注的是封面艺术；阿诺版和QPB版虽然对提高班农作品系列的文学地位做出了有趣的贡献，但它们不像其他版本那样受到收藏家的欢迎，因为它们没有引人注目的封面。

的潮流营销计划,克莱斯出版社将其宣传成一种有趣的文学猎奇(literary slumming),利用低俗小说的庸俗来牟利——即使他们在新的介绍中为此正式道歉,并在封底突出引用了声名卓著的同性恋作家和出版机构的正面评价。 130

发现女同性恋

低俗小说的历史始于第二次世界大战期间,当时美国士兵收到了专供武装部队版本的袖珍平装本文学作品。复员部队的归国给出版业带来了平装书的爆炸式增长,这是因为军士们已经习惯了阅后可弃的廉价书籍。在战争年代,女性生活变得更加多样化,并且寻求着能反映这种转变的文学作品,她们的文学趣味也随之扩大。洁·奇梅特(Jaye Zimet)在她的女同性恋低俗封面艺术文集《奇怪的姐妹们》(*Strange Sisters*)中指出,虽然战后对"正常"的推动为传统爱情小说创造了一个巨大的商业市场,但激进的反主流文化也为有关性、毒品和犯罪活动的书籍创造了一个市场(Zimet 1999, 19)。女同性恋题材低俗小说同时符合这两种趋势,因此变得极受欢迎。1957 年,美国最高法院对"罗斯诉合众国案"的裁决放宽了对淫秽的定义,此举为那些更具激情的文学创造了机遇。到 20 世纪 60 年代,在新放宽的审查法律和性革命的影响下,很多出版社得以推出一些实际属于软色情产物(soft-core pornography)的平装书。这些作品中有许多是关于女同性恋的激情故事。这些小说大量涌入出版社,并在书店、药店、超市和火车站卖出了数千本(Weir & Wilson 1993, 98–99)。

女同性恋低俗小说的历史始于特蕾斯卡·托雷斯(Tereska Torres) 1950 年的半自传体小说《女人的营房》(*Women's*

Barracks)，小说讲述了第二次世界大战期间在伦敦的法国女兵的故事。它的出版引起了轩然大波。美国众议院1952年的“当前色情资料委员会”(Committee on Current Pornographic Materials)的讨论主要围绕这一作品展开。在为期五天的听证会上，那些内容令人反感、封面耸人听闻并且在公共场所随处可见的平装书循例遭到了猛烈抨击。该委员会的多数派报告指出，《女人的营房》是“那些最初作为常规作品廉价再版的所谓口袋书”的典型例子，但“在很大程度上退化为散播对色情、不道德、污秽、变态和堕落的艺术呼吁的媒介”(United States 1952，3)。但围绕听证会的宣传反而促进了这些图书的销量，许多出版社试图从女同性恋题材的成功中获利。

福赛特是其中最有影响力的公司之一。他们把许多女同性恋题材低俗读物作为“金牌”印记的一部分出版。他们的发行公司西格奈特(Signet)限制了精装版的重印数量，因此福赛特开始以“平装原版”的名义出版原书内容(Zimet 1999，19)。这一做法为许多新作家创造了有利可图的机会。福赛特的另一个独特之处在于，它致力于出版相对真实、文笔优美的女同性恋故事。关于女同性恋的低俗读物通常都是异性恋男性用女性笔名写的，但“金牌”书籍大多出自女性之手，而她们中很多人是女同性恋者。“平装原版”系列令女同性恋作家得以出版那些精装书出版公司永远不会批准的故事，皆因它们太具争议性了。

131

虽然这一出版热潮为公开书写女同性恋提供了新的机会，但作家们尚未能实现自由写作。苏珊·斯特莱克(Susan Stryker)在其选集《酷儿低俗》(*Queer Pulp*)中指出了国会调查报告对平装出版行业的影响：

> 这份报告在出版行业中制造了一种恐慌的氛围，因为那些拒绝拥护委员会道德观的人将面临罚款和监禁的威胁。这导致了平装书中有关性的内容被普遍淡化——尤其是在封面艺术中，而那些能让人深刻认识到偏离正途的悲剧后果的故事愈加得到强调。(Stryker 2001, 51)

《女兵营房》开创了女同性恋低俗文学类别，而福赛特推出的第一部女同性恋低俗小说——玛丽简·米克(Marijane Meaker)的《春天之火》(*Spring Fire*)几乎秒变为畅销书，该书真正激发了这股狂热风潮。[①]该书的出版史向我们展示了涉及同性恋低俗小说的审查力度，因为尽管故事属于富有同理心的描绘，但从一开始米克的编辑迪克·卡罗尔(Dick Carroll)就告知她，这个故事不可以有一个皆大欢喜的结局，否则邮局就会把它作为淫秽刊物而扣押(Zimet 1999, 20)。结果，故事中的一个女人疯了，另一个女人又变回了异性恋。这为该类型小说树立了一个重要惯例。女同志最后一般有三个选择：死掉，疯掉，或者嫁给一个男人。米克在2004年一次同性恋出版商的演讲《欲望的多耶恩斯》("Doyennes of Desire")中，详细阐述了她对这一惯例的回应，她说：

> 当时能出版我就很高兴了，所以对此并未在意。给我写信的人似乎也不在乎。她们很高兴终于在平装书里看到关于她们的事情。对，那不是一个皆大欢喜的结局，但在20世纪50年

---

① 按照既定的学术惯例，笔者使用了玛丽简·米克的真名，而不是她在女同作品中使用的笔名(范·帕克[Vin Packer]、安·奥尔德里奇[Ann Aldrich])，但在讨论安·塞耶(Ann Thayer)和韦尔蒂(Weldy)的作品时，我使用了安·班农的笔名。

代,同性恋生活的幸福结局原也并不多。你的父母会和你断绝关系。你的朋友们不会想和你有任何关系。(Bannon and Meaker 2004)

这种作者在选择上的缺乏,也波及了封面艺术。作者对自己的书名和小说封面的内容都没有发言权。在读完《春天之火》之后,后来最受欢迎的女同性恋低俗小说作家安·班农写信给玛丽简·米克,对她的小说表示盛赞,米克也同样鼓励班农把自己的手稿寄去看看。1957年,班农听从米克的建议,出版了她自己的第一本女同性恋读物《怪女孩出列》(*Odd Girl Out*)。她现在承认自己对最初由巴雷·菲利普斯(Barye Phillips)创作的封面感到失望:"它们看起来像20世纪30年代南希·德鲁(Nancy Drew)画的封面。我记得我对迪克[卡罗尔,她的编辑]说,我们能做些什么吗?它们看起来太像'二战'前的东西了,而这是1950年的前卫作品。"(Bannon and Davis 2004)班农将她的"碧博·布林克编年史"五部曲的封面描述为"在古怪和超现实"之间变动,并补充说,"能回忆起初版封面的人一定想知道编辑是否读过这本书——事实上,封面艺术家很少读过原书"(Foreword 1999, 10)。这一点在《碧博·布林克》最初的封面上表现得最为明显。她故事中的男性化女同性恋主角(butch dyke protagonist)和封面艺术家罗伯特·麦金尼斯(Robert McGinnis)的演绎存在差异,她对此表达了质疑:

132 我仔细研究了封面。那真的是唯一一次我因为自己的一本书而仿佛置身于《阴阳魔界》(*The Twilight Zone*)之中。回眸注视着我的是一个骨瘦如柴、惊恐万状的青春期女孩,留着侍童式波波头(page boy bob)、穿着棕色的布鲁厄姆(broughams)鞋

和白色短袜——这是一场老掉牙的时尚灾难……就封面而言,无异于一个巨型炸弹。(Foreword 1999,11)

虽然班农承认麦金尼斯"可能是那个时代最优秀的封面艺术家"(Bannon and Davis 2004),但该封面和原书的内容几乎没有任何近似之处,事实上,确实很少有女同性恋题材低俗小说的封面能与内容呼应。

然而,大多数女同题材低俗小说的封面彼此间有着惊人的相似之处。齐梅特解释说,在大多数女同性恋小说封面上,"绘画风格仿效那些被平装书迅速取代的廉价低俗文摘杂志。事实上,许多平装书的插画家一开始是为低俗杂志工作的。那些封面都以一种超现实主义的风格完成,以曲线优美、衣着暴露的女性为特色,其明目张胆的性感仿佛能从封面上滴落"(Zimet 1999,22)。多亏了这些高度程式化的图像,全国各地孤立的女同性恋者能够轻易识别出这些可能会给她们带来一些希望的平装书,让她们知道自己并不是在与自身取向差异的挣扎中孤军作战。在齐梅特选集的前言中,班农讨论了这种女同性恋阅读封面的方式:

尽管致力于开发能够刺激男性性腺的封面艺术经过了多方面的努力,女性依然学会了通过形象地阅读封面来识别属于自己的新生文学。如果封面上有一个孤独的女人,穿着挑逗,而标题又传达了她对社会的排斥或自我厌恶,那它就是一本女同性恋题材的书。如果封面上有两个女人,而且她们在互相抚摸……即使她们只是看着对方,即使她们只是彼此靠得很近,即使她们仅仅只是出现在同一个封面上,你还是有理由相信自己有望找到了一本女同性恋题材的书。(Bannon 1999, 12-13)

公式化惯例也延伸到了书名上，书名经常使用诸如“古怪”“奇怪”“暮色”“阴影”等剧透式的词语。事实上，这类词语在班农小说原版的封底上出现得非常频繁，有时也会在封面的宣传语中出现。例如《碧博·布林克》的封面上写着：“迷失、孤独、稚气又有吸引力——这就是碧博·布林克——从未真正知道自己想要什么——直到她来到格林尼治村，发现了在暮色世界的阴影中燃烧的爱。”这种剧透式的视觉和语言惯例是这类小说的标志。

这类文学给予石墙事件之前美国女同性恋者的支持的重要性，怎么强调都不为过。黛安·哈默尔（Diane Hamer）认为，“班农的小说不仅仅反映了她切身经历的在20世纪50年代作为一名女同性恋者的现实，而且还推动了另一个现实的产生”（1990，51），她特别指出，班农的粉丝来信足以证明她的影响力：“班农通过她的小说创造的虚构的幻想世界非但没有与20世纪50年代女同性恋的现实状况相剥离，反而促成了那个现实的一部分。班农本人也因为那些渴望就女同性恋问题获得帮助和建议的孤立女性的请求而忙得不可开交。”（Hamer 1990，51）班农很重视这个指导女同性恋者如何在一个充满敌意的文化中生存的顾问角色。她如此形容自己收到的信件：

133

> 她们中的大多数人想要传达的主要信息是：“如果我没有发现你的书，我就准备自杀了。我真的以为我是独一无二的。我以为世界上没有其他女人会爱上女人。我不知道该怎么处理。我无法向任何人求助。我太清楚不过了，我的家人要么会与我断绝关系，要么会用斧头追杀我。”（Bannon and Meaker，2004）

尽管在文本和封面上都高度受限，但可以毫不夸张地说，班农的小说简直维持着那些女同性恋者的生命。正如班农自己所说，“尽管这些封面在编辑过程中被强加了各种怪里怪气的东西，但它们在一个广泛分布而缺乏凝聚力的共同体的成员之间提供了联系的纽带；这个共同体甚至不认为自己是一个整体，因此更加重视与有着和自己相似经历的其他人之间的任何联系”(Foreword 1999，13)。

揭示女同性恋

女同性恋低俗小说最初的出版是一种牟利性质的性剥削形式。班农的“碧博·布林克编年史”系列最初的福赛特版封面是由异性恋男性为异性恋男性而创作的——和那个时代的所有女同性恋低俗小说封面一样。然而，福赛特确实牢牢抓住了这些作品人数不多但忠实的女同性恋读者群体——出版社罕见地在班农的新作品封面上标出她以前的作品，从而把班农当作一位作家来宣传推广。尽管如此，推广这些作品的动机纯粹是出于经济考虑。班农自己也意识到，如果“作者是编辑在低俗小说封面问题上最后咨询的人”，那只可能是因为“我们知道我们笔下的角色长什么样，并且希望看到她们栩栩如生地出现在我们书的封面上。我们非常关心封面设计对读者的影响。然而，编辑懂得一些更实际的东西：如何清掉他们的库存”(Foreword 1999，10)。就像人们常说的那样，性能卖书，而大多数女同性恋低俗刊物的封面都在出版商胆量所允许的范围内，最大程度地利用了这个道理来变现。正如斯特莱克所指出的，“在20世纪60年代的性革命和随之涌现的软核和硬核色情杂志之前，平装书几乎是唯一一种能够对性取向加以清晰描绘的大众媒体”(Stryker，8)。因此，从出版商的立场来看，女同性恋文学只不过是一种哗众取宠的商品——尽管在女同性恋者看来可能完全是另一回事。

然而，福赛特版的班农小说的封面实际上比该类型的大多数封面都要克制得多。班农的《我是一个女人》和《成为女人的历程》的封面都暴露了相当多的肌肤，但她的其他作品只是以一种高度抽象的方式展现性感。虽然有几本以女同性恋题材低俗小说的封面为核心的选集，但鲜有学者仔细研究过它们。米歇尔·艾娜·巴拉勒(Michele Aina Barale)的文章《都市酷儿》("Queer Urbanities")选取了《碧博·布林克》初版封面的激进的性象征为例证，着眼于封面艺术家选择将主角袜子的颜色从白色改为粉红色(Barale 2000, 211)。粉色是红色的低调版，通常被用来象征欲望；粉色同时也与左翼政治有关，因此，尽管封面上对碧博的描绘尚算端庄娴静，但仍然暗示她有可能成为一个热情性感的同性恋者，这就是为什么"在不远处有一个消防栓……它仿佛在暗示，假如粉色被加剧——比如变成如火的红色——也不会超出市政当局的掌控之外"(Barale 2000, 213)。

134

福赛特版本的所有封面都试图"揭示"女同性恋者，一方面是出于淫念想褪去她的衣服，另一方面是为了揭开她的神秘面纱。50年代的主流美国文化促生了针对女同性恋的不同看法，而该类作品的封面艺术正反映了这些未定之论。这些封面似乎在试图回答一些当时流传的关于女同性恋的问题：她们危险吗？她们真的算是女人吗？她们很容易被认出来吗？还是说女同性恋可能潜伏在任何女性身上？

该系列第一部小说《怪女孩出列》的封面艺术主要围绕着女同性恋关系的相对危险性进行描绘。福赛特原始版的封面画了一个趴在洞穴前、显得心烦意乱的棕发女子，手靠着脸。一个金发女子靠在她身上，一只手搭在棕发女子的肩膀上，另一只手搭在她身体的另一侧，这样金发女子的整个上半身就位于棕发女子身体的正上方。然而，很难确定金发女到底是在安慰她还是在把她按倒，她们的眼睛都是向下的，因而很难从她们的眼神中读取有效信息。如果金发女郎是个男人，那么这看起来更像是他要从后面占有棕发女郎，或许还是未经对方同意的。我们无法判断金发女郎的表情和姿势是爱还是威胁，正如当时社会无从判断女同性恋是关涉爱情还是一种道德上的邪恶。不过，关于两位女郎姿势和神情的模糊之处，在巴雷·菲利普斯为第三版创作的新封面画中得到了澄清。尽管新版封面中金发女郎的脸露出得更少，但能更明确地看出她的姿势是在安慰更显而易见地处在沮丧中的棕发女郎。不过这幅新画保留了女同性恋的模糊感，因为尽管她们的姿势显得不那么具有威胁，但背景更加无误地给人以不祥的预感。

福赛特版《怪女孩出列》的两个封面的背景象征着女同性恋关系的危险，因为在这两个场景中都有深渊和峭壁。在第一版和第二版的封面上，两位女郎恰好位于一个洞口外，棕发女子躺在一个斜坡上。洞穴象征着她们非正统关系的旋涡，那通常被视为一种奇怪而黑暗的激情，一种可能会将女性吸进深渊、在那里永远迷失的威胁。斜坡与之相似，象征着女性可能会陷入一些看不见的危险。虽然她们身处自然之中，但斜坡是一种奇怪的蓝绿色，代表着两个女人之间可能反常的爱情。第三版的封面更新了两位女郎的发型，呈现出一种更抽象、更现代的外观，但在其他方面保留了原作的关键元素。虽然看起来不再像洞穴和草坡，但深渊和峭壁依然存在。例如，之前的洞穴变成了一个抽象的、粗绘的黑洞，边缘是火红和粉色，笔触清晰可辨。这些新元素从整体上唤起了一种不祥的威胁感。因此，就女同性恋关系的相对危险性而言，福赛特的两个封面似乎存在冲突，尽管第三版的封面明确了金发女郎的姿势并无恶意，但它将威胁感转移到了画面背景中，形成一种更理论化、更抽象的危险，逐渐逼近这对爱侣。

135　班农的第二部小说《我是一个女人》的所有封面都在不同程度上围绕着一个关键问题：女同性恋者真的像班农的书名所宣称的那样是女人吗？这本小说最初的福赛特版的封面重新强调了实际的属性。书名本身包含了对性别的肯定，推广简介中也肯定了性别："我是一个爱上了一个女人的女人——社会非排斥我不可吗？"此外，这是首次在班农小说的封面上使用照片，该选择创造了一种现实主义和权威的感觉。当然，封面上描绘的女人有着传统的女性形象，对她那令人难以抗拒的乳沟——女性气质的可视化象征——的强调进一步巩固了封面的核心考量（这一强调在后来克莱斯版的《我是一个女人》封面上重现）。此外，初版封面给人的感觉是，上面所画的女性不仅看起来很女性化，而且一言一行也都符合传统认知中的女性举止。这本书推广简介的内容和封面女郎的面部表情都像是在恳求读者。她简直就是用一种容易受伤的神情仰望着读者，事实上就是在乞求理解。简介导语中强调了爱情，而不是其他众多女同性恋题材低俗小说标题中不言而喻的情欲，这在传统上对女性而言是合宜的。

尽管有以上特质，封面上这位女同性恋者所呈现的女性气质仍然不稳定。这是一种不确切的呈现，甚至连标题也是如此暗示——因为字体是歪斜的，这意味着不确定性，而且间隔方式也令人滋生怀疑，因为在"我是一个"和"女人"之间出现了换行。此外，虽然标题包含了一个肯定，但它是包含在一个最终带有疑问的句子中的，直接向读者提出了一个问题。如果整个封面都在提问，那是因为社会对性取向和性别的交互感到困惑，尤其就女同性恋之谜而言，她们似乎胜任传统的性别角色，却又狠狠地予以破坏。例如，封面模特身上那宽大的低胸露肩上衣吸引着男性的关注,然而女性对同性欲望的宣告却又颠覆了这一挑逗。她的胸部不再适用于传统意义上的异性恋愉悦或母性功能。如果说在异性恋父权家长制下,女性身份是通过与男性及其后代的关系来定义的,那么这个如此明显地带有女性身份标记(却又有同性恋倾向)的人,又如何能被视为女性呢?这就是该封面所提出的令人不安的问题,这些问题是当代性学理论提出却无法充分回答的。

福赛特和水泽仙女的两种版本都给人一种微妙的感觉,即女同性恋者不仅可以保留女性气质——尽管她们有着特殊的性取向和占主导地位的关于女同性恋男性气质的讨论——而且还能以非常规的方式进行性别划分。女性主义出版社水泽仙女改变了作品标题的呈现方式,省略了疑问性的导语——这是一种政治化的举动,为了配合女同性恋女性主义者,强调女同性恋是一种明显的女性现象。它抹去了原标题对女同性恋女性身份的质疑,代之以这样一种强烈的肯定:我是一个女人。这一战略性举措巩固了阿德里安娜·里奇(Adrienne Rich)等理论家所拥护的女同性恋女性主义意识形态(lesbian feminist ideology),她主张"女同性恋体验就像为人母一样,是一种深刻的女性经验"(Rich 1984, 418)。初版的封面蕴含着这层含义,它不仅强调了女同性恋说话者的女性特质,也强调了她伴侣的女性特质,因此女同性恋可能并不是两个没有性别特征的女性的组合,而是两位女性特质的加乘。在水泽仙女版中同样有此含义,书名出现在两个正在接吻的女人的咽喉之间。如此将对性别的肯定放置在两个女性恋人之间的亲密空间中,暗示着她们的同性恋关系并不会丝毫有损于她们的女性气质,反而可能会更加突显。然而,在主流观念中,女同性恋者被认定为失败女性,是一个来自第三性别的男性化成员,而一个女性化的女人并不符合这种观点,并会

136

因此产生一种令人不安的影响，这在整个初版封面中都被突出强调，而女同性恋性别角色的问题在三次重要的再版中也都得到了回应。

在某种程度上，福赛特的所有封面都着眼于辨析女同性恋对20世纪50年代和60年代早期美国根深蒂固的异性恋父权制社会的威胁，因其对相对女性化的女同性恋的兴趣暴露出了女同性恋在多大程度上动摇了异性恋父权制赖以存在的传统性别角色。评估这种威胁的另一种方法是试图了解女同性恋为何流行。福赛特版的《阴影中的女人》(*Women in the Shadows*)和《成为女人的历程》的封面都回应了这一顾虑。在《阴影中的女人》初版的封面上，一个女性头部的庞大廓影向左直视着，而在这个阴影中包含着另一个头向右看的女人的照片。从头发和鼻子的轮廓来看，似乎都是同一名女子。照片中的女人仍然被阴影笼罩着，因为她的眼睛下面有阴影，半张脸也都被阴影遮住了。她眉头紧锁，加重了封面整体上的黑暗感(尽管背景是夺目的亮粉色)。同性恋倾向在当时被认为是一种精神疾病，这一点在封面上得到了体现，因为封面女郎的两个头正朝着不同的方向看去，而这暗示着神智的涣散或精神分裂。照片上的女人看起来令人毛骨悚然，或许是被鬼上身，也可能是得了妄想症，因为她真的是在小心环顾。然而，考虑到这本书的主题，这种踌躇的表情可能指代着这个女人的同性恋倾向，因为在那个时代的心理学与文学中，尤其是对弗洛伊德作品的流行解读中，女同性恋被认为是一种受到阻碍的发展(arrested development)。而且，照片中女人被置于女性廓影中，这种描绘方式可能象征着潜伏在所有女性体内的同性恋倾向。在这个场景中，廓影女子是一个“正常的”异性恋女性，朝着“正确的”、“直”截了当的方向前进。她之所以被描绘成一个影子，是因为在上世纪中叶的美国，影子是所有女性在别人心目中的本分；照片中的则是多彩多姿、充满欲望的女人，但被困在理想典范之中。这种压抑的感觉被封面上廓影女子高度突显的咽喉左侧的位置进一步推动，在那里写着她未能说的话语："她们阴暗又不安的爱情只能秘密地欣欣向荣。"

福赛特版《成为女人的历程》的封面也暗示了对女同性恋流行的担忧。就像《阴影中的女人》的封面一样，它描绘了一个部分被遮蔽、明显精神分裂的女人。背景是一团模糊的烟雾，这可能象征了针对女同性恋取向的文化困惑，尤其是当它与这部小说的内容有关时，因为小说描述了一位已婚母亲的故事：她抛弃孩子，与她典型的美国丈夫离婚，去追寻她失散已久的女同性恋爱人。当时人们普遍相信女同性恋者只需要找到合适的男性恋人就可以回归"正常"，这个故事却动摇了这一观念。迷雾可能象征着女同性恋者所遭受的困惑，她们对自己一生的角色和目标的误解。烟雾也可能暗示着压抑的激情可能会吞噬她和她的家庭，如此将封面重新捆绑到危险的主题上去，这是福赛特所有护封的统一主题。当然，这个女人看上去意识到了自身欲望的威胁，因为她赤身裸体，以自我保护的姿势捂着自己，眼神充满警惕。这个封面汇集了福赛特初版封面的所有主题，因为它推断女同性恋确实是一种真实且迫在眉睫的危险，借此来验证围绕着女同性恋的恐惧。它（女同性恋）甚至可能发生在最意想不到的地方，发生在那些看上去已经被彻底而妥善地安置在异性恋父权制中，以及她们作为妻子和母亲的传统角色中的女性身上。然而，这种描述也还是含糊不清，文化上的困惑仍然存在，因为这个女人看起来既脆弱又具有威胁。上世纪中叶的美国就是无法达成共识——女同性恋到底是一种撩人的、相对无害的偏离，还是对社会结构的严重威胁。

137

重现女同性恋

大多数女同性恋题材低俗小说在性革命爆发后便消亡了，图片形式的色情刊物变得更容易获得，削弱了色情小说的市场需求，但班农的书受到无数女同性恋者的珍爱、收集和分享，直到 20 年后的 1983 年，水泽仙女出版社重印了它们。该出版社由芭芭拉·格里尔(Barbara Grier)和她的伴侣唐娜·麦克布莱德(Donna McBride)于 1973 年创办，并迅速成为女同性恋文学的出版龙头。格里尔之前曾在“比利提斯的女儿们”(Daughters of Bilitis, DOB)的女同性恋期刊《阶梯》(*The Ladder*)工作。DOB 是一个同性恋权益组织，在其创始人菲利斯·里昂(Phyllis Lyon)和德尔·马丁(Del Martin)的领导下，一直具有保守的同化主义意识形态(assimilationist ideology)，直到格里尔和其他人带来了更倾向女同性恋女性主义的议题。格里尔在 1968 年成为《阶梯》的编辑，后来她参与发动了一场政变，从 DOB 手中夺走了订阅名单，并对杂志进行了整顿，转向专注于女性问题，而不仅仅是女同问题。格里尔的女同性恋女性主义背景让水泽仙女出版社知道，从一开始它就是作为一个具有激进主义议题的媒体而被创建的，而不仅仅是一个商业性的尝试。水泽仙女出版社重印了班农的系列作品，作为其寻回失去的女性艺术家尤其是女同性恋艺术家使命的一部分。这些版本的封底展现了这一目标，因为它们为作者及其文字展示了一种新的着重点。该系列每一本书都在封底直接引用了该小说，并附有一小张作者的照片——出版商试图通过这些实现一个目标，即让作者的作品和女同性恋更为可视化，更让人引以为荣。鉴于这种女同性恋女性主义的政治背景，人们会假设在水泽仙女的版本中，女同性恋将走出阴影，沐浴阳光，并且将不再与危险联系在一起；但水泽仙女的封面在一定程度上保留了这些传统的联想，因为它们保留了阴影的图像，并以女性主义者对性和权力之间危险关系的矛盾心理为中心。

水泽仙女版的班农系列五部曲的所有封面都在白色背景上画着蓝色的女性廓影，由此保留了女同性恋题材低俗小说中女同性恋与阴影之间的关联传统。根据《企鹅符号词典》(*The Penguin Dictionary of Symbols*)的说法，阴影是"象征转瞬即逝、不真实、易变事物的特有形象"(Chevalier and Gheerbrant 1996, 868)，这或许可以解释上述关联，因为女同性恋被普遍认为只是异性恋的一个阶段或对异性恋的苍白无力的仿效。一般来说，阴影可能意味着危险和神秘；但使用廓影——特别是在这些封面上——掩盖了所描绘女性的个体性，借此形成更大的读者认同。这种对认同的邀请在女同性恋女性主义倾向的再版中很是重要，因为女同性恋者在文化上有着很长一段时间是隐形的，她们渴望在文学中寻求自我的反映。水泽仙女出版社一直被展望为一家由女同性恋者创作，并且为女同性恋者服务的媒体。它关注的重点，从根本上讲，是女同性恋的身份认同，以及女同性恋身份的重新获得和颂扬。廓影的使用也表明，女同性恋可能是一种普世化的现象，因为影子抹去了所有可识别时间或空间的特征。肯定女同性恋的历史和全球性的存在，也符合女同性恋女性主义的目标。 138

然而，女同性恋和危险之间的联系仍然存在，因为封面艺术暴露出了女性主义对班农系列作品中所描述的那种非平等关系的矛盾心理。班农的写作处于石墙事件和妇女解放运动之前的时代，她的故事反映了格林尼治村工人阶级的酒吧场景。男性化女同性恋与女性的关系是该系列的核心，这是一种被主流社会误解和摒弃的关系，DOB 这样的同性恋组织和后来的第二波女性主义运动对此的态度也是如此。上世纪七八十年代，热衷政治的女同性恋者往往倾向于一种雌雄同体的审美，并认为那些选择"扮男扮女"关系美学的女同性恋者是在进行一种压抑的异性恋模仿，而这与女同性恋的女性主义背道而驰。在第二波女性主义浪潮之前写作的班农并不拥护这种主张，但她也不刻意回避这种角色扮演的快乐和痛苦在其作品中的展现。水泽仙女版本的封面也揭示了类似的爱恨关系。该系列的第一部小说《怪女孩出列》的封面描绘了一种平等主义的关系，而该系列后来几本书的封面则呈现出越来越高的等级关系和角色扮演。

水泽仙女版《怪女孩出列》的封面展示了两个女人接吻的廓影（图 11.1）。她们位于封面的中心，以侧面展示。她们的姿势暗示了一种平等的关系，因为她们直接面对彼此，姿势也互相呼应。她们都留着长发，这进一步表明她们并不是班农文本中普遍存在的那种鲜明的男女关系角色扮演。在封面底部有一笔蓝色的曲线，遮住了这对恋人腰身以下的部位，从而显得封面描绘相当保守。右边女子的圆背进一步把这幅封面绘画与以往低俗小说封面上的女同性恋描绘区别开来，因为她并没有摆出异性恋男性色情刊物中流行的那种典型的弓背姿态。这种姿势和表现方式是为了看上去更真实，因为这一次该书系的目标读者是女同性恋者，而不是男异性恋者。尽管如此，虽然它描绘了女性之间的拥抱——那总是具有挑逗性的——但我发现，与后面的封面相比，这幅画上的距离感和空间留白会给人一种极度淡漠和冷感的印象。

水泽仙女版班农系列后面三部小说的封面展现了越来越明显的凌驾关系，以及——在我看来——随着这种不平衡而给人带来的越来越不舒服的感觉。该系列的下一本书《我是一个女人》的封面上画了两个女人接吻时的头颈侧面，但这一次的接吻不是直接的。

左边的女人以一种直截了当的方式吻向她的情人,而右边的女人的脸是向上仰的。由此,从这个封面开始引入等级关系,左边的女人在封面上占据了更多的空间,而右边的女人则回避了直接的进展。该封面的效果更加强有力,也更亲密,这本身是一种成就,因为这种姿势为不对称关系吸引力的存在创造了可能。《怪女孩出列》的封面描绘了一个相互愉悦的瞬间,而《我是一个女人》的封面更着眼于分别在施与受的两个女人。 139

图 11.1　水泽仙女版《怪女孩出列》。

水泽仙女版《阴影中的女人》的封面继续展示着一种更为等级化的关系。同样是两个女性接吻，同样是左边女性的侧脸——发型狂野不羁——占据了更多的遮盖空间，并且是由她主导着直截了当的接吻，而右边的女性侧脸同样还是有一个仰角。右边女子的角度位置同样显得模棱两可。她是在向后缩吗，如果是的话，原因是什么？左边的女人是不是"太过了"？太咄咄逼人？因为有这样的廓影，所以读者能有这样的解读，尽管它们也能产生其他比这浪漫得多的解读。这张封面问了一个问题，一个令第二波女性主义者在女同性恋关系方面感到纠结的问题，具体就像班农描述的那样：为 140 什么两个本来就平等或理应互相平等的女人，会以不平等方式对待彼此？性关系中的权力差异是危险的吗？那危险本身性感吗？

图 11.2　水泽仙女版《成为女人的历程》。

《成为女人的历程》的封面也提出了这些问题，并给出了矛盾的答案（图 11.2）。它比水泽仙女版任何一本书的封面都更审视着一种明显的男性化女同性恋与女性之间的关系。他们彼此之间的位置对这类关系之局促的暗示跃然于纸上。较为女性化的一方身材较矮，她为了亲吻另一个女人把头向后仰到了面部几乎水平的程度。她的姿势一点也不舒服，这暗示着两个女人之间的权力不平衡。这个封面暗示了女同性恋女性主义者所相信的东西，即男性化-女性化的女同性恋关系助长了压迫性的父权家长制的权力动态，男性化的一方有着性别歧视，自身认同男性身份，而女性化的一方则受困于一种未解放的、错误的意识，使她一直被传统的女性化角色所奴役。这两个女人在封面上的位置进一步暗示了她们关系的不对等。这两个女人并没有以封面为中心，尽管这样会导致女人身体的左侧留下了一块奇怪的、相当大的空白。因此，虽然水泽仙女版的封面是肯定女同性恋的，但它们包含了一种对女同性恋，特别是男性化-女性化的同性恋关系中潜在的不平等权力动态的警惕。

《碧博・布林克》的封面在好几个方面都与其他几本书不同（图 11.3）。之前几本书的封面都表现出对平等主义性关系的偏重，而这本书封面则展示了对性向差异和权威的诉求。这是本系列中唯一在封面上描绘单独女性的作品。她的姿势很明显是一个男性化的女同性恋者，没有必要再像其他封面那样把她画成和另一个女人抱在一起。甚至在书的标题本身也没有任何关于小说主题或画中女性性取向的暗示，因为这就是如此确定无疑的“酷儿”。这同时是第一个画了全身，也是第一个暗示了时间和空间的图画，画中女子穿着喇叭裤，斜靠在门口。画中选择为她穿上当代服饰，而不是精确地呈现小说所设定时代的服装，这突显了男性化女同性恋到彼时仍然是一种需要应付的问题。这个女人在门口的站位象征着她作为

141

图 11.3　水泽仙女版《碧博·布林克》

一个横跨二元性别之人的局限性。这也强化了与她抗衡的需要，因为在封面的想象世界中，如果你想进入或离开这个门口，你就必须和她狭路相逢，或开口要求她让一下，或直接擦身而过。她占据了空间。她随意地站着，但姿态很坚定，很引人注意。此外，她是第一个以正面面对读者的女性。她不是被动的注视对象。令人惊讶的是，图画中这种强大的、男性化女同性恋者的形象，几乎没有之前那些插图的矛盾情绪。她很强大，但没有威胁，因为她的姿势意味着她在蓄势藏锋。

作为一种在社会关系中重新分配或转变权力的抗争，女性主义并不确定要如何与索要权力的女性互动，这是可以理解的，尤其当

142

这种权力看起来与大多数女性主义者敌视的男性权力如此相似之时。我认为,水泽仙女版《碧博·布林克》封面上的女人是许多乃至大多数女同性恋者心目中性感的典型,而这正是因为在一个充满敌意的世界里,需要有力量才能取得成功,这与众不同,勇气可嘉。这个系列被称为"碧博·布林克编年史"是有原因的——尽管每本小说中都登场的是偏女性的劳拉·兰登(Laura Landon)这个角色(在五部曲以外班农唯一的一本书《婚姻》[*The Marriage*]中她也曾出现)。这个原因就是男性化女同性恋者目前享有令人感到不可思议的亚文化地位,并且她们在女同性恋亚文化圈内外总能引起或积极或消极的强烈的启发性反应。这些描绘表明,单是男性化女同性恋者就可以散发出一种诱人的力量,但在她的爱侣也出现的情况下,在中间的几部小说中,我们越来越明显地察觉到,为了让她显得更强势,另一方就必须变得更弱势。因此,女性主义的出版社水泽仙女重印版的系列封面以一种典型的、矛盾的、符合第二波女性主义运动的方式,纠结于权力如何会同时具备性感、危险和政治上可疑的三种属性。

四、覆盖女同性恋

在 2001 至 2003 年间,克莱斯出版社重印了安·班农的系列作品,并由班农本人写了新的导读。克莱斯出版社是一家由同性恋者主导的出版社。其官方网站上声明道:"克莱斯出版社致力于出版在性取向、男同性恋和女同性恋研究、色情读物、小说、性别研究以及人权问题等领域具有启发性和智慧的书籍。"(Cleis Press 2005)声明中还有一个链接,指向一篇对其创始人的采访,其中写道:

> 克莱斯出版社是美国最大的独立运作的"酷儿"出版公司，今年是它成立25周年。在20世纪七八十年代出现的众多由女同性恋者、女性主义者和男同性恋者主导的出版社中，克莱斯是唯一一家至今仍然由其创始人主理的出版社。(Marler 2005)

采访中，当被问及他们是否属于女性主义出版社时，费利斯·纽曼(Felice Newman)给出了肯定的回答，但内容简短而有限制，只言道:"只要女性主义的定义在不断变化中把我们包括在内，我就很乐意称自己为女性主义者。"相比之下，当被问及是否女同性恋出版社时，两位创始人都给出了详细的回答，先是弗雷德里克·德拉考斯特(Frederique Delacoste)回答说:"我们是一家同性恋出版社，我喜欢这种说法——生活和思考方式都跳出条条框框。在过去，我们的核心受众是女同性恋群体，现在很可能依然如此;但我们也有大量的男同性恋受众。很多同性恋或异性恋的人读我们的作品，并能在我们的作品中找到自身的倒影。"对"女同性恋"这个标签纽曼更能处之泰然，但是有一个更为现代、更宽泛的定义，她承认"女同性恋者或许会和男性发生性关系，她们在性取向和性别认同问题上可能会表现得非常反叛和弹性化"。本人提出这个区别，是为了把克莱斯出版社聚焦同性恋问题的着眼点，和水泽仙女出版社更趋向于女同性恋女性主义的倾向区别开来，因为不同的意识形态背景有助于我们理解她们为班农系列制作的封面类型。

克莱斯版班农"碧博·布林克编年史"五部曲回归了上世纪中期女同性恋低俗小说的封面风格(尽管再也没有采用班农作品的原始封面)，由此重新着眼于低俗小说所代表的禁忌欲望。克莱斯致力于出版"最具开创性的性指南"(Marler 2005)，并在很大程度上被

143

视为“一家以性爱书籍为经济支柱的出版社,但也出版‘严肃’书籍”(Marler 2005)。克莱斯为宣传这些书,会在封底附上一些性激进组织或人士的好评,比如《俯仰》(*On Our Backs*)杂志和情色小说作家多萝丝·艾利森(Dorothy Allison)。书的封面则和那些原版一样,非常明目张胆地以性为卖点。封面上的女性,要么是不同程度地轻解罗裳,要么就是其充满情欲的眼神透露出她们正幻想着自己处于那样的状态。女同性恋女性主义可能总体上对性——尤其是对权力和性之间的关系——抱有矛盾的态度,但同性恋理论颂扬这种踩过界的反叛的欲望。上世纪中叶低俗小说封面那充满感官刺激的图像艺术在这里得到重现,以取悦时髦的后现代观众。它们就像对原版刻意而俏皮的老调重弹,并由此重构了一种经典的造作浮夸的坎普(camp)风格。

在对女同性恋低俗小说封面的分析文章《禁忌之爱:作为女同性恋历史的低俗小说》(“Forbidden Love: Pulp as Lesbian History”)中,艾米·维拉里乔(Amy Villarejo)指出女同性恋低俗小说并不属于坎普之列:“低俗小说与浮夸和庸俗沾边,但不等同于浮夸和庸俗,低俗小说似乎至少为堕落、低劣品味、蛮横、犯罪和绝望确保了某种形式的流通和转化,但这一使命是由图书的封面来完成的——至少在历史上确实如此。”(1990, 320)不过,如果我们拿苏珊·桑塔格在《坎普札记》(*Notes on Camp*)中的开创性分析来与之仔细对比,就会发现女同性恋者低俗小说的封面确实带有坎普风格。首先,克莱斯发行版的封面重现了传统的、高度风格化的女同性恋低俗小说原版的封面图像。任何一本班农系列作品的封面都和其文字内容没有具体的关联,而只与作品类型本身有关。例如,克莱斯版的《碧博·布林克》的封面角色并没有男性化的元素,尽管该小说及同名系列的主角正是一个十分男性化的女同性恋者。克莱斯再版中，重新使用的原版封面与它们为之服务的班农作品的文字内容没有任何关联。例如，克莱斯版《阴影中的女人》封面上的原始图像，来自两本不同的上世纪中叶的低俗小说。一个男性化的女人一边抽着烟一边盯着另一个正在褪去衣裳的女子，这最初是出自凯·亚当斯（Kay Addams）1960 年的小说《扭曲的欲望》（*Warped Desire*），此书宣称"大胆地探索了一个冷漠女子被自身的绝望逼上反常道路的问题"。这幅插图也在两年后的 1962 年，出现在理查德·维拉诺瓦（Richard Villanova）的作品《她的女人》（*Her Woman*）的封面上，该书描述了女同性恋主角如何"开始寻找一个男人，任何一个可以满足她……并**拯救她**的男人"。但《阴影中的女人》中既没有性冷淡，也没有向异性恋转变的内容。显然，克莱斯的再版更强调的是女同性恋低俗小说的类型，而不是班农小说的具体内容。凡对原作艺术的改动，都是泛泛的强化，而不是对个别故事线的引用。虽然原来的封面艺术发生了一些改变，但都属于类别上的加强，而不是指向个别故事。除了对背景的改动，以及对某个女性角色位置的对调和大小的调整，所有对原作的改动都包括对阴影或烟雾的添加。例如，《阴影中的女人》的封面上增添了一团从男性化一方的香烟中飘散出来的烟雾，并在女性化一方的左侧增加了一个阴影。不过，这些变化未必都是在影射作品标题，因为在《碧博·布林克》的封面上女性化一方的脸部同样打上了阴影。这些变化反映出人们对女同性恋与阴影之间的低俗关联，而不是班农小说中的任何东西。这种重风格轻内容的做法正属于坎普风格。正如桑塔格所描述的那样，"对风格的强调就是对内容的轻视，或是展现一种对内容中立的态度"（Sontag 1966, 279），而坎普风格"实现了'风格'对'内容'的胜利"（Sontag 1966, 289）。这种风格重于内容的做法在克莱斯版本的封底上得到了进一步强化。在五部曲中，有三部封底上的

144

第一条也是占据最大版面的引用都来自芝加哥自由出版社(Chicago Free Press)，而它所评论的是作品的类型，而不是作品本身的内容："性。不道德。堕落。哦，女同性恋低俗小说的暮光世界里那扭曲的激情啊。"

原版和克莱斯版封面上浓重风格重现无疑是浮夸的坎普风，因为它被作为一种"身份徽章"(Sontag 1966，277)。封面上的这种表现形式，滋养了一个属于往昔和当下的知情人士的社群。桑塔格声称："坎普风是一种具有诱惑性的模式——一种使用浮夸的行为方式，容易被双重解读；姿态里洋溢着表里不一，在行家面前幽默机智，在外行面前不近人情。"(Sontag 1966，283)这些封面除了能通过浮夸招摇的图像展示来诱惑读者，简直一无是处；但它们又令人费解地保持着模棱两可的状态。例如，假使我们快速、肤浅地瞥一眼克莱斯版《碧博·布林克》或《成为女人的历程》的封面，只会看到一个女人注视着另一个女人。而你必须知道如何辨识这种生动的外形描述，才能确定这是哪种类型的作品。齐梅特在有关女同性恋低俗小说封面的作品中评论了这种注视的意义："她到底是不是女同性恋？只要跟着她的目光走就会知道答案。"(Zimet 1999，103)因此，尽管女同性恋低俗小说近乎批量生产，并且在封面视觉效果和文字内容上都表现得高度公式化，但依然足够神秘，如此才符合桑塔格对坎普风格的局部定义，即"只有小圈子内行才懂的某种秘密代码"(Sontag 1966，277)。而女同性恋者很早就掌握了这种密码，就像我们在"发现女同性恋"一节中已经讨论过的那样。坎普风无疑与同性恋群体有着特殊的联系。桑塔格对此解释说，"虽然坎普的品位未必是同性恋的品位，但二者之间毫无疑问存在着一种奇怪的适配和重叠"，因为"总的来说，同性恋群体既构成了坎普风的先锋，也是其最善于表达的受众"(Sontag 1966，291)。从 20 世纪 50 年代到如今，女同性恋低俗小说的封面图像起到了像哈哈镜一样的作用，女同性恋者往往能在其中找到自身的滑稽扭曲的映像。

女同性恋低俗小说图画中，女同性恋角色的扭曲构成了其坎普浮夸、后现代吸引力的一部分，因为"坎普的本质是它对一切不自然事物的爱，对奇巧和夸张的爱"(Sontag 1966，277)。低俗小说之所以在如今受到读者的欢迎，原因有很多。维拉里乔推测，这是因为它"很容易被商品化……作为新的后现代流行语，低俗小说以令人警惕的速度进入了主流"(Villarejo 1999，320)。后现代品味，就像坎普品味一样，特别优待那些位于社会边缘的、不被主流社会容忍的人；二者都搁置了传统的审美判断。桑塔格这样评价坎普："坎普的品位背离了普通审美判断的好坏轴。坎普并不颠倒黑白，并不妄称好的就是坏的、坏的才是好的。它的意义是为艺术和生活提供一套不同的——可作为补充的——标准"(Sontag 1966，288)。克莱斯版的呈现形式似乎与班农小说内容的价值相矛盾。在封底上，芝加哥自由出版社(The Chicago Free Press)将其描述为"低劣"；作家琼·奈斯特也认为，它们"被文学界称为垃圾，被商界称为色情刊物"。然而，尽管有人承认这些作品的垃圾地位，但也有人声称它们是重要的，甚至是权威的。《旧金山海湾卫报》(*San Francisco Bay Guardian*)的一篇评论把它们称作"传奇"；在每本书的封底上，克莱斯出版社都将该系列宣传为"来自女同性恋低俗小说女王笔下的20世纪50年代经典爱情故事"。法国女性主义者埃莱娜·西苏(Hélène Cixous)给《阴影中的女人》所写的强有力推荐，为这些小说的地位做出了极大的贡献，她甚至断言，"在适当的历史背景下，《阴影中的女人》是一部旷世杰作"。这些封底表明，克莱斯出版社把这些小说同时当作垃圾文学和同类经典而进行投资。这正是一种坎普的审美评价，因为正如桑塔格所说的那样，"坏品位中确有好品位

145

的存在”(Sontag 1996, 292),而这正是克莱斯出版社推广该书系的方式。克莱斯将班农的作品当作一种有趣的文学猎奇,尽管同时强调该系列在文学和历史上的重要性。

克莱斯用这些俗气的、复古的封面来推销班农的小说,这一事实表明他们相信当代的同性恋群体已经准备好欣赏和享受其坎普特质。女同性恋低俗小说诞生于美国同性恋历史上一个特别严峻的时期,因此,再现其中的某些最极端元素可能会唤起有关创伤——当然也可能是愉悦——的回忆;但克莱斯正确地认识到,当代美国同性恋文化与往昔的距离已经足够远,以至当下的人们可以尽情嘲笑过去的历史。这种(情感上的)距离对坎普风格至关重要,正如桑塔格解释的那样,“无趣和坎普品位之间的关系怎么评估都不过分。从本质上讲,坎普品位只有在富裕的社会中,在能够体验富裕生活的精神病理学的社会或圈子中才有可能存在”(Sontag 1996, 291)。尽管持续受到压迫,但纵观世界历史,当今美国的同性恋者已经是享有最多优待的一群人。克莱斯版的班农小说的封面复制了上世纪中叶女同性恋低俗封面的传统审美风格,但用了一种讽刺的方式,以呼应同性恋权益斗争所取得的进展。

女同性恋低俗小说最初是一种快销商品,为了向异性恋的男性读者贩卖离经叛道的性经历而生产出来;但它被女同性恋者抓住,并作为一种生存文学的形式而得到珍视。尤其是安·班农的“碧博·布林克编年史”五部曲,从福赛特出版社在20世纪50年代和60年代初首次发行以来,就一直由同性恋所主导的出版机构不停地重印再版。三大重要版本的封面都深刻地反映着它们的历史和出版背景。福赛特版的封面揭示了主流文化对女同性恋本身的困惑,以及对女同性恋威胁动摇异性恋父权制度的恐惧。水泽仙女版揭示了女同性恋女性主义对非平等关系或“扮男扮女”女同性恋关系的矛盾心理。而克莱斯版则呈现为一种性感的同性恋坎普风格。令人惊叹的是,最初仅仅作为低俗刊物出版的作品摇身一变,成为国际畅销书、热门收藏家的藏品和女同性恋经典。不断发展进化的封面艺术绘出了女同性恋所唤起的恐惧和欲望图景的变化,而这些形象从上一个到下一个的变化之大,令人几乎无法辨识,这也使得这些封面本身成为如假包换的“奇怪的姐妹”。

（毕云 译）

第十二章　如何面向"年轻人"?
——弗朗西斯卡·莉亚·布洛克的案例

克里斯·理查兹
伦敦城市大学

如何面向"年轻人"?

通过翻阅、审视、思考 20 世纪 90 年代早期弗朗西斯卡·莉亚·布洛克的平装版《薇姿·巴特》,我们可以发现,该作暗示了那个时期面向"年轻人"的出版策略。这个版本质地轻薄[①],当然笔者在此描述的是其物理属性,但这些通常被"访问链接"所忽略。这对年轻人来说是一种"轻松阅读",因为他们不太可能拿起"较厚"的书来阅读。在旧视觉和新媒体的泛滥中,阅读常常处于四面楚歌的境地。

---

① 20 世纪 90 年代中期的平装书(哈珀出版社)高 7 英寸(17.8 厘米),宽 4.5 英寸(10.8 厘米),每卷不到 140 页。

随之而来的是,集中注意力、反思、思考和想象习惯的下降,共同构成了一种认知侵蚀。尽管对这种印刷本读写能力下降的担忧多与男孩相关,但这些标题——《薇姿·巴特》、《女巫婴儿》(*Witch Baby*)、《切罗基·巴特》(*Cherokee Bat*)、《好色之徒》(*Goat Guys*)、《失踪的天使胡安》(*Missing Angel Juan*)和《婴儿贝博普》(*Baby Bebop*)——似乎是针对年轻少女的。这些"略刺眼"的书并非想直面挑战读者,以图证明他们可以接受现实主义、暴力、死亡与冲突(尽管这些都是其中的人物)。相反,它们是一种"想象形式",极具艺术风格的封面使其成为内含"少女感"的书籍。

1998年,哈珀柯林斯出版社将弗朗西斯卡·莉亚·布洛克的《薇姿·巴特》这篇小说重新定位,不再列入"青少年课外读物",而是成人读者同样感兴趣的年轻"时髦"生活故事。① 在当时,将这五篇小说收入小说集《危险的天使》(1998),被认为是"儿童出版的一个不寻常的举动"(di Marzo 1998)。辛迪·迪·马尔佐在《出版人周刊》上的报告追溯了"跨界"策略:

148

> 如同布洛克的编辑最初希望的那样,这种重新包装努力的最终目标是实现对成人读者群的覆盖。……该系列仅以平装本发行,哈珀希望大尺寸的装饰、引人注目的封面艺术和增加

---

① 弗朗西斯卡·莉亚·布洛克的作品最初是以小说的形式出现的,其读者群被定义为"学童"、"青少年"和"年轻人"。从1989年到1997年,她的书明显偏向青少年/年轻人市场,大多数平装版(以及一些精装版)在美国图书馆协会颁发的"青少年丛书"和"青少年课外读物"榜上有名。1998年至今,她的书不再涉足美国图书馆协会奖,也不再以与"学童"或"青少年"市场明确相关的印记出版。第一个出版阶段的六篇短篇小说再版发行——其中五篇进入《危险天使》(1998)和1999年的《被绞死的男人》([*The Hanged Man*]1994年首次出版)合集中。

> 的页数将使其在成人和青少年的书架上脱颖而出。(di Marzo 1998)[①]

布洛克的小说在1998年之前获得了美国图书馆协会(ALA)的认可，其销量主要来源于“学校、图书馆和儿童书店”。但新合集版本吸引了不同类型的“读者群”。根据布洛克现任编辑乔安娜·科特勒(Joanna Cotler)的评论，迪·马尔佐将目标受众描绘为“20多岁”和1966年至1979年出生的群体。这些零散的群体分类彼此模糊，但一种明显的影响是，布洛克作品的魅力可以在那些“十几岁”甚至三十多岁的读者群体中激发出来。

“重新包装”策略既包括全新的封面艺术，也包括将小说及其作者重新定义为一个兴起的“文化产品”——以吸引年轻人，而并非纯粹的“青少年”：

> 为了获得一个吸引成人读者的封面形象以及薇姿的具体形象，科特勒与布洛克密切合作。平装版之前曾重新发行过一次，由卡尔德科特奖得主(Caldecott Medaist)大卫·迪亚兹([David Diaz]上世纪90年代中期的哈珀奖版本)以大胆、朴实的作品单行本发行，这似乎与纽约时尚摄影师苏莎·斯卡洛拉(Suza Scalora)的形象相反，她描绘的是一个清秀、超凡脱俗的人，一头金发，身着紧身无肩带连衣裙并有着浅紫色翅膀。(di Marzo 1998)

---

① 《危险天使》共478页，高8英寸(20.2厘米)，宽5.4英寸(13.4厘米)，书厚1.5英寸(3厘米)。

哈珀计划将注意力集中在布洛克和她的书上，包括成人读者群体指南、大学演讲活动、互联网促销活动，以及在洛杉矶举办的一场派对，以配合秋季出版的《我是少年仙女》(di Marzo 1998)。

这一策略需要在更广泛的营销模式背景下理解。显然，向更广泛的受众群体推销是有利可图的，但这里特别关注的是在“年轻”群体中的别样流行—— 以及“年轻”群体是如何形成的——这尤其令人感兴趣。乔纳森·雷诺兹([Jonathan Reynolds]坦普尔顿学院[Templeton College]的牛津零售管理学院[Oxford Institute of Retail Management])在当前的营销演讲中重申(2004年3月31日，在BBC广播四台《你和你的家庭成员》[*You and Yours*]中)，宜家(IKEA)的目标是“所有年龄段的年轻人”。显然，这一提法具有更广泛的适用性。布洛克与宜家一样，凭借其有限的成功，已经改变了类似不稳定的读者群体。

大卫·白金汉(David Buchingham)提出了一个相关的论点：

> “年轻”已经成为一个极具变化的群体，似乎在进一步扩大外延。例如，在对英国流行音乐、耐克运动服、任天堂或南方公园充满狂热的群体中，10岁和40岁的人都可以被视为一个“年轻受众”市场的成员，这个市场自然地与“家庭”市场有所区别。在这种背景下，“年轻”已经被视为一种生活方式选择，由其与特定品牌和商品的关系来定义，也适用于那些远远超出其生理年龄(在任何情况下都是不稳定的)的人。在“新兴电视传媒”和现在的流行音乐营销中，“年轻”具有象征意义，既可以作为想象的身份，也可以指客观群体存在的可能性——这种现象本身会愈加帮助扩大受众，从而提高其市场价值。(Buckingham 2000,99)

149

这里对想象身份的强调表明，“年轻”可以说是生活方式的一种特征，以图突破年龄阶段的束缚。从这个意义上讲，“年轻”是可以买到的，或者至少通过消费适当的商品，可以继续重温年轻的感觉。我想进一步阐明这样一个观点，即年轻现在更多的是一种生活方式，而不是一个年龄阶段。

但这里也需要注意另一种转变。即使作为一个年龄阶段，“年轻”也不像过去那样被明确界定（Griffin 2001）。可以认为，年轻人的生活方式除了通过消费来构建之外，还基于“青少年”或“年轻人”的群体延伸——从 18 岁以上延伸到 20 岁。原先传统事件（如婚姻、长期远离父母和紧张就业）的相对减弱，使得“年轻”不断保持（关于“后青春期”，见 Ball，Maguire and Macrae 2000）。在这方面可以说，《薇姿·巴特》的“第二波”营销也针对了新形成的读者群体，他们的“年轻”生活一直延续到成年，而且在商品包装层面上，“青少年”显然缺乏明确的界定范围。

但是，布洛克经过重新包装的小说邀请读者去选择哪种年轻的生活方式呢？这里需要考虑三个问题：性别、地点和音乐。在白金汉的评论中，10 到 40 岁的年轻人可能会把自己定位为“年轻人”，这一说法似乎具有明显的男性特征。他所关注的与“家庭”市场的区别也隐含着性别差异。英国流行音乐、耐克、任天堂和南方公园，虽然不是专门迎合男性，但一起唤起了男性认同。这里还可以提出其他更明显的女性市场，与家庭市场同样有所不同——也许是鸡仔文学、白色条纹乐队（White Stripes）、斯莱特-金尼（Sleater-Kinney）、《老友记》（*Friends*）、《橘郡男孩》（*The O. C.*）、《魅力》（[*Glamour*]等等）可能构成了一个这样的选择的资源。《危险天使》的封面形象是“一个清秀、超凡脱俗的人，一头浅金色头发，身着紧身无肩带连衣裙，并有着浅紫色的翅膀”，这本书可以放在如幻想、童话、浪漫这些满足女性读者需求的类型旁,虽然有些不够准确。其言外之意是,重新包装版试图吸引的是女性读者。

尽管"生活方式"可能被理解为仅以年龄为基础,但要将其与已经因性别、阶级或种族而有所区别的生活方式区分开来则更为困难。吉登斯(Giddens 1991)在扩展生活方式的概念方面发挥了重要作用,但他强调生活方式是通过受约束的选择构成的。因此,尽管他强调生活方式提供了"以物质形式进行自我认同的特定叙事",但特定生活方式的构建也取决于具体环境的特征。事实上,他特别关注非传统文化中的选择感:

150

> 生活方式并不是一个适用于传统文化的术语,因为它意味着在多种可能的选择中做出自己的选择,并且更倾向于"采纳"而非"传承"。生活方式其实就是指常规的做法,这些习惯融入了穿衣、饮食、行为方式和与他人交往的有利环境中;但是,根据自我认同的流动性,所遵循的常规会反射性地改变……选择……不仅是关于如何行动的决定,而且是关于成为谁的决定……一个人的行动环境越是"后传统",生活方式就越关注自我认同的核心、自我认同的形成和重塑。(Giddens 1991,81)

换句话说,只有在一种特定的环境中,"生活方式"才具有吉登斯所建议的属性。[①] 在布洛克的出版史上,尤其是自1998年以来,她在洛杉矶的住所和身份一直在她所有书的封面上被重申,这一点至关重要。广场是《危险天使》中所唤起的生活方式的中心。洛杉

---

① 这种生活方式可能得以繁荣的社会环境的特殊性,在一篇关于吉登斯的强有力的评论中得到了相当的强调与推进——参见 Skeggs 2004。

矶被广泛认为是一个全球性或“后现代”城市（见 Harvey 1989，299－300；Susina 2002）。加州尤其是洛杉矶，长期以来一直在大众话语中作为传统的对立者而流行，是未来最先触及的地方。迈克·戴维斯(Mike Davis)在《石英之城》(*City of Quartz*)中提到了“南加州游离于现实和科幻小说之间的边界处”(Davis 1990，41)。对布洛克居住地的重复无论多么轻描淡写，都暗示着她的写作与城市本身之间的平衡：在现实与幻想之间，在现在与未来之间，以及在流派之间的不确定空间中。

然而，如果说布洛克的作品代表着洛杉矶，由于现实主义的要求，它必须有极端的限制——以白人为主的角色生活，不需要任何日常工作——尽管薇姿最初是一名服务员。苏西纳(Susina)在《后现代游荡者的重生：弗朗西斯卡·莉亚·布洛克〈薇姿·巴特〉的后现代主义》(“The Rebirth of Postmodern Flaneur：Notes on the Postmodern Landscape of Francessa Lia Block's Weetie Bat”，2002)中提到，有学者批评布洛克笔下的人物生活在“消费主义天堂……[而且]鲜有对他们自己认定的富裕白人上层特权的美好生活的展望”(Susina 2002，198)。事实上，就社会范围而言，该小说给人的印象远不及雷蒙·钱德勒(Raymond Chandler)或《天使》，后者是反乌托邦的巴菲(Buffy)的衍生作品，其中精英律师和“兄弟”与更常见的吸血鬼和恶魔混在一起。

但对洛杉矶的认同，除了作品再现的真实性之外，还取得了其他方面的成就。吉登斯所描绘的那种非传统的生活方式，是在一种既不是现实主义也不是科幻小说的体裁中探索的。在这五篇小说中，危机和(部分)和解的分层累积产生了一种“家庭”生活方式，体现出对新的右翼政治和基督教基要主义(fundamentalism)的含

蓄蔑视。[①]这里的“家庭价值观”并不排斥生物意义上的亲子关系、异

151 性恋或单一文化。与《消失的地平线》的反复暗示一致，“洛杉矶”(或“Shangri-L.A.”)是这种生活方式可以与传统相抗衡的地方；但在传统没有立足之地的地方，必然存在不稳定。这不是放纵的幻想或简单的庆祝。布洛克的叙述一再暗示着不确定、不稳定的结局。在这方面，她的写作确实暗示了在《穆赫兰道》(David Lynch, *Mulholland Drive*, 2001)中探索的更为阴暗的主题。正如杰克·齐普斯(Jack Zipes)所说：

> 好莱坞作为一个象征是一个乌托邦般的童话圣地，在那里可以等待命运的眷顾，从默默无名到成为超级明星，在那里创造财富像魔法森林一样，通过一些特殊的事情给内心带来真正的快乐。但好莱坞……也是一个艰苦而残酷的地方。最初建立好莱坞的人一直都知道这一点，如今在好莱坞从事娱乐工作的人也都知道这件事。(Zipes 1997,2)

笔者想在这里强调，音乐是《危险天使》生活方式的第三个层次。西蒙·弗里斯(Simon Frith)认为“年轻”几乎是由音乐构成的：

> 社会学上的一个真理是，人们对流行音乐的最大个人投资是在青少年和年轻的时候——当个人身份和社会地位、对公共及私人感情的控制等问题处于优先地位时，音乐就会与一种

① 布洛克的小说面临着许多挑战，特别是来自一些质疑它们与校园适配度的组织。例如宗教组织(missionamerica.com)和“反对校园不良图书的家长”组织等。但相反地，她的作品在如加拿大的不列颠哥伦比亚省的同性恋教育工作者中则得到了热情支持。

> 特殊的情绪动荡联系在一起。随着年龄的增长，人们对音乐的使用越来越少，也越来越不专心；对所有年龄阶段（不仅仅是摇滚时代）的人来说，最重要的流行歌曲是青少年时期听过的歌曲。这表明不仅年轻人需要音乐，而且“年轻”本身是由音乐定义的……青春的音乐之所以具有社会重要性，并不是因为它反映了年轻人的经历（真实与否），而是因为它为我们定义了什么是“年轻”。我记得，自己在 20 世纪 70 年代初最初的社会学研究中得出的结论是，无论出于什么原因，那些对流行音乐不感兴趣的年轻人并不是真正的“年轻人”。（Frith 1987，142－143）

布洛克的小说中有很多关于音乐的引用。但我想在这里探讨的是“音乐”是如何进入《危险的天使》的营销的。与弗里斯一致，音乐似乎在这里发挥作用，以进一步吸引更多有意认同年轻生活方式的观众。尽管成年人几乎被定义为排斥和不能容忍年轻人的音乐，但音乐作为“年轻人”的中心也有着持续而矛盾的共鸣。正如克里斯汀·格里芬（Christine Griffin）在《青年独白》（*Representations of Youth*）中所观察到的那样：

> 青春仍然是一个强大的文化和意识形态范畴，通过它，成人社会构建了一个既陌生又熟悉的特定年龄阶段。青春仍然是成年人恐惧和怜悯、偷窥和渴望的焦点。（Griffin 1993，23）

香农·莫恩（Shannon Maughan）在《出版人周刊》（1999 年 10 月）的一篇文章中评论道：

> 青少年比以往任何时候都更多地成为零售商、服装公司，

以及无数电视节目、电影、流行音乐表演和杂志的目标受众。书如何契合人们的想象期待？儿童读物出版商早就意识到青少年读者的需求，并在20多年前为他们创造了青少年文学体裁……随着2000年的到来，青少年不仅面临着更多的时间需求，而且面临着比以往任何时候都多的娱乐选择，向他们传达有关书籍的信息从未如此重要。令人高兴的是，目前整个文化界都愿意接纳青少年的一切，这为出版商提供了各种新的机会来宣传他们的作品。

152

这再次表明，"交叉"策略意图将图书重新定位为与其他媒体相同的商品，并在其处理方式上同样灵活。《危险天使》的封面上有一句《纽约时报》对其的书评："卓越"。封底上显示了以下文字：

爱是一个危险的天使……弗朗西斯卡·莉亚·布洛克错综复杂生活中的传奇故事使得感官欲望更为兴奋。这些后现代童话故事记录了恐惧与欲望、痛苦与快乐之间的模糊边界，在一个每个人都容易受到最美丽、最危险的天使——爱的伤害的世界里，这些童话故事都在挣脱束缚。

美国音乐杂志《斯宾》(*Spin*)引用了进一步的批评意见："感官主义者的天堂……"布洛克的传记中进一步指出，她并不是专为儿童和年轻人写作的作家，而是一个"孤傲冷漠"的人物：

除了《薇姿·巴特》，弗朗西斯卡·莉亚·布洛克还是创作了《九号少女女神》(*Girl Goddess # 9*)、《被绞死的男人》以及奇幻小说《迷魂药》(*Ecstasia*)和《春花》(*Primavera*)的著名作家。她为《斯宾》杂志写专栏，并被《蜂鸣》(*Buzz*)杂志评为“洛杉矶(她目前居住的地方)最特立独行的人”之一。

对这五篇小说的重新定位源于封面内侧的即时评论：《乡村之声》(*The Village Voice*)、《斯宾》、《纽约时报书评》和《出版人周刊》。在此引用《乡村之声》如下：

> 在布洛克的抒情和共鸣寓言中，魔法无处不在，它总是注重家庭、朋友、爱情、地点、食物和音乐的重要地位。她的系列作品既现代又神秘，它应该在这个空想国家不断缩小的书架中上据足够的空间。

评论者的选择表明，定义读者群体大多是根据其对音乐和音乐新闻的了解，而不是根据布洛克写作的文学背景或其他参考资料。[①]因此，在评论中引用的文化地图包括音速青年乐队(Sonic Youth)，如《白日梦国度》，以及更广义的参考来源，包括童话、神话、民间传说、寓言等“非文学”流派。不论是可能的比较——如阿米斯特德·莫宾(Armistead Maupin)的《城市故事》([*Tales of the City*]六篇小说以大致相同时期的旧金山为背景)——还是在其他地区公认的影响，如伊莎贝尔·阿连德(Isabel Allende)的《幽灵之家》(*The House of the Spirits*)或加布里埃尔·加西亚·马尔克斯(Gabriel Garcia Marguez)的《百年孤独》，都几乎很少有文学参考。与知名的作者的联系则更是少之又少；这样的参考反而对于定位她更起作用：“布洛

① 对布洛克作品接受的研究超出了本章的讨论范围，但值得注意的是，在网上音乐贡献者间的互联网交流中，他们的自我认同非常重要。

克女士比雷蒙德·钱德勒之后的任何人,都能更好地描写真实的洛杉矶"[《纽约时报》引用了《危险天使》中的《切罗基·巴特》和《好色之徒》]。尽管其中一些批评来源具有正统的"文学"权威,但这些小说被定位为面向根本不能被定义为读者的受众。也许,在《乡村之声》提到的"书架萎缩"的案例中,也有一种挥之不去的焦虑感,那就是阅读能力的暗中下降——布洛克因此被称赞,在"年轻人课外读物"类别中获得 ALA 奖其实是具有讽刺意味的,她能够在此"赢得"非文学观众,这些读者群体的文学审美正有所下降。但是购买和阅读《危险天使》并将其带在身边,也算是一种"重新包装",这样的生活方式是可以接受,甚至是可取的。

153

在结束这场介绍性的讨论时,笔者想强调的是,"年轻成人"小说现在似乎分为两类:一类是为纳入学校课程,或至少是可以纳入学校图书馆而创作的;另一类则是为了在市场中更具商业影响力,相对来说更少受到教育环境的明显监管约束而写作的(Reid and Hutchinson 1994)。在教育性的话语中,有一种令人不安的阅读倾向和道德焦虑——在私人场合消费,比如,在个人立体音响上听音乐,是不会被发现的。[①] 这种试图将"年轻成人"小说固定在适当位置的话语,在更广泛的图书交易中并非完全没有,但在其他营销需求中似乎越来越边缘化。因此"年轻成人"小说分为两种不同的类型,一种含蓄地维持着与教育的契约,另一种则赞美"各个年龄段的

① 1983 年,杰克·齐普斯评论道:"解放童话面临的主要困难……在于故事的发行、流通和童话的运用体系,而这一切取决于教师、图书管理员、家长和那些在社区中心与儿童相伴的成年工作人员的教育观点。"(《当代儿童童话中奇幻元素的解放潜力》["The Liberating Potential of the Fantastic in Contemporary Fairy Tales for Children", in Zipes 1991, 191)可以说,市场规则现在或许被认为能使更多"不寻常的、具有前瞻性的、奇妙的预测"得到更广泛的推广(齐普斯的原话)。

年轻人"。

值得一提的是，弗雷德里克·詹姆逊在这里对文学类别的讨论。他认为，文学类别"本质上是文学机构、作家与特定公众之间的社会契约，其功能是规定特定文化艺术品的正确使用"（Jameson 1981，106）。正如笔者提出的，"年轻人"小说似乎在它所针对的特定公众的两个版本之间延伸。作者与其签订的隐性合同之间的张力关系越来越不稳定。从某种意义上说，布洛克的《薇姿·巴特》小说的重新定位意味着一种强化的商品化，推动她的作品超越了更受"保护"的学院派写作领域。詹姆逊的文章评论了图书市场的出现：

> 通用合同和制度本身……与许多其他制度和传统做法一起，成为市场体系和货币经济逐渐渗透的牺牲品。随着文化生产者的制度化社会地位的消除和艺术作品本身向商品化开放，旧的通用规范被转变为品牌体系，任何真实的艺术表达都必须与之斗争。（Jameson 1981，107）

尽管詹姆逊在这里提到了出版史上更早的时刻，但这与将布洛克置于学校之外更广泛的小说市场的尝试有相似之处。布洛克的作品在市场中被不同流派重新定位。笔者与其讨论艺术"真实性"的问题，不如进一步讨论她的作品是如何在面向"特定受众"时被重新选择的。 154

《薇姿·巴特》和《危险天使》

目前，笔者重点关注的是布洛克的写作特点，并特别关注一个问题——为什么她的小说如此符合本人所概述的"重新包装"策略？

《薇姿·巴特》(稍后将详细评论)讲述了高中刚毕业的薇姿和她的同性恋朋友德克(Dirk)的故事。他们都渴望稳定的关系和生活的处所。一个精灵答应了他们的愿望，于是他们开始组建一个家庭，随着小说的进展，朋友、爱人和孩子也加入了这个家庭。《女巫婴儿》关注的是薇姿的“养女”，以及她对于自己是谁、属于谁的困惑。女巫婴儿的麻烦行为引发了各种危机——至少通过公开承认她的出身和明确加入薇姿·巴特家族，这一问题暂时获得了缓解。《切罗基·巴特》和《好色之徒》追溯了儿童(现在是青少年)之间性关系的出现，以及他们为组建一支成功摇滚乐队而进行的斗争。由于所有的父母都不在，美国原住民朋友草原狼(Coyote)被要求使用魔法来帮助他们。最终，草原狼的介入限制了乐队每个成员从各种动物身上获得的力量。《失踪的天使胡安》以纽约为背景，女巫婴儿去找离开她的天使胡安。在那里，她遇见了薇姿的父亲查理·巴特的鬼魂，并与之相伴。她还遇到了一个吓人的“白色”人体模特凯克(Cake)。婴儿贝博普(Baby Be-Bop)回到了德克的青春期，回顾了他对同性恋的感觉。在被殴打后，他遇到了曾祖母和父亲的鬼魂，并与他们长谈了自己家族的过去。

布洛克的第一篇小说《薇姿·巴特》最初是一个令人不安的混合体，包含了异想天开的文字游戏、名字不太好听的角色(薇姿·巴特本人、我的特工男性情人、杜克(Duck)、德克……)和童话元素——三个愿望和一个精灵、女巫——还有(虽然不是明确的)有点遗憾的一夜情、同性恋性爱、薇姿和她的两个同性恋朋友之间的性关系(因此不确定父亲身份)，以及艾滋病。这篇小说唤起了人们脑海中关于洛杉矶与好莱坞的场景，里面充斥着酒吧和俱乐部、流行音乐和前几代电影明星。随着系列小说的延续，薇姿自己也逐渐成为背景，另外四篇小说更多地关注那些青少年角色，而不是随着角色从“年轻”进入成年生活而转变。

《薇姿·巴特》第一版以夏洛特·佐洛托(Charlott Zolotow)的名义出版(《女巫婴儿》《切罗基·巴特》和《好色之徒》也被认为是夏洛特·佐洛托的作品)，因此与一位久负盛名的儿童作家联系在了一起，这位儿童作家也有着漫长的职业生涯(1915 年出生，1938 年起作品由哈珀出版社出版)，担任儿童和青少年书籍编辑。在《薇姿·巴特》(Harper and Row Junior Book，1989)的封底上，这段文字的引用颇有吸引力，似乎是写给一位非常年轻的读者的： 155

> 薇姿和“我的特工男性情人”和德克和杜克和切罗基和女巫婴儿和玩具狗和运动女孩和小狗小不点、嘘嘘、蒂妮，以及蒂基和T正沿着好莱坞大道驱车前往滴答滴答茶室享用火鸡拼盘。

但是《薇姿·巴特》的开篇是这样的：

> 薇姿·巴特讨厌高中的原因是没有人理解她，同学们甚至根本没有真正意识到他们所生活的地方意味着什么。他们不在乎玛丽莲的脚印其实就在格拉曼家的后院里；你可以在农贸市场买到战斧和塑料棕榈树钱包，在奥吉狗快餐店(Oki Dogs)买到最粗糙且最便宜的奶酪、豆类、热狗和墨西哥卷饼；在杰森(Jetson)风格的小纳勒餐厅(Tiny Naylor's)，女服务员穿着溜冰鞋；那里有一个喷泉，变成了热带的汽水的流行颜色，还有一个峡谷，吉姆·莫里森(Jim Morrison)和胡迪尼(Houdini)曾经住在那里，还有坎特餐厅(Canter's)通宵的土豆饼，不太远的地方是威尼斯，有柱子和运河，甚至像真正的威尼斯，但可能因为冲浪者而更凉爽。没有人在乎，直到德克的出现。(Block 1989，3－4)

德克有着“黑色莫霍克(Mohawk)鞋油”颜色的头发,开着“55庞蒂亚克”(55 Pontiac)的红色车,薇姿是他唯一关注的女孩并成为他最好的朋友。他们也一起去夜总会,“在舞台下面的坑里砰砰地跳”,然后“浑身出汗,浑身发抖”,在奥吉狗快餐店吃墨西哥卷饼(Block 1989,5-6)。

在第一章的结尾,当德克向薇姿透露自己是同性恋时,异性恋浪漫的期望发生了进一步的转变。这并不是一个推迟到叙事后期的启示。他们随后的活动包括性巡游——或者布洛克的《猎鸭记》中称之为“猎鸭”,该书以好玩、有时令人不安、有节奏的方式列出了潜在的色情情节。第二章由此开始:

> 这里有各种各样的“鸭子”——水牛鸭、瘦鸭子、冲浪鸭、朋克摇滚鸭、野鸭、害羞的野鸭、凶猛的鸭子、可爱的鸭子、时髦的G.Q.鸭子、有着爬行装和鸭尾式发型的摇滚鸭、带着恐惧的鸭子、跳舞的鸭子、与滑板约会的鸭子、骑着摩托在城市里奔跑的鸭子等等。(Block 1989,10)

薇姿和德克寻找到了“各自理想”的“鸭子”。薇姿喝醉了,和一个光头的乐队文身歌手发生了一夜情,发现自己被铐在他的地下室里。第二天早上醒来时,她“畏缩着,仍然醉醺醺地”,仍把电话打给了德克。他们分享彼此的性(错误)冒险,在坎特家吃贝果(Bagel)时看到“一车泡菜推过,绿色而富有弹性的腌黄瓜在不断晃动着”,德克后悔地感叹道:“哦,上帝啊!这正是我在经历昨晚的折腾之后,最需要看到的了。”(Block 1989,12-13)

在封面上突出显示的摘录和这里讨论的段落之间,它们的称呼方式存在着一种明显的脱节。从令人回忆起童谣的有趣的命名节奏，到对随意性行为的风险和遗憾的讽刺素描，我们发现，"隐含读者"的年龄难以预测地在"儿童"和"成人"之间徘徊不定。读者需要适应"猎鸭"这一章的具体内容，以理解其中的差距、沉默和典故——显然是具有针对性的——暗示观众已经对这里描绘的社会语境有些熟悉，即使只是通过其他的方式表现出来。①

156

不同于那些作者身份是根据"儿童"或"年轻人"等的特定读者群体构建起来的作家，布洛克从未明确将自己定位为"为年轻人写作"，也没有声称自己代表"年轻人"的经历，或知道"他们想要什么"。布洛克的观点是自传体的。布洛克（生于 1962 年）在洛杉矶长大，并通过父亲欧文·亚历山大·布洛克（Irving Alexander Block，1910—1986）与好莱坞电影界联系在一起。后者是一名艺术家，也是《禁忌星球》（*Forbidden Planet*）的编剧，并负责许多其他电影的特效。她一再强调，在童年时代她已经接触到了大量的神话和童话故事。她在 20 多岁在加州大学伯克利分校学习文学时，创作了《薇姿·巴特》——这是献给她的父亲的。这部小说只是在出版风格上指向了"年轻"的读者，而非作品本身：

> 我在很长一段时间里担心我的作品属于青少年类别，但我决定让其他人来承担这一责任。我并不想引领这个潮流，我从来没有打算专为这类观众写作，只是偶然的机会才以这种方式发表。我很高兴能找到这么多优秀的年轻读者，但幸运的是，我也接触到了我想接触的成年人。（Maughan 2000）

---

① 参见特莱茨（Trites 2004）关于这一情节的解读，即"传递"关于正当的性行为的道德信息。这似乎忽略了布洛克作品中的幽默和讽刺。

她少女作品的早期成功，可能正是在于她结合了不同的元素。其效果是提供一个学习过程，向读者提供一系列熟悉的引文和案例（例如，三个愿望），以及引发（可能）好奇的事件和遭遇。尽管儿童故事的元素——重复、列举和文字游戏——很突出，但它们往往指向儿童时代以外的更多成年人。正如杰克·齐普斯在1983年对"反主流文化"童话故事的评论中所分析的那样：

> 在读者不熟悉的背景和情节中融合了传统谋篇和当代参考，但旨在激发他们的好奇心和兴趣。这里使用了富有想象的预测来展示当代社会关系的可变性，融合了所有可能的手段来照亮一个具体的乌托邦。(Zipes 1991，180)

薇姿希望"德克能得到一只'鸭子'，而自己能得到一位特工男性情人，还有一座美丽的小房子，让我们从此幸福地生活在一起"，而当精灵离开，他会说"多棒的旅行！我最好给德克打电话。我想知道昨晚是否有人在我的饮料里放了什么东西"(Block 1989，24-25)。因此，传统的儿童故事中的部分要素由此受到了戏仿，薇姿笔下的青少年场景更像是毒品诱发，而不具有魔法色彩。但它们并没有因此被驱散。"全知叙述者"的权威要求读者接受这些奇幻或神奇的事件，属于这些角色所居住的真实世界——它们不是妄想状态（参见 Allende 1985）。

157

这些愿望和愿望的实现，成为五篇小说更宏大叙事的奠基时刻。因此，童话故事的一般特征与现实主义的特征相矛盾。布洛克并没有默认从幻想到现实的概念，就像读者从一个"成长"到另一个一样，而是将它们聚集在一起。因此，她在自己的"文学"童年时期积累的资源，可能试图探索用于直接与她自己的社会生活相关的问题，但不一定是更年轻的十几岁女孩的问题。

德克得到了名叫杜克[1]的爱人。薇姿也找到了她的男人，他被称为“我的特工男性情人”。

> 于是，薇姿和“我的特工男性情人”、德克、杜克、玩具狗和菲菲的金丝雀从此幸福地生活在他们那栋沙顶的房子里，房子里有滑冰汉堡、飞行的巨嘴鸟和金发印第安人约翰·乐福。(Block 1989，38)

这个童话般的结局发生于故事进展不到一半的地方。作为儿童读物，这实在“为时过早，不合时宜。”随后，小说中发生了三起重大转折，伴随而来的是三大干扰。首先，薇姿想要一个孩子，但“我的特工男性情人”对世界现状感到悲观。其次，薇姿的父亲查理·巴特在纽约死于毒品。第三，杜克发现一个朋友正死于艾滋病，并对性亲密关系与疾病和死亡的交杂感到沮丧，于是他离开了德克和好莱坞。

薇姿想要孩子的决心得到了她的同性恋朋友德克和杜克的支持。他们一起决定继续前进，并通过了艾滋病毒测试，并在诺西(Noshi)吃了一顿庆祝餐(Block 1989，46)，然后是一个含蓄的三方性爱之夜：

> 薇姿换上她那件“垃圾内衣”里的蕾丝睡衣，走进德克和杜克的房间，爬上德克和杜克之间的床……[对话省略]。薇姿、德克和杜克就是这样生下孩子的——嗯，至少是这样开始的，

① Duck，与“鸭子”的英文相同——译注

没人能确定那是不是真的晚上，但那是后来的事。（Block 1989，46－47）

所以薇姿与德克和杜克发生了性关系，并在“我的特工男性情人”去钓鱼之前和他发生了性关系。但这并不是一个简单的幻想，神奇地满足了薇姿的欲望。当薇姿表示已经怀孕，杜克或德克都可能是孩子的父亲时，“我的特工男性情人”离开了。两名女孩从这场危机中诞生，并在随后的三篇小说中成为关键人物。其一，薇姿的孩子取名切罗基·巴特，冠以她自己的父亲查理·巴特的姓氏。其二，女巫婴儿，来源于“我的特工男性情人”与薇姿疏远的几个月里，和一个斯里兰卡女巫维克珊·维格的短暂邂逅。因此，“从此幸福生活”的保证受到了相当普遍的干扰：尽管同屋共住的人被重组为一个家庭，但家庭的组成及其成员之间破裂的关系仍保持着一种不够稳定的表面和谐。

158 在薇姿的父亲去世后，童话故事般的遗馈遭到了拒绝与重新阐释。标志着童话故事一般舒适而幸福终局的那些画面——“幸福的结尾”——再一次地被摧毁了。而这种童话故事中更具威胁性的方面反而被唤起：

> 如果你自小穿着羽衣、和查理·卓别林的男朋友、一个情窦初开的孩子、一个女巫婴儿、一个德克和一个杜克、一只玩具狗和一部跟随着它跳舞的电影一起长大，你未必能理解这种悲伤。当你的父亲搬到另一个城市，一位老太太去世或你的男朋友离开时，你会感到悲伤乃至更糟。但悲伤是不同的。薇姿的心像一只垂死的动物一样在她身上颤抖。这就好像有人把一根装满毒药的针扎进了她的心脏。她像梦游者一样移动，她就

是童话故事中那个睡在荆棘与玫瑰交织成的牢笼里的女孩。(Block 1989,74－75)

德克和杜克之间的危机进一步侵蚀了“愿望实现”的场景——它本身就是一种对权力和终结的幻想。他们之间的关系也很不稳定,必须在20世纪80年代后期西海岸艾滋病流行的惨淡环境中重新恢复过来。事实上,这一叙述的叙事范围已经超越了好莱坞和洛杉矶,虽然很短暂,但也延伸到了旧金山,特别是那里的同性恋场景。找到一家名为斯塔德(Stud)的酒吧,里面挤满了“穿着皮靴、钉着钉子、留着小胡子的男人……穿着法国鳄鱼牌衬衫、李维斯牛仔裤和范斯滑板鞋的时髦小男孩……穿着黑色衣服、长发的欧式风格模特”,德克沮丧地认为,爱情已经变成了一个“危险的天使”。但也就在这个酒吧里,“于所有的酒吧、所有的夜晚、所有的人和所有的时刻”中,德克找到了杜克:

德克走到他跟前,看着他的眼睛。杜克放下了香烟,眼睛里充满了泪水。然后他倒在德克的肩膀上,灯光在黑暗的舞池上散射开去,就像一只霓虹孔雀展开尾巴。(Block 1989,84－85)

这场浪漫的重聚是围绕着好莱坞电影中众多典故中的一个而构建的,具体而言,就是《卡萨布兰卡》。当然,这个典故指的是一个悲伤而痛苦的“团圆”,而非“幸福的结局”。德克成功的伴侣寻觅,含蓄地符合了一种霓虹孔雀展开尾巴的迪斯科幻想。此外,正是德克对“爱是危险的天使”的冷酷反思,为这五篇小说合成的作品集提供了标题,突出了“后艾滋病”时代围绕性的话语中的矛盾心理(Weeks 1995;Richards 2004)。

在家庭的重建中，麻烦暂时被克服，冲突几乎被遗忘：

> 当他们回到家时，洛杉矶在一片紫色、烟雾弥漫的暮色中。薇姿和“我的特工男性情人”，切罗基和女巫宝宝、玩具狗和运动女孩，以及小狗小不点、嘘嘘、蒂妮、蒂基和T等在前廊喝着柠檬水，听着伊基·波普（Iggy Pop）的《生命的欲望》（*Lust for life*），天空变暗，空气中弥漫着夏日烧烤的味道。（Block 1989，87）

这里的节奏（可能让人想起约翰·伯宁汉［John Burningham］的故事）和有趣的名字再次暗示了这是一个可以给孩子朗读的故事。在这方面，这样的写作风格对于那些通常关心与童年保持距离的年轻人来说，似乎不太受欢迎。但是，正如笔者所言，布洛克的立场不是一个渴望远离童年联想的青少年，也不是一个试图让读者超越幻想转向现实主义的“年轻人”作家。文本间的参照跨越了这样的界限，借鉴了她童年和青年时期的“身边见闻”。神话、童话、儿童故事[①]、电影和电影明星（《安妮》［*Annie*］、《消失的地平线》［*Lost Horizon*］、《卡萨布兰卡》、梦露、卓别林……）、音乐（大门乐队、吉米·亨德里克斯［Jimi Hendrix］、鲍勃·马利［Bob Marley］、约翰·列侬、伊基·波普、迪翁·沃威克［Dionne Warwick］……）、食物（墨西哥、意大利、环太平洋等地区…）和服装（范斯、李维斯等品牌…）不断累积。这只是消费主义的混乱吗？

159

在《儿童消费》（2001）中，肯威（Kenway）和布伦（Bullen）评论道：

> 风格也可以理解为提供“构建人格”的工具，作为关于一个

---

① 或可参见 Smith 1987：*The Witch Baby*.

> 人是谁、希望成为谁的陈述。风格允许人们以不同的方式想象自己；它提供了定义和重新定义自己的机会；它可以是想象的表达——在一个碎片化、陌生化的时代，引用巴特（Barthes 1983）的话，这是“个体的梦想”，甚至是“整体的梦想”。（Kenway and Bullen 2001，19）

这一论点可以进一步探讨。布洛克专注于风格、身份和消费等相互关联的问题，同时也关注“生活政治”（见 Giddens 1991；Kenway and Bullen 2001，159）。布洛克笔下的角色穿什么，吃什么，听什么，似乎都在作为一种不懈努力地、以塑造身份的标志而起作用——来暗示与规定性传统不一致的隶属关系，甚至可能是承诺。

自 1998 年出版《危险天使》以来，布洛克的写作一直在持续重申对青少年或二十岁出头的人物生活的重点关注，同时也追求对明显不受审查游说团体欢迎的、学校中所谓“不健康书籍”传播的问题。她的小说中探索的年龄阶段越来越接近于最近非常受欢迎的电视剧，如《吸血鬼杀手巴菲》和《恋爱时代》（Nixon 2000）。因此，《山林女神》（*Echo*，2001）从各种角度追溯了同名角色的青少年晚期，大学和大学毕业后的生活。《宁芙》（*Nymph*，2000）是一部相互关联的短篇小说集，它描述了明确、详细的性爱时刻，因此明确拒绝了早期“年轻人”市场形成过程中涉及的与学校的合同。《垃圾场》（*Wasteland*，2003）探讨了一段乱伦的兄妹关系。《吻之项链》（*Necklace of Kisses*，2005）则再次唤醒了人到中年、与“特工男性情人”分开了一段时间的薇姿。其中，《宁芙》似乎不太可能出现在学校图书馆里，但通过互联网，作品现有的读者可以读到它，并参与到性身份和多元性别等问题当中，而这些问题与她写作中其他的讨论也是密不可分的。

结论

吉登斯在对“生活方式”的描述中指出，对日常生活细节的关注和投入可能一度受到青年和青少年格外青睐。但在《薇姿·巴特》中，这种对细节的关注，加上对自我认同的不确定性，进一步增进了哈珀柯林斯出版社自1998年以来所追求的重新定位过程的适应性。布洛克笔下人物的关注和困境似乎是“青春期”特有的，这些可以被重新定义为——就像他们在《危险天使》的封底一样——几乎不分年龄的持久关注点。因此正如格里芬(Griffin 1993)所指出的那样，“青春期”对每个人来说都是突出的，因为对他们来说，性身份和性关系以及可能带来的未来仍然是不确定的。1998年布洛克作品的重新推出，无疑增加了她的长篇和短篇小说的销量，并在一定程度上扩大了她的读者范围。但无论这一策略是否有利可图，或是否成功地促成了“年轻人”小说的普遍转变，《危险天使》的出版显然都扩大了其作品受众；并且，无论小说中的社会背景如何受限，都直接质疑了基督教保守主义的许多方面。[①]

(魏三原、孙博涵 译　贺晏然 校)

---

① 齐普斯对20世纪70年代末到80年代初、德国童话创新中的一个同类实例进行了评论：“考虑到这些故事的社会意义和直接的政治倾向，它们与占据西德主流的社会化过程相矛盾并进行了批评，这些童话并没有在学校中得到广泛使用……它们也因为所谓的‘伪造、歪曲’、被指控对儿童有害而受到保守派新闻媒体的攻击。然而，近年来这类故事的创作并没有减少，这种持续的出版发行可能正反映了……年轻读者和成人读者对某些奇幻故事的需求，这些故事更多地将奇幻的预测与他们自己所处的现实情况联系在了一起。(《谁害怕格林兄弟？童话中的社会化和政治化》[“Who's Afraid of the Brothers Grimm? Socialization and Politicization through Fairy Tales”, in Zipes 1991, 66 - 67])。

第十三章　阿尔及利亚女性写作之图像、讯息与副文本探析

帕梅拉·皮尔斯
华盛顿学院

近来，阿拉伯与伊斯兰文化的全球关注度不断提高，拉动了中东与北非女性写作虚构或非虚构作品的出版量。20世纪90年代至21世纪初，法国出版的阿尔及利亚文学作品数量增长可观[①]。1997年4月18日播出的法语文化类电视节目《文化汤》(*Bouillon de Culture*)聚焦阿尔及利亚解放运动，知名主持人贝尔纳·皮沃(Bernard Pivot)担纲主持，节目收录了政治及女权活动家哈利达·梅萨乌迪

① 检索WorldCat数据库(http://www.worldcatlibraries.org)可以发现相关作品出版量在2002年间猛增。2001年，以北非和阿拉伯女性为关键词的虚构或非虚构作品共158部，2002年增长至179部，随后一直维持在150部上下。

(Khalida Messaoudi)和“*beur*”[①]小说家蕾拉·赛巴(Leïla Sebbar)的作品。1999 年,法国知名多媒体集团 FNAC 推出一批阿尔及利亚作者作品、“*beur*”歌手唱片,以及介绍当代阿尔及利亚的杂志。2002 年正逢阿尔及利亚脱离法国殖民获得民族独立 40 周年,当年亦涌现大量纪念性电视节目、杂志特别版和回忆录。由此可见,过去 20 年间,身处北非的阿尔及利亚是法语文本的一大来源,后续翻译活动又进一步将阿尔及利亚故事推向世界。虽然以阿尔及利亚女性为人物的作品繁多,但如何向西方文学读者呈现阿尔及利亚女性值得探讨。诚然,这一问题牵涉甚广,不过,一个亟待关注的领域是此类出版物的副文本。热拉尔·热奈特对副文本的定义是:

> 文学作品完全或基本上由文本构成……但文本呈现很少不经过装饰,不经过强调,不伴随着一定的口头或其他加工……无论我们是否清楚加工属不属于文本,都必须承认它总是以呈现为目的,围绕着文本,延伸着文本……这些伴随着文本的加工,程度和形式各异,我将其统称为……作品的副文本。(Genette 1997,11)

162

本文将探讨副文本元素,以图书封面为主要研究对象。向西方文学市场呈现阿尔及利亚女性写作过程中,封面是最直观的手段,其研究有助于探索营销策略对作品接受情况的影响。笔者选取法国及全球四部畅销小说平装本,所选小说符合阿尔及利亚虚构写作主题趋势,作者或为阿尔及利亚女性,或与阿尔及利亚有密切关联。

---

① “*Beur*”一词通常指马格里布移民子女,因此他们是出生在法国的第二代移民。

检视文本与封面，旨在引出对目标读者的多方位分析，解开作品接受情况与图书封面之间的关系。

四幅封面中反复出现的图像是无名女子的肖像，这些女子涂着标志性黑色眼影，被面纱遮住眉毛额头，围巾掩住鼻子嘴巴，象征着阿尔及利亚女性，不难让人想起 1981 年，马里克・阿卢拉（Malek Alloula）所著《殖民地后宫》（*The Colonial Harem*）中展示的明信片，其中图像来自 19 世纪至 20 世纪初殖民地时期的阿尔及利亚，作者批判这种图像抹杀了阿尔及利亚女性的身份，并特别论述了明信片如何将阿尔及利亚女性商品化后输送给法国和西方公众。安妮・麦克林托克（Anne McClintock）则进一步阐释了摄影活动在殖民活动流入西方消费社会中发挥的作用：

> 殖民摄影（尤其是大批量生产的明信片）是自相矛盾的产物。它试图捕捉历史一隅，展现世界的真实面貌，讽刺的是，相机生成了无数的世界。摄影没有为人们提供映照现实的有限目录，反而让表面现实获得无限延伸。在相机的帮助下，帝国现代性不断渗入消费主义。这也解释了殖民摄影被赋予的浓重拜物价值。（Alloula 1981，125）

于 20 世纪和 21 世纪泛滥的营销套路是将阿尔及利亚女性标榜为别具异域风情的他者，采用殖民时代的陈词滥调以迎合读者的一贯期待。本文关注的图书均为小说，主要人物为阿尔及利亚女性，下文将阐述图书封面与作品内容间存在的分歧和矛盾。小说作者均有意借人物给当代以启示，所以本章也会分析封面设计是尊重作者要传达的讯息，还是屈从于媒体再现中充满殖民色彩的阿尔及利亚女性形象。

四本小说均由与阿尔及利亚有渊源的女性创作。其中,1991 年版《困窘的偷窥者》(*La voyeuse interdite*)作者妮娜·布拉维(Nina Bouraoui)的母亲是法国人,父亲是阿尔及利亚人,布拉维是法国籍,出生在法国。[①] 其余两名作者蕾拉·马鲁万(Leïla Marouane)和玛丽卡·穆克丹(Malika Mokeddem)出生在阿尔及利亚,后定居法国。本文将讨论马鲁万于 2005 年出版的《年轻女子与母亲》(*La jeune fille et la mère*),穆克丹于 1993 年出版的《禁忌之人》(*L'interdite*)及其 1998 年在美国出版的英译本《被禁的女人》(*The Forbidden Woman*)。平装本作为研究对象的优势,在于其封面和护封通常包含图像。此外,平装本受众较精装本基数更大,定价较低,轻便易携,更符合大众市场需求。

163

热奈特指出,"内文本"(peritext)包括"……封面、标题页和附录……为公众和读者提供或笼统或丰富的……信息项……"(Genette 1997,23)。图书封面和封底通常印有作者姓名、作品名称和出版者名称,有时还有上架建议,例如:"小说"。其实,与标题并置的图像能吐露更多信息,引发读者遐想。书店里的潜在读者会自然地浏览图书封面,可以说封面是人们辨识图书时最先观察的部分。称职的封面能吸引读者翻看前几页内容或封底。出于版本或出版社要求,图书封面可能使用统一模板,有时不会印刷图像。例如,瑟伊出版社推出蕾拉·马鲁万的《年轻女子与母亲》平装本时,就使用了出版社经典封面封底设计,内容只有作者姓名、小说标题和上架建议"小说"

① 麦基尔文尼(McIlvanney 2004,105 - 106)就认为无法简单地将布拉维归类为"*beur*"作家。

(*roman*)，封面底端印有出版社标识。不过，这部平装本还是添加了护封，用以展示作者照片和作者生平，向潜在读者提供更详尽的信息。比起经典款封面，这样的设计因贴合小说主题，能够吸引潜在读者。

四本图书封面均使用了女性形象。1991年法国伽利玛出版社(Gallimard)以弗里奥版(folio)出版了妮娜·布拉维的《困窘的偷窥者》(图13.1)。封面设计巧妙营造出蒙面女子形象，首先在上方以白底印刷作者姓名和小说标题，文字下方大面积留白，白色下方出现一段橙色色块。

当读者将目光再度下移，就会对上一位女子的眼睛，她的眉毛和双眼下将将露出一点鼻梁，便又被一片橙色盖住，这一次色块一直延伸至封面底端。虽不见面纱，但两片色块无疑如面纱般遮挡着女人的面部和头发，只留下她肆无忌惮的目光。为了达到直视读者的效果，照片中的模特似乎还微微转过了头。热奈特指出，封面包含的特征多种多样，其中之一是"作者肖像；传记或批评研究类作品则会使用研究对象的肖像"(Gennete 1997,24)。此处讨论的是虚构作品，但读者有理由揣测封面上的年轻女子就是小说主人公。

小说开头，叙述者描述了从房间窗口望见的一条街。跟随文字，读者发现菲克莉亚(Fikria)是一名年轻女性，她观察着街上发生的一切，因为她被困在房中。既然被禁止主动走入外界，她只好将世界收入眼底。她的世界仅限于住处，文本中最具描述性的段落都用于展现室内环境。她巨细无遗地记录了自己的房间，她始终在房里等待。然而，通向外界的渠道也只有一扇窗，她给这扇窗起名"*hublot*"(Bouraoui 1991,105)，大意为"舱口"或"飞机舷窗"，二者共同点是面积小，限制了人的视野。图书封面也反映了这层含义，读

164 者仿佛透过“舱口”看着一位年轻女子,视域备受限制,只能窥见她面容的一小部分,和文中即将迎娶她的男子一样。男子在街上停在了菲克莉亚的窗下,这便是整个“求爱”过程。他甚至不曾下车,只隔着车窗和那扇小小的窗户瞥见了她。

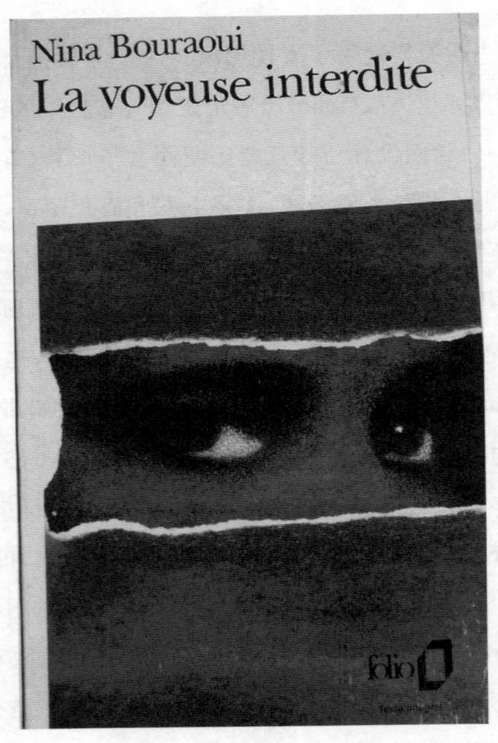

图 13.1 《困窘的偷窥者》平装本。经伽利玛出版社许可使用。

165 叙事在菲克莉亚与追求者订婚后便戛然而止。“有了婚事,残存的希望也散尽了。”(McIlvanney 2004,115)庆婚活动在菲克莉亚家进行,作者描摹了所有细节。菲克莉亚经由几位女性“准备”,被带下楼,就在她要走出家门之际,叙述中断。读者再也看不见她,她再也看不到外界了。等待她的婚姻生活,凭文本判断,也绝不会比青少年时代更自由。西沃恩·麦基尔文尼评论道:"布拉维无意写作阿尔及利亚社会史,而是想传达一种印象,那就是隔离普遍存在的社会里,人们与世隔绝,这种环境下无论男女都承受着性压抑。"(McIlvanney 2004,106)菲克莉亚的故事只掀开了阿尔及利亚女性隐秘世界的一角,与殖民时期的明信片计划异曲同工——法国摄影师试图"掀开面纱",暴露"后宫"的秘密:"殖民摄影……宣称将发掘被女性化的东方的秘密内核,他们拍摄后宫女子身体的图像,在这表象之中蕴含了世界的真相。"(McClintock 1995,124)小说如果是明信片的隐喻,小说读者就成了偷窥者。

标题《困窘的偷窥者》使用的"*voyeuse*"一词是"*voyeur*"的阴性形式,此举颇有深意,女主人公虽是街道的"偷窥者",但她更主要的身份是自己家庭及其成员的观察者。"……她获取信息的办法是看但不被看见"(McIlvanney 2004,108)。这也是图书封面设计想达到的效果。读者在封面上看见她,却无法了解她,而在阅读时,读者便成了偷窥的一方,最终完全知晓了这个年轻女子的人生。此外,标题将分词"*interdite*"作为形容词使用,给予它两层含义,一是"窘迫的",二是"*interdite*"作动词时所表示的"禁止"。小说的英文译本标题为《被禁的目光》(*Forbidden Vision*),失去了原标题中的主体性,但强化了看的概念,且暗示了读者这种目光来源于自己而非主人公。毕竟读者才是入侵者,目睹了私密的世界。

布拉维的小说在法国反响巨大,获得了法国国内电台图书奖(Prix Inter)。该文学奖由保罗-路易·米尼翁(Paul-Louis Mignon)于1975年创立,由法国国内电台(France Inter)组织颁发,以电台普通听众为样本评估图书人气。票选全年开放,每年五六月间,电台会邀请24位听众组成评委团,在一位作家的主持下,从排名前10位的作品中选出获奖作品。当时,法国文学市场不乏描写阿尔及利亚女性的作品，这部小说仍销售 14 万册。文本中绝望的阿尔及利亚年轻女性，也是阿尔及利亚女性整体命运的无形写照。布拉维随后成为幕前名人，出现在杂志、广播和电视节目中。

166

布拉维的散文情感浓烈不加掩饰，视觉效果尤为惊人，这种风格在同时代的蕾拉・马鲁万笔下也有体现，其 2005 年的小说《年轻女子与母亲》讲述了另一场绝望与暴力的循环。小说伊始，阿尔及利亚女孩贾米拉(Djamila)作为叙述者讲述了她母亲的故事。母亲曾参与阿尔及利亚独立战争反抗法军，和众多参战的阿尔及利亚女性一样，她没能为自己争取到自由。战后，家人反对她通过教育提升自己。无缘理想，她在忍耐中生下女儿，把女儿作为完成梦想的寄托。她不顾现实因素，幻想贾米拉可以凭借优异的成绩通过竞争激烈的入学考试，就读寄宿女校。然而，贾米拉没能通过考试，还在结婚前失贞。母亲觉得女儿的人生已经无望，成了自己最大的败笔，转而开始虐待女儿。

母亲不再保护越轨的贾米拉，而是殴打她，将她关在后院，如牲口般对待。马鲁万笔下的母亲心中充满怨恨，同时也是书中最凶狠的施暴者。虽然贾米拉的父亲也看不起女儿，但不常诉诸身体暴力。小说结尾，女孩的兄弟们救回濒死的她，帮助她成功逃跑，母亲精神失常被送入医院。

作品阴暗、暴力的一面在图书护封中得到了充分的体现。护封下则是瑟伊出版社的经典封面，内容只包含作者姓名、作品标题、上架建议和出版社标志。在护封上，同样的文字旁边加入了一张女性的脸。这张脸出现在封面左上角，靠近边缘，仿佛即将离开读者视线。除了她的面部，护封以黑色为背景。读者只能看见她面容的半边：一只眼睛、一部分鼻子和一点点上唇。女子的图像呈蓝色调，夹杂着黄色斑影，仿佛她脸上的阴影和淤青，吐露着黑暗和不幸。

如此看来,《年轻女子与母亲》和《困窘的偷窥者》的封面都辅助传达了作品讯息。封面设计和封面女子意味深长的凝视不失为推广作品的有力手段。马鲁万的小说封面别出心裁之处还在于护封勒口,此处图像又与护封形成强烈对比。勒口印刷了一张作者微笑着的黑白照和作者简介,简介显示马鲁万于1991年前生活在阿尔及利亚。凯特·道格拉斯(Kate Douglas)认为,"图书护封像胶水一样将作者与文本装订在一起,作者生平与营销和评论性内容在这里汇聚"(Douglas 2001,807)。此处的作者相片和简介值得关注,因为它紧接护封封面。作者作为"真实的"阿尔及利亚女性代表,不似封面上的女子,也不似小说主人公。小说封底印刷了书中段落和编者按:"*Un été, dans une famille algérienne, une violence refoulée explose enfin : la haine des femmes, transmise ici de mère en fille.*""[某个夏天,一个阿尔及利亚家庭里,被压抑的暴力终于爆发:女性的仇恨,从母亲传给女儿。"]①编者的话和引文点明了封面和小说主题。与布拉维的封面相比,马鲁万的封面更为明确。布拉维小说的封面、标题和主题共同为读者营造了窥私的氛围,试图将20世纪90年代的读者口味带入21世纪。但是,马鲁万的小说发行时间更晚,似乎因此放弃了揭开面纱进入私人空间的概念,作者更想揭露一场失败女权革命带来的暴力回响。护封上令人不安的图像戳破了故事中蕴含的暗流。

167

玛丽卡·穆克丹的情形则略有不同。首先,她的小说《禁忌之人》"口袋书"版,叙述视角在阿尔及利亚女子苏塔娜(Sultana)和法国男子樊尚(Vincent)之间不断切换,苏塔娜从法国回阿尔及利亚参加前任爱人的葬礼。樊尚刚接受肾移植手术,了解到器官来自阿尔

---

① 作者自译。

及利亚女子，便赴异国找寻捐赠人。苏塔娜的故事主线是接受自己的童年和阿尔及利亚女性当下的境遇。她难以适应阿尔及利亚社会对女性的限制，原打算在自己出生的小镇安奈克朗（Ain Nekhla）开一家诊所，却遇到超乎想象的困难。想要工作，就要和镇上女子一样接受种种约束，可她不愿妥协。所以，苏塔娜明白了自己无法留在此地，虽然怀抱善意，她还是选择了离开阿尔及利亚和在此生活的女性。小说标题《禁忌之人》明显指向苏塔娜。她是不为阿尔及利亚父权体系所接纳的禁忌之人，同时她也是沉寂之人，无法发出自己的声音。即使她坚定批判当地现状，也只引来本地人的愤怒。

《禁忌之人》1993 年的平装本封面与前文两部图书不同，没有了女子充满挑衅的凝视，出现在作者姓名和小说标题下的是一位戴着头巾女子的侧面。镜头对准她的左侧，读者无法知晓她的样貌，只能看见她鼻子的弧度和左眼眼窝在脸上的凹陷。画面远处另一位戴头巾的身影应该也是女性，然而她如此遥远，失去了特征。

前文的两部小说都以孤独的阿尔及利亚女子为核心。苏塔娜的留法经历和西化的着装举止本该让她更加形单影只，《禁忌之人》的封面却展现出另一种阿尔及利亚女性形象。封面上的两名女子身份不明，是阿尔及利亚面目模糊的代表。个性在这幅封面中缺位，与前两本有本质区别。虽然《困窘的偷窥者》和《年轻女子与母亲》的封面上也是无名女子，可她们身上流露出个人特色，并让人联想到小说标题指向的人物。《禁忌之人》的封底也值得研究，封底有一张穆克丹的黑白照片和小说情节概述。照片中的作者微笑着直视镜头，概述最后一段道：“*C'est de sa vie et son expérience que Malika Mokeddem a tiré ce roman d'une société déchirée entre préjugés et progrès, religion et fanatisme.*”[“玛丽卡·穆克丹从自身生活与

168

经历中提炼出了这本小说，它讲述了一个偏见和进步，宗教和狂热相互拉扯的社会。"］①从封底设计判断，编者决定将自传性质作为图书卖点，可封面未能反映穆克丹的特点，这一点似乎自相矛盾。

图 13.2　《被禁的女人》平装封面。经内布拉斯加大学出版社(University of Nebraska Press)许可使用。图片由保罗·斯特兰德(Paul Strand)拍摄：《四名女人》(*Four Women*)，摩洛哥索维拉(Essaouira，Morocco)，1962。© 1971，光圈基金会(Aperture Foundation Inc.)和保罗·斯特兰德档案馆(Paul Strand Archive)。

《禁忌之人》的英译本《被禁的女人》也误读了作品讯息。小说写道，虽然镇上的阿尔及利亚女性希望苏塔娜留下来帮助她们反抗父权压迫，苏塔娜还是选择回到法国生活。英译本的封面上四名正在交　169

---

① 作者自译。

谈的蒙面女子显然属于一个集体（图 13.2）。苏塔娜的孤独在此无影无踪。此外，四名女子只露出眼睛，如同理查德·沃茨（Richard Watts）所说："玛丽卡·穆克丹《被禁的女人》封面上戴面纱的女子，暗示读者标题所指人物是因为蒙面被禁，而事实恰恰相反，不蒙面才是她被禁止的原因。"（2005，169）也就是说，封面描绘的情形与主人公的处境南辕北辙。

这本小说在法国和美国都相当畅销，与布拉维《困窘的偷窥者》几乎同时出版。穆克丹援引西方传统作为指导解放阿尔及利亚女性的思想，远赴法国的决定，在后殖民时代的法国被视为明智之举，尤其是上世纪 90 年代，阿尔及利亚内战的消息日常占据法国媒体头条。《禁忌之人》获得了法国费米娜奖（Prix Femina）特别提名，该文学奖 1904 年由安娜·德·诺阿耶（Anna de Noailles）指导创立，每年，《费米娜》（*Femina*）杂志的 22 位撰稿人会发掘并表彰还未进入主流文学奖视野的杰出女性作家。因此，穆克丹吸引了一批女性读者，尤其是持西方女性自由观念的女性读者。当然，这本书的诞生与流行也基于法国和阿尔及利亚时局。

美国市场对这本小说的营销策略稍显不同，不仅体现在封面选择上，而且体现在序言上。可以想见，美国读者对阿尔及利亚了解有限。所以，即便回访故里的情节纯属虚构，美国出版社还是在封底写道："玛丽卡·穆克丹出生于阿尔及利亚凯纳德萨（Kenadsa）一个无人识字的游牧家庭。后进入奥兰市（Oran）的大学，很少有穆斯林女性能获得这种机会。之后，她前往法国蒙彼利埃（Montpellier）学医并定居，现从事医学工作。"就这样，穆克丹的事迹服务于图书营销。正如道格拉斯（Douglas，813）所说："宣传图书时，作者简介优先于书评和内容节选。"苏塔娜的虚构人生与穆克丹绑定，供不了解阿尔及利亚文本和作者的读者构建小说情景。

上述作品无不凸显图书封面的地位，销量和奖项（两部作品获奖）印证了营销策略的成功。前两例中（布拉维和马鲁万），封面设计贴合文本讯息，但是，布拉维的小说封面流露出落后的殖民主义残余，具体表现为迎合殖民时期窥私欲和拜物主义的图像。穆克丹 170 的作品讯息在法国和美国出版的图书封面中都没有体现，封底甚至传达了违背作者意图和作品主题的讯息，以美国发行的英译本尤甚。对此，沃茨的解释是："穆克丹作品的译本放大了文本的主题元素，导致作品维度单一。蒙面的穆斯林女性符号暗示读者，他们可以通过阅读揭开面纱，效仿画家德拉克洛瓦（Delacroix）踏入神秘的国度。"（Watts 2005，169）这其实也是布拉维小说遇到的困境，西方与东方的图像之战永无止境。我们有可能落入异域化阿尔及利亚女性的窠臼，违背作者意图，呈现出扁平单一的阿尔及利亚女性形象。

图书封面传达讯息，同时也供读者自由解读。这种解读通常还要借助封面之下的文本。"*beur*"作家蕾拉·赛巴研究了马格里布男子和女子的摄影影像，对此，玛丽·福格尔（Mary Vogl）评价道："赛巴通过指明再现本质上的模糊，强调具有正面或负面含义的并非图像本身，而是观看及使用的方式。这提醒人们不该被动接受图像，或为满足窥私欲而消费图像。"（Vogl 2003，144）。就本文探讨的四幅封面而言，图像的使用方式才是人们重新审视图像的原因。封面图像不应被略过或被动接受，每一幅封面的选择都经过人的考量，以推销文本为目的。图像本身与虚构作品的结合，为潜在读者提供了想象。它可以是殖民时期刻板印象的再现，也可以忠实于文本。在向西方读者呈现阿尔及利亚女性虚构作品时，未来营销策略会偏向哪方还有待观察。

（贺晏然 译）

参考文献

Addams, K., *Warped Desire* (New York: Beacon, 1960).

Agar, M.H., *The Professional Stranger: An Informal Introduction of Ethnography* (San Diego: American Press Inc. [1980] 1996).

Alberge, D., 'Booker Judges Attack "Pretension and Pomposity"', *The Times* (25 September 2002).

Aldiss, B.W. with Wingrove, D., *Trillion Year Spree: The History of Science Fiction* (London: Victor Gollancz, 1986).

Aldridge, A., 'Beatles Not All That Turned On', in Jonathan Eisen (ed.), *The Age of Rock: Sounds of the American Cultural Revolution* (New York: Vintage Books, 1969): 138–46.

Aldridge, A., *The Beatles' Illustrated Lyrics* (Boston/New York/London: Little, Brown, 1998).

Allende, I., *The House of the Spirits*, trans. Magda Bogin (London: Cape, 1985).

Alloula, M., *The Colonial Harem* (Geneva/Paris: Editions Slatkine, 1981).

Andrews, L., *The White Empress* (London: Corgi, 1989).

Andrews, L., *Mist Over the Mersey* (London: Corgi, 1994).

Atwood, M., *The Blind Assassin* (London: Bloomsbury, 2000).

———, 'A Tasty Slice of Pi and Chips', *Sunday Times* (5 May 2002).

Aynsley, J., 'Fifty Years of Penguin Design', in L. Lloyd Jones and J. Aynsley (eds), *Fifty Penguin Years* (London: Penguin, 1985): 107–33.

Bainbridge, W.S., *Dimensions of Science Fiction* (Cambridge MA: Harvard University Press, 1986).

Bainbridge, W.S. and Murray, D., 'The Shape of Science Fiction', *Science Fiction Studies* (5 July 1978): 165–71.

Baines, P., *Penguin by Design: A Cover Story 1935–2005* (London: Allen Lane, 2005).

Ball, S.J., Maguire, M. and Macrae, S., *Choice, Pathways and Transitions Post-16: New Youth, New Economies in the Global City* (London: Routledge/Falmer, 2000).

Ballard, J.G., *The Drowned World* (Harmondsworth: Penguin, 1965).

———, *The Wind from Nowhere* (Harmondsworth: Penguin, 1967).

———, *A User's Guide to the Millennium: Essays and Reviews* (London: HarperCollins, 1996).

Bannon, A., [Ann Thayer/Weldy], *Beebo Brinker* (New York: Fawcett, 1962).

———, *Beebo Brinker* (Tallahassee: Naiad, 1983).

———, *Beebo Brinker* (San Francisco: Cleis, 2001).

———, 'Foreword', in J. Zimet, *Strange Sisters: The Art of Lesbian Pulp Fiction* (Toronto: Penguin Books Canada Ltd, 1999): 1–15.

———, *I am a Woman* (New York: Fawcett, 1959).

———, *I am a Woman* (Tallahassee: Naiad, 1983).

———, *I am a Woman* (San Francisco: Cleis, 2002).

———, *Journey to a Woman* (New York: Fawcett, 1960).
———, *Journey to a Woman* (Tallahassee: Naiad, 1983).
———, *Journey to a Woman* (San Francisco: Cleis, 2003).
———, *Odd Girl Out* (New York: Fawcett, 1957).
———, *Odd Girl Out* (2nd edn, New York: Fawcett, 1957).
———, *Odd Girl Out* (Tallahassee: Naiad, 1983).
———, *Odd Girl Out* (San Francisco: Cleis, 2001).
———, *The Marriage* (New York: Fawcett, 1960)
———, *Women in the Shadows* (New York: Fawcett, 1959).
———, *Women in the Shadows* (Tallahassee: Naiad, 1983).
———, *Women in the Shadows* (San Francisco: Cleis, 2002).
Bannon, A. and Davis, L. E., *Beebo Brinker's Greenwich Village Walking Tour*, Pink Ink Literary Festival. The Publishing Triangle. New York, 12 June 2004.
Bannon, A. and Meaker, M., 'Doyennes of Desire: A Conversation with Two Legendary Writers of Pulp Fiction', Pink Ink Literary Festival. The Publishing Triangle. Lesbian, Gay, Bisexual and Transgender Community Centre, New York, 12 June 2004.
Banville. J., *The Sea* (London: Picador 2005).
Barale, M.A., 'Queer Urbanities: A Walk on the Wild Side', in Cindy Patton and Benigno Sanchez-Eppler (eds), *Queer Diasporas* (Durham NC: Duke University Press, 2000).
Barnicoat, J., *A Concise History of Posters* (London: Thames & Hudson, 1972).
Barthes, R., *The Fashion System*, trans. M. Ward and R. Howard (New York: Hill and Wang, 1983).
———, *Image Music Text* (New York: Hill and Wang, 1977).
Batts, J., 'American Humor: The Mark of Twain on Jerome K. Jerome', in J. Wagner-Lawlor, *The Victorian Comic Spirit: New Perspectives* (Aldershot: Ashgate, 2000).
Baverstock, A., *Are Books Different?* (London: Kogan Page, 1993).
———, *How to Market Books* (3rd edn, London: Kogan Page, 2000).
Baxter, A. 'Market Opens New Chapter for Covers', *Financial Times* (13 September 2005): 10.
Bell, B., Bevan, Jonquil and Bennett, P. (eds), *Across Borders: The Book in Culture and Commerce* (Winchester: St Paul's Biblios, 2000).
Bernard Martin, R., *The Triumph of Wit: A Study of Victorian Comic Theory* (Oxford: Clarendon, 1974).
Blackstock, Colin, 'Booker Winner in Plagiarism Row', *The Guardian* (8 November 2002).
Blake, C., *From Pitch to Publication: Everything You Need to Know to Get Your Novel Published* (London: Macmillan, 1999).
Block, F.L., *Baby Be-Bop* (New York: Joanna Cotler/HarperCollins, 1995).
———, *Baby Be-Bop* (New York: Harper Trophy, 1997).
———, *Cherokee Bat and the Goat Guys* (New York: Charlotte Zolotow/HarperCollins, 1992).
———, *Cherokee Bat and the Goat Guys* (New York: Harper Trophy, 1993).
———, *Dangerous Angels: The Weetzie Bat Books* (New York: HarperCollins, 1998).
———, *Echo* (New York: Joanna Cotler Books/HarperCollins, 2001).
———, *Ecstasia* (New York: Firebird [1993] 2004).

———, *Girl Goddess #9* (New York: Joanna Cotler Books/HarperCollins, 1996).
———, *Girl Goddess #9* (New York: Harper Trophy, 1998).
———, *Guarding the Moon: A Mother's First Year* (New York: Harper Resource/HarperCollins, 2003).
———, *I was a Teenage Fairy* (New York: Joanna Cotler Books/HarperCollins, 1998).
———, *Missing Angel Juan* (New York: HarperCollins, 1993).
———, *Missing Angel Juan* (New York: Harper Trophy, 1995).
———, *Necklace of Kisses* (New York: HarperCollins, 2005).
———, *Nymph* (Cambridge: Circlet Press, 2000, 2003).
———, *Primavera* (New York: Firebird, [1994] 2004).
———, *The Hanged Man* (New York: HarperCollins, 1994).
———, *The Rose and the Beast: Fairy Tales Retold* (New York: Joanna Cotler Books/HarperCollins, 2000).
———, *Violet and Claire* (New York: Joanna Cotler Books/HarperCollins, 1999).
———, *Wasteland* (New York: Joanna Cotler Books/HarperCollins, 2003).
———, *Weetzie Bat* (London: Collins Teen Tracks, 1989).
———, *Weetzie Bat* (New York: Charlotte Zolotow/Harper and Row Junior Books, 1989).
———, *Weetzie Bat* (New York: HarperCollins Juvenile Books, 1991).
———, *Weetzie Bat* (New York: HarperCollins/Joanna Cotler, 1999).
———, *Witch Baby* (New York: Charlotte Zolotow/HarperCollins, 1991).
———, *Witch Baby* (New York: Harper Trophy 1992).
Block, F.L. and Carlip, H., *Zine Scene: The do it yourself guide to zines* (Girl Press, 1998).
Bloom, C., *Bestsellers: Popular Fiction since 1900* (London: Palgrave/Macmillan, 2002).
Bluestone, G., *Novels into Film* (Berkeley: University of California Press, 1966).
Bolonik, K., 'Page to Screen and Back', *Publishers Weekly* 248(40) (October 2001): 17.
Bolter, J.D., MacIntyre, B., Gandy, M. and Schweitzer, P., 'New Media and the Permanent Crisis of Aura', *Convergence: The journal of research into new media technologies* 12(1) (2006): 21.
Book Facts, *Book Facts 2001: An Annual Compendium* (London: Book Marketing Ltd, 2001).
Book Sales Yearbook, *Book Sales Yearbook 2001 An Analysis of Retail Book Sales in the UK during 2000* (London: Bookseller Publications, 2001).
———, *Book Sales Yearbook 2004 Book 1 The Year in Focus: Publishers, Sectors, Trends* (London: Bookseller Information Group, 2004).
Booker 30: A Celebration of 30 Years of The Booker Prize for Fiction 1969–1998 (London: Booker plc, 1998).
Booker, Christopher, *The Neophiliacs: A Study of the Revolution in English Life in the Fifties and Sixties* (London: Collins, 1969).
The Bookseller, 8 April 1936.
———, Front cover, 20 May 1936.
———, 'Christmas in the Bookshops' (7 January 1978): 28–35.
——— (2002a), 'Canongate Sights Booker Uplift' (25 October): 5.
——— (2002b), 'Hallowe'en Bewitches the Charts' (1 November): 11.

——— (2002c), 'Christmas Number One – The Field is Still Wide Open' (8 November): 13.

Borchardt, D.H. and Kirsop, W. (eds), *The Book in Australia: Essays Towards a Cultural & Social History* (Melbourne: Australian Reference Publications, 1988).

Bouraoui, N., *La voyeuse interdite* (Paris: Editions Gallimard, 1991).

Bourdieu, P., *The Field of Cultural Production: Essays on Art and Literature*, trans. Randal Johnson (Cambridge: Polity Press, 1993).

Bradbury, M., *The Social Context of Modern English Literature* (Oxford: Basil Blackwell, 1971).

Bradbury, M. and Wilson, B., 'Introduction', in Robert Escarpit, *Sociology of Literature*, trans. Ernest Pick (London: Frank Cass, [1965] 1971): 7.

British Library Integrated Catalogue online at http://blpc.bl.uk (accessed 16 November 2005).

Brockes, E., '14th Time Lucky', *The Guardian* (12 October 2005).

Brown, C., *Contacts* (London: Cassell, 1935).

Brown, P., 'The Great Thing About …', *The Sun* (25 October 2002).

Buckingham, D., *After the Death of Childhood: Growing Up in the Age of Electronic Media* (Cambridge: Polity Press, 2000).

Burroughs, W., *Nova Express* (London: Panther, 1968).

Bury, L. (2005a), *Expanding the Book Market* (London: Bookseller Publications).

———, 'Yesterday's Novel Format', *The Bookseller* (20 May 2005): 26–7.

Calder, A., *The People's War: Britain 1939–1945* (London: Jonathan Cape Ltd/ Cambridge University Press, 1969).

Carey, J., *The Intellectuals and the Masses: Pride and Prejudice among the Literary Intelligentsia 1880–1939* (London: Faber & Faber, 1992).

———, 'Unconditional Generosity', *London Review of Books* (18 December 2003): 4.

———, *True History of the Kelly Gang* (New York: Knopf, 2000).

———, *True History of the Kelly Gang* (Booker Prize hardback) (St Lucia: Qld: University of Queensland Press, 2000).

———, *True History of the Kelly Gang* (limited edition hardback) (St Lucia: Qld: University of Queensland Press, 2000).

———, *True History of the Kelly Gang* (trade paperback) (St Lucia: Qld: University of Queensland Press, 2000).

———, *True History of the Kelly Gang* (new edition, paperback) (St Lucia: Qld: University of Queensland Press, 2000).

———, *True History of the Kelly Gang* (London: Faber & Faber, 2001).

———, *True History of the Kelly Gang* (New York: Vintage Books, 2001).

———, *True History of the Kelly Gang* (paperback) (St Lucia: Qld: University of Queensland Press, 2001).

Carlip, H., *Girl Power: Young Women Speak Out*! *Personal Writings from Teenage Girls* (New York: Warner Books, 1995).

Cassell, J. and Jenkins, H., *From Barbie to Mortal Kombat: Gender and Computer Games* (Cambridge: MIT Press, 2000).

Chatman, S., 'What Novels Can Do That Films Can't (And Vice Versa)', in L. Braudy and M. Cohen (eds), *Film Theory and Criticism* (New York: Oxford University Press, 1999): 435–51.

Chevalier, J. and Gheerbrant, A., *The Penguin Dictionary of Symbols*, trans. John Buchanan-Brown (New York: Penguin, 1996).

'Clays', in *Booker 30: A Celebration of 30 Years of The Booker Prize for Fiction 1969–1998* (London: Booker plc): 58.

Clee, N., 'Where the Heart Is', *The Bookseller* (19 December 2003): 26.

Cleis Press, <http://www.cleispress.com/> (19 November 2005).

Clymer, P., Interviewed by the author [Angus Phillips], Chorion offices, London (12 December 2005).

Cohn, N., *Awopbopallbopalopbamboom: Pop From the Beginning* (St Albans: Paladin Collier Books, 1970).

Collin, D., 'Bookmaking: publishers' readers and the physical book', *Publishing History* 44 (1998): 59–76.

Compaine, B. and Gomery, D., *Who Owns the Media? Competition and Concentration in the Mass Media Industry* (Mahway, NJ: Lawrence Erlbaum Associates, 2000).

Confidential memo dated 1934, *The Bodley Head Papers*, University of Reading Library [uncatalogued].

Connolly, J., *Jerome K. Jerome: A Critical Biography* (London: Orbis, 1982).

Connor, S., *The English Novel in History: 1950–1995* (London: Routledge, 1996).

Cook, V.J. Jr and Mindak, W.A., 'Search for Constants: The "Heavy User" Revisited', *Journal of Consumer Marketing* 1(4) (1984): 79–81.

Corrigan, T., *Film and Literature* (Upper Saddle River, NJ: Prentice Hall, 1998).

Corso, G., Ferlinghetti, G. and Ginsberg, A., *Penguin Modern Poets 5* (Harmondsworth: Penguin, 1963).

Coser, L., Kadushin, C. and Powell, W., *Books: The Culture and Commerce of Publishing* (New York: Basic Books, 1982).

Cosgrove, P., 'The Cinema of Attractions and the Novel in Barry Lyndon and Tom Jones', in R. Mayer (ed.), *Eighteenth-Century Fiction on Screen* (Cambridge: Cambridge University Press, 2002).

Crider, B., 'Some Notes on Movie Editions', *Paperback Quarterly* 2(1) (Spring 1979): 32–4.

Currie, E., *She's Leaving Home* (London: Warner Books [1997] 1998).

Curtis, G., *Visual Words: Art and the Material Book in Victorian England* (Aldershot: Ashgate, 2002).

Dalley, J., 'The Future may not be Orange', *Independent on Sunday* (23 February 1997): 4–5.

Damisch, H., 'La culture de poche', in *Mercure de France* 1213 (Paris, 1964).

Darnton, R., 'What is the history of books?', in R. Darnton, *The Kiss of Lamourette: Reflections in Cultural History* (New York: W.W. Norton and Co., 1990): 107–36.

Davis, M., *City of Quartz: Excavating the Future in Los Angeles* (London: Verso, 1990).

Davis, Percy J. to Allen Lane, 6 July 1936; H.L. Mason to E.R. Bennett, 3 December 1936: DM1819, folder 5d, Penguin Archive, Bristol University Library.

de Bellaigue, E., *British Book Publishing as a Business Since the 1960s: Selected Essays* (London: The British Library, 2004).
Dean, J., 'That Special Something', *The Bookseller* (8 July 2005): 26–7.
Di Fate, V., *Infinite Worlds: The Fantastic Visions of Science Fiction Art* (New York: Penguin Studio, 1997).
di Marzo, C., 'Harper Introduces Francesca Lia Block to a Wider Audience', *Publishers Weekly* (18 May 1998): <http://www.publishersweekly.com/article/CA165635.html>, accessed 17 April 2004.
Dietz, H., *Gone with the Wind Souvenir Program* (New York: Greenstone Press, 1939).
Douglas, K., 'Blurbing Biographical: Authorship and Autobiography', *Biography: An Interdisciplinary Quarterly* 24(4) (2001): 806–27.
Drew, N. and Sternberger, P., *By Its Cover: Modern American Book Cover Design* (Princeton NJ: Princeton Architectural Press, 2005).
Dyckhoff, T., 'They've Got it Covered', *The Guardian* (15 September 2001).
Eco, U., *Faith in Fakes* (London: Secker and Warberg, 1986).
Edwards, M., 'SF Publishing: The Economics', in D. Wingrove (ed.), *The Science Fiction Sourcebook* (Harlow: Longman, 1984).
Ellis, H., 'Sexual Inversion', in H. Ellis, *Studies in the Psychology of Sex* 1(1901) (New York: Random House, 1936): 1–384.
English, J.F., 'Winning the Culture Game: Prizes, Awards, and the Rules of Art', *New Literary History* 33(1) (2002): 109–35.
———, *The Economy of Prestige: Prizes, Awards, and the Circulation of Cultural Value* (Cambridge MA: Harvard University Press, 2005).
Escarpit, R., *The Sociology of Literature*, trans. E. Pick (London: Frank Cass, 1971).
Ezard, J., 'Irish Stylist Springs Booker Surprise', *The Guardian* (11 October 2005).
Faurot, R., *Jerome K. Jerome* (New York: Twayne, 1974).
Fay, L., 'Wexford's Winner', *Sunday Times* (16 October 2005).
Feather, J., 'Book Publishing in Britain: An Overview', *Media Culture and Society* 15(2) (April 1993): 167–82.
Feather, J. and Reid, M., 'Bestsellers and the British Book Industry', *Publishing Research Quarterly* 11(1) (1995): 57–75.
Featherstone, M., *Consumer Culture and Postmodernism* (London: Sage Publications, 1991).
Feldman, B., 'Covers that catch the eye: a look at how book jackets influence prospective young readers', *Publishers Weekly* 238(48) (November 1991): 46–8.
Fenwick, G., 'Alan Powers. Front Cover: Great Book Jacket and Cover Design', *Papers of the Bibliographical Society of Canada* 40(2) (Fall 2002): 107–10.
Fetterman, D.M., *Ethnography Step By Step* (London: Sage Publications, 1989).
Filmer, K. (ed.), *Twentieth Century Fantasists: Essays on Culture, Society and Belief in Twentieth Century Mythopoeic Literature* (London: Palgrave, 1992).
Findlater, R., *The Book Writers: Who Are They?* (London: Society of Authors, 1996).
Fischer, T., 'Worthy but Forgettable', *The Guardian* (11 October 2005).
Fish, S., 'Literature in the Reader: Affective Stylistics', *New Literary History* 2 (1) (Autumn 1970): 123–62.

Flanagan R., *Gould's Book of Fish* (London: Atlantic Books, 2002).
———, *Gould's Book of Fish: A Novel in Twelve Fish* (Sydney: Pan Macmillan, 2001).
———, *Gould's Book of Fish* (New York: Grove Press, 2001, 2003).
———, *Gould's Book of Fish* (Sydney: Picador, 2002).
Flynn, K., *A Liverpool Lass* (London: Heinemann, 1993).
———, *Rainbow's End* (London: Heinemann, 1997).
Forrester, H., *Twopence to Cross the Mersey* (London: Jonathan Cape, [1974] 1995).
———, *Three Women of Liverpool* (London: HarperCollins, [1984] 1994).
Fowler, B., *The Alienated Reader: Women and Popular Romantic Literature in the Twentieth Century* (London: Harvester Wheatsheaf, 1991).
Francis, J., *A Sparrow Doesn't Fall* (London: Piatkus, 1990).
———, *Going Home To Liverpool* (London: Piatkus, 1996).
Fredericks, C., *The Future of Eternity: Mythologies of Science Fiction and Fantasy* (Bloomington: Indiana University Press, 1982).
Frith, S., *Sound Effects: Youth, Leisure and the Politics of Rock* (London: Constable, 1983).
———, 'Towards an Aesthetic of Popular Music', in R. Leppert and S. McClary, *Music and Society: The Politics of Composition, Performance and Reception* (Cambridge: Cambridge University Press, 1987).
Frith, S. and Horne, H., *Art into Pop* (London: Methuen, 1987).
Garcia Marquez, G., *One Hundred Years of Solitude*, trans. Gregory Rabassa (London: Cape, 1970).
Gardiner, J., *All on A Summer's Day* (London: Arrow, [1991] 1992).
Geering, K. (ed.), *It's World That Makes the Love Go Round: Modern Poetry Selected from 'Breakthru'* (London: Corgi, 1968).
Genette, G., *Narrative Discourse: An Essay in Method*, trans. J.E. Lewin (Oxford: Blackwell, 1980).
———, *Figures of Literary Discourse*, trans. A. Sheridan (Oxford: Blackwell, 1982).
———, *Paratexts: Thresholds of Interpretation*, trans. J.E. Lewin and R. Mackay (Cambridge: Cambridge University Press, [1987] 1997).
———, 'Les livres vus de dos', *Lire Magazine* (September 2002): 30–40.
Giddens, A., *Modernity and Self-Identity: Self and Society in the Late Modern Age* (Cambridge: Polity Press, 1991).
Giddings, R. and Sheen, E. (eds), *The Classic Novel From Page to Screen* (Manchester: Manchester University Press, 2000).
Giddings, R., Selby, K. and Wensley, C. (eds), *Screening the Novel: The Theory and Practice of Literary Dramatization* (New York: St. Martin's Press, 1991).
Glasgow University Archive Services, UGD243, Wm Collins, Son & Co., Publishers, 1/6/22 Mardersteig 1934 Report.
Goff, M., 'Unconditional Generosity', *London Review of Books* (18 December 2003): 4.
Going, C., 'Writing Sagas for Headline Books', course notes: SAMWAW Weekend, May 1994.
Goldstein, R. (ed.), *The Poetry of Rock* (New York: Bantam, 1969).

Green, E., *Penguin Books: The Pictorial Cover 1960–1980* (Manchester: Manchester Polytechnic Library, 1981).
Green, J., *All Dressed Up: The Sixties and the Counter-Culture* (London: Pimlico, 1998).
Griffin, C., *Representations of Youth: the Study of Youth and Adolescence in Britain and America* (Cambridge: Polity Press, 1993).
———, 'Imagining New Narratives of Youth: Youth research, the 'new Europe' and global youth culture', *Childhood* (8)2 (2001):147–66.
Groves, J., 'Judging literary books by their covers: house styles, ticknor and fields, and literary promotion', in M. Moylan and L. Stiles (eds), *Reading Books: Essays on the Material Text and Literature in America* (Amherst: University of Massachusetts Press, 1996): 75–100.
Hagestadt, E., 'Bridges Over Troubled Waters', *The Independent* (23 April 2004).
Hamblett, C., and Deverson, J., *Generation X* (London: Tandem Books, 1964).
Hamer, D., 'I am a Woman': Ann Bannon and the Writing of Lesbian Identity in the 1950s', in M. Lilly (ed.), *Lesbian and Gay Writing: An Anthology of Critical Essays* (Philadelphia: Temple University Press, 1990): 47–75.
Hamilton, A., 'Clogs By The Aga: The fastsellers of 1993', *The Guardian* (11 January 1994).
———, 'Alex Hamilton's paperback fastsellers of 1999', *The Bookseller* (7 January 2000): 20–23.
Hamilton, D., 'Introduction', in S. Thorgerson and R. Dean (eds), *Album Cover Album* (Limpsfield: Dragon's World, 1977).
Hamilton, R., *Collected Words: 1953–1982* (London: Thames & Hudson, 1982).
Hare, S. (ed.), *Penguin Portrait: Allen Lane and the Penguin Editors 1935–1970* (Harmondsworth: Penguin, 1995).
Harkin, P., 'The Reception of Reader-Response Theory' *College Composition and Communication* 56 (3) (February 2005): 410–25.
Hartley, J., 'The Way We Read Now', *The Bookseller* (1 April 2003): 27–9.
Harvey, D., *The Condition of Postmodernity* (Oxford: Blackwell: 1989).
Heller, S., and Chwast, S., *Jackets Required: An Illustrated History of American Book Jacket Design, 1920–1950* (San Francisco: Chronicle Books, 1995).
Henri, A. McGough, R. and Patten, B., *Penguin Modern Poets 10: The Mersey Sound* (Harmondsworth: Penguin, 1967).
Hewison, R., *Too Much: Art and Society in the Sixties 1960–75* (London: Methuen, 1986).
Hocking, S.K., *Her Benny* (Liverpool: The Gallery Press, [1876] 1968).
Hoggart, R., *The Uses of Literacy* (Harmondsworth: Penguin, 1958 [1957]).
Holland, S., *The Mushroom Jungle: A History of Postwar Paperback Publishing* (Westbury: Zeon Books, 1993).
Hooper, C., *A Child's Book of True Crime* (London: Jonathan Cape, 2002).
———, *A Child's Book of True Crime* (New York: Scribner, 2002).
———, *A Child's Book of True Crime* (Sydney: Vintage, 2002).
———, *A Child's Book of True Crime* (Sydney: Knopf, 2002).
———, *A Child's Book of True Crime* (New York: Scribner, 2003).
Horak, T., 'Film tie-ins can boost audiobook sales', *Billboard* 108(20) (May 1996): 49–50.

Horovitz, M. (ed), *Children of Albion: Poetry of the 'Underground' in Britain* (Harmondsworth: Penguin, 1969).
Howard, A., *All The Dear Faces* (London: Hodder & Stoughton, 1992).
———, *There Is No Parting* (London: Hodder & Stoughton, [1992] 1993).
http://www.goodreports.net.
http://www.u-grenoble3.fr/les_enjeux/2000/Legendre/Legendre.pdf.
Huggan, G., *The Postcolonial Exotic: Marketing the Margins* (London: Routledge, 2001).
Hulme, K., *The Bone People* (London: Hodder & Stoughton, 1985).
Husserl, E., *General Introduction to Pure Phenomenology* (New York: Collier Books, 1962).
Huxley, A., *The Doors of Perception and Heaven and Hell* (Harmondsworth: Penguin, [1954, 1956] 1969).
Hyde, S. (ed.), *Selling the Book: A Bookshop Promotion Manual* (London: Clive Bingley, 1977).
Hyland, A., 'By the Book', *Design Week* (6 October 2005): 14.
Inglis, I., 'Men of Ideas? Music, Anti-Intellectualism and the Beatles', in I. Inglis (ed.), *The Beatles, Popular Music and Society: A Thousand Voices* (Basingstoke/London: Macmillan, 2000): 1–22.
Jakubowski, M. and Edwards, M., *The Complete Book of Science Fiction and Fantasy Lists* (London: Granada, 1983).
Jameson, F., *The Political Unconscious: Narrative as a Socially Symbolic Act* (London: Methuen, 1981).
———, *Postmodernism, or, The Cultural Logic of Late Capitalism* (London: Verso, [1991] 1999).
———, 'Radical Fantasy', *Historical Materialism* 10(4) (2002): 273–80.
Jeffries, S., 'Make Way for Noddy in China', *The Guardian* (22 March 2004).
Jerome, J.K., *My Life and Times* (New York/London: Harper and Brothers, 1926).
———, *Trois Hommes dans un Bateau*, trans. Déodat Serval, (ed.) André Topia (Paris: Flammarion, 1990).
———, *Three Men in a Boat* (Harmondsworth: Penguin, 1994).
Johanson, G., *A Study of Colonial Editions in Australia 1843–1972* (Wellington, New Zealand: Elibank, 2000).
Johnson-Woods, T., *Pulp: A Collector's book of Australian Pulp Fiction Covers* (Sydney: National Library of Australia, 2004).
Jonker, J., *When One Door Closes* (Liverpool: Print Origination (NW), 1991).
———, *Taking A Chance On Love* (London: Headline, 2001).
Jordan, J., 'Animal Magnetism', *The Guardian* (25 May 2002).
Jorgensen, D.L., *Participant Observation: A Methodology for Human Studies* (London: Sage Publications, 1989).
Kästner, H., 75 Jahre Insel-Bücherei 1912–1987: Eine Bibliographie (Leipzig: Insel, 1987).
Katz, E. and Liebes, T., *The Export of Meaning: Cross-Cultural Readings of 'Dallas'* (London: Polity Press, [1993] 2004).
Kean, D. (2005a), 'How to Sell it like Sarah Jessica', *Independent on Sunday* (15 May): 28–9.
——— (2005b), 'The Sassy New Romantics', *The Bookseller* (1 April): 22–3.

Kenway, J. and Bullen, E., *Consuming Children: Education-Entertainment-Advertising* (Buckingham: Open University Press, 2001).
Kerton, P., *The Freelance Writer's Handbook* (London: Ebury Press, 1986).
Kidd, C., Run with the dwarves and win: adventures in the book trade, *Print* 49 (3) (May–June 1995): 21–6.
Koenig-Woodyard, C., 'Gérard Genette, Paratexts: Thresholds of Interpretation.' *Romanticism On the Net* (13, February 1999), http://www.erudit.org/revue/ron/1999/v/n13/005838ar.html, accessed 12 February 2005 and 1 November 2005.
Kotler, P. and Armstrong, G., *Principles of Marketing* (New Jersey: Prentice Hall, 2001).
Kotler, P., Armstrong, G., Saunders, J. and Wong, V., *Principles of Marketing* (Harlow: FT Prentice Hall, 2004).
Lacy, D., 'From Family Enterprise to Global Conglomerate', in E.E. Dennis, E.C Pease and C. LaMay (eds), *Publishing Books* (New Brunswick: Transaction Publishers, 1997): 3–12.
Laczynska, L., 'Do judge a book by its cover', *The Bookseller* (14 March 1997): 49–54.
Laing, S., 'The Politics of Culture: Institutional Change', in Bart Moore-Gilbert and John Seed (eds), *Cultural Revolution? The Challenge of the Arts in the 1960s* (London: Routledge, 1992): 72–95.
Lamb, L., 'Penguin Books: Style and Mass Production' *Penrose Annual* (46) (1952): 39–42.
Lane, A., 'All about the Penguin Books' *The Bookseller* (22 May 1935): 497.
———, 'Penguins and Pelicans', *The Penrose Annual* (40) (1938): 40–42.
Langford, D., *Josh Kirby: A Cosmic Cornucopia* (London: Paper Tiger, 1999).
Larson, R., *Films into Books: An Analytical Bibliography of Film Novelizations, Movie, and TV Tie-ins* (Metuchen NJ: Scarecrow Press, 1995).
Laurel, B., *Computers as Theatre* (Boston: Addison Wesley, 1993).
——— (ed.), *The Art of Human–Computer Interface Design* (Boston: Addison Wesley, 1990).
Le Naire, O., 'A fond les poches', *L'Express* [Paris] (2 January 2003).
Leavis, Q.D., *Fiction and the Reading Public* (London: Bellew, [1932] 1990).
Lee, M., *Lights Out Liverpool* (London: Orion, 1995).
Leitch, T., 'Twelve Fallacies in Contemporary Adaptation Theory', *Criticism* 45 (2) (Spring 2003): 149–71.
'Les livres de poche', *Les Temps Modernes* (227) (April 1965).
Lewis, J., *The Twentieth Century Book: Its Illustration and Design* (London: Studio Vista, 1967).
Livres Hebdo, 'Comment les Français lisent-ils', (506) (21 March 2003): 108–42.
Lloyd-Jones, L., 'Fifty Years of Penguin Books', in *Fifty Penguin Years* (Harmondsworth: Penguin, 1985): 13–103.
London, J., *Gilgamesh* (Sydney: Pan Macmillan, 2001).
———, *Gilgamesh* (New York: Grove Press, 2003).
Loog Oldham, A., 'Six Hip Malchicks', in H. Kureishi and J. Savage (eds), *The Faber Book of Pop* (London: Faber & Faber, [1964] 1995): 216–19.

Lorimer, R. and Scannell, P., 'Editorial', *Media Culture and Society* (15) (1993): 163–6.

Luey, B., 'The 'Book' on Books – Mammon and the Muses', in E.E. Dennis, E.C. Pease and C. LaMay (eds), *Publishing Books* (New Brunswick: Transaction Publishers, 1997): 141–50.

Lundwall, S.J., *Science Fiction: An Illustrated History* (New York: Grosset and Dunlop Inc., 1977).

Lupoff, R.A., *The Great American Paperback: An Illustrated Tribute to Legends of the Book* (Portland: The Collector's Press, 2001).

Lynch, K., *The Image of the City* (Cambridge MA: MIT Press, [1960] 1998).

Lyons, Martin, 'Britain's Largest Export Market', in M. Lyons and J. Arnold (eds), *A History of the Book in Australia 1891–1945: A National Culture in a Colonised Market* (St Lucia: University of Queensland Press, 2001): 21–40.

McAleer, Joseph, *Popular Reading and Publishing in Britain 1914–1950* (Oxford: Clarendon Press, 1992).

McCleery, A., 'The Return of the Publisher to Book History: The Case of Allen Lane', *Book History* (5) (2002): 161–85.

———, 'The 1969 Edition of Ulysses: The Making of a Penguin Classic', *James Joyce Quarterly* (2008).

McClintock, A., *Imperial Leather: Race, Gender and Sexuality in the Colonial Context* (New York: Routledge, 1995).

McCormick, A., 'HC Feeds on the Fear Factor', *The Bookseller* (10 June 2005): 28–9.

McCrum, R., 'Comment: I Want to Tell You a Story', *The Observer* (29 September 2002).

McEvoy, D. and Maryles, D., 'Numbers up; fiction dominates: make way for veterans, movie tie-ins and more novels in all editions', *Publishers Weekly* 251(12) (22 March 2004): 29–35.

McFarlane, B., *Novel to Film: An Introduction to the Theory of Adaptation* (Oxford: Clarendon Press, 1996).

McIlvanney, S., 'Double Vision: The Role of the Visual and the Visionary in Nina Bouraoui's La Voyeuse Interdite (Forbidden Vision)', *Research in African Literatures* 35(4) (2004): 105–20.

McLuhan, M., *Understanding Media: The Extensions of Man* (London: Sphere Books, [1964] 1967).

———, *Counterblast* (New York: Harcourt and Brace, 1969).

Malik, R., 'The Difficult Place of Endnotes in Classics Publishing', *Interfaces: Image, Texte, Langage* 15 (1999).

Malinowski, Bronislaw, 'Subject, Method and Scope', in S. Rapport and H. Wright (eds), *Anthropology* (New York: New York University Press, 1967).

The Man Booker Prize for Fiction (2005a), <http://www.themanbookerprize.com>, accessed 22 November 2005.

——— (2005b), 'Rules and Entry Form', <http://www.themanbookerprize.com/about/2005_rules.pdf>, accessed 8 November 2005.

——— (2005c), 'Public Libraries & The Man Booker Prize: Displays', <http://www.themanbookerprize.com/librarians/displays.php>, accessed 8 November 2005.

Manlove, C.N., *Modern Fantasy: Five Studies* (Cambridge, Cambridge University Press, 1975).

———, *The Impulse of Fantasy* (London: Macmillan, 1987).

Mansfield, J., *Book/Cover* (unpublished masters thesis, Monash University, Australia, 2003).

Marler, R., 'About Cleis: An Interview with Cleis Publishers Felice Newman and Frederique Delacoste', Cleis Press, 19 November 2005, <http://www.cleispress.com/about.html>.

Marouane, L., *La jeune fille et la mère* (Paris: Editions du Seuil, 2005).

Martel, Y., *The Facts Behind the Helsinki Roccamatios and Other Stories* (London: Faber & Faber, 1993).

———, *Self* (London: Faber & Faber, 1996).

———, *Life of Pi* (Edinburgh: Canongate, 2002).

———, 'The Silence and the Fury: Winning the 2002 Man Booker Prize', in *The Man Booker Prize: 35 Years of the Best in Contemporary Fiction 1969–2003* (London: The Booker Prize Foundation, 2003): 31–3.

———, *The Facts Behind the Helsinki Roccamatios and Other Stories* (Edinburgh: Canongate, 2004).

Maryles, D., 'Dead Author's Society', *Publishers Weekly* 243 (3) (15 January 1996): 322.

———, 'Read the Book First', *Publishers Weekly* 248(32) (6 August 2001): 19.

Massie, A., 'In Pi's Magic Circle', *The Scotsman* (11 May 2002).

Matthews, N., 'Collins and the Commonwealth: Publishers' Publicity and the Twentieth Century Circulation of Popular Fiction Titles', in H. Hinks and C. Armstrong (eds), *Worlds of Print* (New Castle DE: Oak Knoll Press/British Library, 2006).

Maughan, S., 'Making the Teen Scene', *Publishers Weekly* (18 October 1999): <http://www.publishersweekly.com/article/CA167490.html>; accessed 17 April 2004.

———, 'Writing with Magic: Interview with Francesca Lia Block', Teenreads.com (10 March 2000): <http://www.teenreads.com/authors/au-block-francesca.asp>, accessed 28 September 2003.

Mayer, R. (ed), *Eighteenth-Century Fiction on Screen* (Cambridge: Cambridge University Press, 2002).

Mayne, R., 'Love in a Hot Climate', *Sight and Sound* 55(2) (Spring 1986): 134.

Mellor, D., *The Sixties Art Scene in London* (London: Phaidon, 1993).

Melly, G., *Revolt Into Style: The Pop Arts in Britain* (Harmondsworth, Penguin, [1970] 1972).

Merril, J., 'What Do You Mean: Science? Fiction?', in T.D. Clareson (ed.), *SF: The Other Side of Realism* (Bowling Green OH: Bowling Green University Press, 1971).

Miles, B., *Paul McCartney: Many Years From Now* (London: Secker & Warburg, 1997).

———, *In the Sixties* (London: Pimlico, 2003).

Miller, L.J., *Reluctant Capitalists: Bookselling and the Culture of Consumption* (Chicago: University of Chicago Press, 2006).

Mintel, 'Books, UK, June 2005 Market Research Report', <http://reports.mintel.com/>.

Mistry, R., *Family Matters* (London: Faber & Faber, 2002).
Mokeddem, M., *L'interdite* (Paris: Editions Grasset & Fasquelle, 1993).
———, *The Forbidden Woman*, trans. K.M. Marcus (Lincoln: University of Nebraska Press, 1998).
Molesworth, M. and Dengeri-Knott, J., 'The pleasures and practices of virtualised consumption in digital spaces', *Digital Games Research Conference 2005: Changing Views: Worlds in Play* (Vancouver, 16–20 June 2005).
Moody, N., 'Maeve and Guinevere: Women's Fantasy Writing in the Science Fiction Market Place', in L. Armitt (ed.), *Where No Man Has Gone Before: Women and Science Fiction* (London: Routledge, 1991).
———, 'The Leaving of Liverpool: Popular Fiction in Context', in G. Norquay and G. Smyth, *Space and Place: The Geographies of Literature* (Liverpool: Liverpool John Moores University Press, 1997): 309–20.
———, 'Are Books Still Different?', *Association for Research in Popular Fictions Newsletter* (16 September 2006).
Moran, J., 'The Role of Multimedia Conglomerates in American Trade Book Publishing', *Media, Culture and Society* 19(3) (July 1997): 441–55.
Morris, M. and Ashton, J., *The Pool of Life: A Public Health Walk in Liverpool* (Liverpool: Maggi Morris/Department of Public Health, 1997).
Moylan, M. and Stiles, L., *Reading Books: Essays on the Material Text and Literature in America* (Amherst: University of Massachusetts Press, 1996).
Mullan, J., 'When It's Acceptable to Judge a Book by Its Cover', *The Guardian* (18 October 2003): 12.
Murphy, E., *The Land is Bright* (London: Headline, 1989).
———, *There is a Season* (London: Headline, 1991).
———, *A Wise Child* (London: Headline, 1994).
———, *Honour Thy Father* (London: Headline, 1996).
Murray, J., *Hamlet on the Holodeck: The Future of Narrative in Cyberspace* (Cambridge MA: MIT Press, 1998).
Naremore, J., *Film Adaptation* (New Brunswick: Rutgers University Press, 2000).
Nile, R. and Walker, D., 'The Mystery of the Missing Bestseller', in M. Lyons and M. Arnold (eds), *A History of the Book in Australia, 1891–1945: A National Culture in a Colonised Market* (St Lucia: University of Queensland Press, 2001).
Niven, A., 'A Common Wealth of Talent', in *Booker 30: A Celebration of 30 Years of The Booker Prize for Fiction 1969–1998* (London: Booker plc, 1998): 40–42.
Nixon, H., 'Dawson's Creek: Sex and Scheduling in a Global Phenomenon', *The English and Media Magazine* 42(3) (November 2000): 25–9.
Noiville, F., 'Angleterre, le Roi Poche', *Le Monde* (6 January 1995).
Nolan, P., 'Re: Movie tie-in inquiry', email to R. Mitchell (10 October 2004).
Oder, N., '"Sense"-ible tie-ins', *Publishers Weekly* 243(1) (1 January 1996): 36.
The Officina Bodoni, *The operation of a Hand-press during the first six years of its work* (Paris/New York: Editiones Officinae Bodoni At the Sign of the Pegasus, 1929).
Ogle, R., Interviewed with O'Neill, G. and Nightingale, J, by the author [Angus Phillips], Random House offices, London, 28 November 2005.

Orange, 'Orange Prize for Fiction Research 2000', <http://www.orangeprize.co.uk>, accessed 21 November 2005.

Orr, J., and Nicholson, C. (eds), *Cinema and Fiction: New Modes of Adapting, 1950–1990* (Edinburgh: Edinburgh University Press, 1992).

Owen, T., and Dickson, D., *High Art: A History of the Psychedelic Poster* (London: Sanctuary Publishing, 1999).

Packer, V., [Marijane Meaker], *Spring Fire* (New York: Fawcett, 1952).

Palacios, J., *Lost in the Woods: Syd Barrett and the Pink Floyd* (London: Boxtree, 1998).

Paperback Writers, 'Towards the Millenium: The Sixties', BBC Radio 3, 18 March 1997 (presented by Andy Martin).

Pauli, M., 'The Middle Way', *The Guardian* (3 May 2005).

Peary, G. and Shatzkin, R. (eds), *The Classic American Novel and the Movies* (New York: Frederick Ungar, 1977).

Pedersen, M., 'To tie in or not to tie in; booksellers dispute the effect of movie edition cover art', *Publishers Weekly* (240) (30 July 1993): 24–6.

Perry, G. and Aldridge, A., *The Penguin Book of Comics* (Harmondsworth: Penguin, 1967).

Petroski, H., *The Book on the Bookshelf* (New York: Knopf, 1999).

Pierre, D.B.C., *Vernon God Little* (London: Faber & Faber, 2003).

Platt, C., 'The Vanishing Midlist', *Interzone* (May–June 1989): 49–50, 72.

Powers, A., *Front Cover: Great Book Jacket and Cover Design* (London: Mitchell Beazley, 2001).

Pressler, K.H., 'Tauchnitz und Albatross: Zur Geschichte des Taschenbuchs', *Börsenblatt für den Deutschen Buchhandel* (8) (29 January 1985): A1–A5.

Pryce-Jones, A., 'The Visual Impact of Books', *Penrose Annual* (46) (1952): 15–18.

Public Lending Right annual 'top 100' most borrowed books at TRENDS, <http://www.plr.uk.com/enhancedindex.htm>, accessed 16 November 2005.

Queer Covers Lesbian Survival Literature Exhibit, curated by Morgan Gwenwald and Micki Trager (New York: Lesbian Herstory Archives, 1993).

Radway, J., *Reading the Romance: Women, Patriarchy and Popular Literature* (Chapel Hill: University of North Carolina Press, 1984).

———, 'Identifying Ideological Seams: Mass Culture, Analytical Method and Political Practice', *Communication* 9 (1986), quoted by A. Ruddock, *Diegesis* (2) (1998): 51.

———, 'The Institutional Matrix of Romance', in S. During, *The Cultural Studies Reader* (London: Routledge ([1993] 2000): 564–76).

———, *A Feeling for Books: the Book-of-the-month club, literary taste, and middle-class desire* (Chapel Hill: University of North Carolina Press, 1997).

Raugust, K., 'Film Tie-ins: A Risky Business', *Publishers Weekly* 248 (20) (14 May 2001): 34.

Rawlinson, N., 'Why Not Judge a Book by its Cover?', *Publishers Weekly* 247 (6) (February 2000): 6.

Ray, A., 'The author-brand identity', *The Bookseller* (22 April 2005): 24–5.

Raymond, H., Harold Raymond to Ralph Pinker, 8 October 1935, MS2444/149, Chatto and Windus letterbook, University of Reading Library.

———, *Publishing and Bookselling: A Survey of Post-war Developments and Present-day Problems* (London: Dent, 1938).

Reid, Suzanne and Hutchinson, Brad, 'Lanky Lizards! Francesca Lia Block Is Fun To Read But … Reading Multicultural Literature in Public Schools', *The Assembly on Literature for Adolescents at the National Council of Teachers of English (ALAN) Review* 21(3) (Spring 1994).

Report on the Canadian Book Trade 1944, 'Printed for the Members and for confidential circulation', Coll. G 2046, London School of Economics Library.

Reynolds, N., 'Now Let's Have Fun, Say Booker Judges', *Daily Telegraph* (25 September 2002).

Rich, A.,'Compulsory Heterosexuality and Lesbian Existence', in A. Jaggar and P. Rothenberg (eds), *Feminist Frameworks* (Toronto: McGraw-Hill, 1984: 416–19.

Richards, C., 'What are we? Adolescence, sex and intimacy in Buffy the Vampire Slayer', *Continuum: Journal of Media and Cultural Studies* 18 (1) (March 2004): 121–37.

Ries, A. and Trout, J., *Positioning: The Battle for Your Mind* (New York, McGraw-Hill, 2001).

Robinson, F.M., *Science Fiction of the Twentieth Century: An Illustrated History* (Portland OR: The Collectors Press, 1999).

Roche, P. (ed.), *Love, Love, Love: The New Love Poetry* (London: Corgi, 1967).

Rose, J., *The Case of Peter Pan or The Impossibility of Children's Fiction* (London: Macmillan, 1984).

Ryan, M.L., *Narrative as Virtual Reality: Immersion and Interactivity in Literature and Electronic Media* (Baltimore/London: Johns Hopkins University Press, 2001).

———, 'Beyond Myth and Metaphor: The Case of Narrative in Digital Media', *Game Studies* (1): 1.

Rylance, R., 'Reading with a Mission: The Public Sphere of Penguin Books', *Critical Quarterly* 47(4) (2005): 48–66.

Sarkowski, H., *Der Insel-Verlag: Eine Bibliographie 1899–1969* (Frankfurt am Main: Insel, 1970).

Schmoller, H., 'The Paperback Revolution', in A. Briggs (ed.), *Essays in the history of publishing in celebration of the 250th anniversary of the House of Longman, 1724–1974* (London: Longman, 1974).

———, 'Reprints: Aldine and After', *Penrose Annual* (47) (1953): 35–8.

Scholes, R. and Rabkin, E.S., *Science Fiction: History Science Vision* (New York: Oxford University Press, 1977).

Schreuders, P., *The Book of Paperbacks: A Visual History of the Paperback Book* (London: Virgin, 1981).

Scliar, M., *Max and the Cats*, trans. Eloah F. Giacomelli (New York: Plume, [1981] 2003).

Sexton, D., 'You can't judge a book by its publisher', *Evening Standard* (19 August 2002): 41.

Shaughnessy, A., 'Balance the Books', *Design Week* (15 April 2004): 18–19.

Shields, C., *Unless* (London: Fourth Estate, 2002).

Shields, S.A., 'When a book cover speaks volumes', *The Chronicle of Higher Education* 49 (39) (6 June 2003): B5.

Silverman, R., 'Judging a book by its cover', unpublished paper from the Mountain Plains Library Association Conference, 1999.
Skeggs, B., *Class, Self, Culture* (London: Routledge, 2004).
Smith, W., *The Witch Baby* (Harmondsworth: Puffin, 1987).
Sontag, S., 'Notes "On Camp": Against Interpretation and Other Essays' (New York: Dell, 1966).
———, *On Photography* (New York: Anchor Books, 1989).
Stam, R., *Literature through Film: Realism, Magic, and the Art of Adaptation* (Oxford: Blackwell, 2005).
Stam, R. and Raegno, A. (eds), *Literature and Film: A Guide to the Theory and Practice of Adaptation* (Oxford: Blackwell, 2005).
Steinberg, S.H., *Five Hundred Years of Printing* (Harmondsworth: Penguin, 1955).
Stover, L., 'Science Fiction, The Research Revolution and John Campbell', *Extrapolation* 14 (2) (May 1973): 129–48.
Strongman, L., *The Booker Prize and the Legacy of Empire* (Amsterdam: Rodopi, 2002).
Stryker, S., *Queer Pulp: Perverted Passions from the Golden Age of the Paperback* (San Francisco: Chronicle Books, 2001).
Sturt-Penrose, B., *The Art Scene* (London/New York: Paul Hamlyn, 1969).
Susina, J., 'The Rebirth of the Postmodern Flaneur: Notes on the Postmodern Landscape of Francesca Lia Block's Weetzie Bat', *Marvels and Tales: Journal of Fairy-Tale Studies* 16 (2) (2002): 188–200.
Sutherland, J., *Bestsellers, Popular Fiction of the 1970s* (London: Routledge and Kegan P., 1981).
———, 'Fiction and the Erotic Cover', *Critical Quarterly* 33 (2) (Summer 1991): 3–18.
———, 'The Judge's Tale', *The Guardian* (12 October 2005).
Svensson, M., Laaksolahti, J., Waern, A. and Höök, K., 'A recipe based online food store', <http://www.sics.se/~martins/publications/chi99.pdf> (2000).
Tanselle, G.T., 'Book Jackets, Blurbs and Bibliographers', *The Library* XXI (2) (1971): 91–123.
Tauchnitz Edition 1931 (Hamburg: Tauchnitz, 1932).
Taylor, D., *It Was Twenty Years Ago Today* (New York and London: Bantam Press, 1987).
Thévenin, P., 'Un faux bon-march', *Les Temps Modernes* 227 (April 1965): 1748–52.
Thorpe, V., 'Booker Covered in Glory', *The Observer* (14 August 2005).
Todd, R., *Consuming Fictions: The Booker Prize and Fiction in Britain Today* (London: Bloomsbury, 1996).
Todd, W.B., 'A New Measure of Literary Excellence: The Tauchnitz International Editions 1841–1943', *Papers of the Bibliographical Society of America* 78 (1984): 333–402.
Tonkin, B., 'The Wrong Choice in a List Packed with Delights', *The Independent* (11 October 2005).
Torres, T., *Women's Barracks* (New York: Fawcett, 1950).
Trevor, W., *The Story of Lucy Gault* (London: Viking, 2002).
Trites, R.S., *Disturbing the Universe: Power and Repression in Adolescent Literature* (Iowa City: University of Iowa Press, 2004).

United States Congress, House Report of the Select Committee on Current Pornographic Materials. 82nd Cong, 2nd sess. House Report 2510 (Washington DC: Government Printing Office, 1952).
Unwin, P.S., 'A New Reading Public?', *The Bookseller* (5 April 1934): 184.
Updike, J., 'Deceptively conceptual: Books and their covers', *The New Yorker* (17 October 2005).
Urry, J., *Consuming Places* (London: Routledge, 1995).
Villanova, R., *Her Woman* (New York: Beacon, 1962).
Villarejo, A., 'Forbidden Love: Pulp as Lesbian History', in E. Hanson (ed.), *Out Takes: Essays on Queer Theory and Film* (Durham NC: Duke University Press, 1999).
Vogl, M., *Picturing the Maghreb: Literature, Photography, (Re)Presentation* (Lanham MD: Rowman & Littlefield, 2003).
Wagner, G., *The Novel and the Cinema* (Madison NJ: Fairleigh University Press, 1975).
Walker, J.A., *Cross-Overs: Art into Pop/Pop into Art* (London: Comedia, 1987).
Warhol, R., *Having A Good Cry* (Columbus: Ohio State University Press, 2003).
Waters, S., *Fingersmith* (London: Virago, 2002).
Watts, R., *Packaging Post/Coloniality: The Manufacture of Literary Identity in the Francophone World* (Lanham MD: Lexington Books, 2005).
Webby, E., 'Introduction', in Franklin, M., *My Brilliant Career* (Sydney: Harper Perennial, 2004).
Weeks, J., *Invented Moralities: Sexual Values in an Age of Uncertainty* (Cambridge: Polity Press, 1995).
Weidemann, K. (ed.), *Book Jackets and Record Covers – An International Survey* (New York: Frederick A. Praeger, 1969).
Weir, A. and Wilson, E., 'The Greyhound Bus Station in the Evolution of Lesbian Popular Culture', in Sally Munt (ed.), *New Lesbian Criticism: Literary and Cultural Readings* (New York: Columbia University Press, 1992): 95–113.
Whitehead, P. (director), *Tonite Let's All Make Love in London* (1967).
Williams, S., 'The Mystery of the Declining Sales', *Survey* 6(2) (Summer 1989): 2–6.
Williams, W.E., *The Penguin Story* (Harmondsworth: Penguin, 1956).
Williamson, V. (2000a), 'Consuming Poverty: Saga Fiction in the Nineties', in N. Moody and J. Hallam (eds), *Consuming for Pleasure: Selected Essays in Popular Fiction* (Liverpool: Association for Research into Popular Fiction/Liverpool John Moores University Press,): 268–86.
——— (2000b), 'The Role of the Librarian in the Reconfiguration of Gender and Class in Relation to Professional Authorship', in E. Kerslake and N. Moody (eds), *Gendering Library History* (Liverpool: Association for Research into Popular Fiction/Liverpool John Moores University Press, 2000): 163–78.
———, 'Regional Identity – a Gendered Heritage? Reading Women in Nineties Fiction', in S. Caunce, E. Mazierska, S. Sydney-Smith and J.K. Walton (eds), *Relocating Britishness* (Manchester: Manchester University Press, 2004): 183–95.
Wilson, A., *The Design of Books* (New York: Reinhold Publishing Company, 1967).
Winton, T., *Dirt Music* (Sydney: Picador, 2001, 2002).

———, *Dirt Music* (London: Picador, 2002, 2003).
———, *Dirt Music* (New York: Scribner, 2002, 2003).
Wood, J. (2003a), 'The Lie-World', *London Review of Books* (20 November): 25.
——— (2003b), 'Unconditional Generosity', *London Review of Books* (18 December): 4.
Woolf, V., 'Movies and Reality', *The New Republic* XLVII (2 August 1926).
Worpole, K., *Dockers and Detectives: Popular Reading: Popular Writing* (London: Verso, 1983).
———, *Reading by Numbers: Contemporary Publishing & Popular Fiction* (London: Comedia, 1984).
——— (1992a), *Towns for People: Transforming Urban life* (Buckingham: Open University Press).
——— (1992b), 'Lost Cities: Civic & Urban Renewal in Britain Today', The Institute for Cultural Policy Studies, Griffith University, Australia, <http://www.gu.edu.au/centre/cmp/Worpole.html>, accessed 3 January 2003. [Now defunct: activate this link, then try Griffiths University search to find cached version.]
Wyatt, J., *High Concept: Movies and Marketing in Hollywood* (Austin: Texas University Press, 1994).
Wyndham Lewis to Stuart Gilbert, 19 June 1934, Stuart Gilbert Papers 2.3, Harry Ransom Humanities Research Center, University of Texas, Austin.
Young, E., 'The Early Days of Penguins', *The Book Collector* 1(4) (Winter 1952): 210–16.
Zimet, J., *Strange Sisters: The Art of Lesbian Pulp Fiction 1949–1969* (Toronto: Penguin, 1999).
Zipes, J., *Fairy Tales and the Art of Subversion: The Classical Genre for Children and the Process of Civilization* (New York: Routledge. 1991).
———, *Happily Ever After: Fairy Tales, Children, and the Culture Industry* (New York: Routledge, 1997).
———, *Sticks and Stones: The Troublesome Success of Children's Literature from 'Slovenly Peter' to 'Harry Potter'* (London: Routledge, 2002).

索 引

（以下页码为页边码）

Adaptation 改编　xx，27，28，108—113，115

Advertising 广告宣传　xii，xviii，xix，11，14，16—17，22，29，47，56，73，88，101，116—119

Algeria 阿尔及利亚　xx，xxi，161—170

Amazon.com 亚马逊网　xv，59，121—122

America 美国　xiv，5，15—17，44，51，54，57，63—70，84—85，98，109，129，134，142，145，163，169—170

Archive 档案　xii，xvii，46，81，129

Australia 澳大利亚　xii—xiii，xiv，63—70，80

Author 作者　xi，xiii，xvi，xx，11，14—15，19，21，23—30，31—34，39，47，49，64，66—67，70，74，85，88，101，114，117—118，129，131，137，148，152，162—163，166—168，170

New 新作家　19，21，24—25，32，41，64

Profile 作家简介　169

Reader Interaction 作者-读者互动　35
Research 作家研究　33，41
Signings 作家签名　118—119
Autobiography　自传文学 14，84，114
Award 奖项　xi，xv，52，63—70，71—72，81
American Library Association 美国图书馆协会奖　147，153
Booker 布克奖　30，63，67—69，71—83，107
British Science Fiction 英国科幻小说奖　55，57
Foyles Literary 福伊尔斯文学奖　104
Hugo 雨果奖　64
Judges 奖项评委　xx，63—64，73，77—82
Miles Franklin 迈尔斯·富兰克林奖　63，69
Nebula 星云奖　55
Orange Prize 橘子小说奖　20，23，76
Prix Femina Literary Prize 法国费米娜奖　169
Prix Inter 法国国内电台图书奖　165
Shortlist 入围奖　52，63，72—75，77，79，81
World Fantasy 世界奇幻奖　55

Backlist 库存书目　6，26，34，49，52
Barthes，Roland 罗兰·巴特　114，159
Benjamin，Walter 瓦尔特·本雅明　123
Bestseller 畅销书　xiv，xv，31—32，51，54，72，74，84，100，131，145
Blurb 宣传简介　xx，23—24，31—32，34，47，55，58，65，87—88，90，92，119，121，132，135，166

Book Marketing Council 图书经销协会 51

The Bookseller《书商》 xiii，10，13—14，24，31—32，47，72

Booksellers 书商 xii—xiii，xv—xvi，xviii，6，10，11，13，21，43，47—48，50—51，53，55—57，99，111—112，116

Bookshop 书店 24，117，119

Amazon.com 亚马逊网上书店 xv，59，121—122

Borders 鲍德斯书店 xiv，22，117—118，122

chain 连锁书店 xiv，xv，13，28—29，48，59，72，96

independent 独立书店 xiv，xv，48—50

WH Smith WH 史密斯书店 xiv，22，49，121—122

Waterstones 水石书店 21—22，29，117

Bourdieu，Pierre 皮埃尔·布尔迪厄 74—75

Brand 品牌、商标 4—6，12—16，21，25，27—28，30，32，52，73—74，149

Canada 加拿大 15

Categorisation 分类 xv，15，46—51，55，72，84，88，98，153

Celebrity 名流 75，108，117，148，165

Censorship 审查 129—131，159

Children's Fiction 儿童小说 xi，11，21—22，64，66—67，147，151—152，156，159

Christians 基督徒 150，160

Class 阶级 xi，32，35—37，41，85—86，138

Classics 古典文学 11，16，84，89—92，100，108，111，115，123，149，150

Colour 色彩 xii，3，6，8—11，14—17，23—24，28，44—45，55—

57，63，65—66，68，78，89，98，101，110，133，134，166—167

Consumption 消费 xvii，4，43，58，97，117，121，149，159

Contextual Analysis 语境分析 xv，xix，43，47—48，129，170

Design 设计 xvii，xix，4—8，14，16，20，28，53—54，64—68，74，98，100—101，111

Cover 封面设计 3—8，10，12，14—19，22，25，28，30，32—33，37，44，53，55，99，108，109，110，133，162

Typographical 排版设计 7—8，16

Wraparound 装帧设计 34，55，57—58

Display 陈列、展示 xiii，10，14—15，21，32，56—57，73，75，81，96，117—118

Dust Jacket 护封 xii，xx，15，63—65，67，112，163，166—167

Editor 编辑 7，9，13，16，19，32—33，37，43，45—46，51—52，54，72，84，87，90，98—100，131，133，148，154，166—168

Ephemera 转瞬即逝 xviii，89，103—104，113

Epitext 外文本 31，35

Escarpit R 罗伯特·埃斯卡皮 83—84

Ethnicity 种族 xxi，7，149

Ethnographic Research 人类学研究 35，47—48，50，58

Fans 粉丝、书迷 xix，45—46，48，50，53—54，58

Femininity 女性气质 24，135—136，140，165

Film 影片 xi，xii，xix，xv，10，46，50，53—54，58，64，100，

107—116，121—124，151
Focus Groups 焦点小组 27—28
France 法国 44，88—89，91，111，161—162，165，169

Games 游戏 48，51—53，119，124
Gay men 男同性恋者 145，154—155，157—158
Gender 社会性别 20，23，47—48，53，135—136，141，149
Genette，Gérard 热拉尔·热奈特 xi，xvii，xix—xx，31—32，34—35，41,88，117，119，122，124，161，163
Genre 体裁 xi—xii，xv，xix，3，6，9，11，24—25，27,31—32，40，43—53，56—58，76—77，90,105，121，123，131—133，143，149,150，153—154
Crime 犯罪小说 25，27—28
Detective 侦探小说 10—11，14—15，25，27—28，58
Fantasy 奇幻小说 43—58，147，149
Romance 浪漫小说 31—42，48，123，130，149
Science Fiction 科幻小说 43—58，100—101，109，120
Western 西方小说 11，52
Globalisation 全球化 xiv，xxi，69
Graphic Art 视觉艺术 101，110

Hamilton，Alex 亚历克斯·汉密尔顿 31，37
Hardcover 精装本 xviii，4，34，65—67，69，110，112，128，130，165
Homosexuality 同性恋 129，136
Hypertext 超文本 119，124

Identity 身份　xix，xxi，37，40，138，149—151，156，159—160
Illustration 插图　xi—xii，xvi—xvii，xix，3—4，8，16—17，24，34，39，43—46，54，56—57，63—64，66—69，81，98，100—102，110—111，114，122，141，143，163—164
Illustrator 插图画家　39，44，46，63，101，132
Interior Text 内文本　44，113
Internet 互联网　xv，xx，46，117—125，142，148，152，159
Interview 访谈　xvi，xviii，24，43，46，48—51，53，79，99，119，142

Journalism 新闻报道　75，78—79，81，86，152

Lane，Allen 艾伦・莱恩　10—16，87，89，101—102
Library 图书馆　xvii，15，34，51，117
Literary Agent 图书代理　7，14，32
Literary Criticism 图书批评　32，54，77，80，84—92，114—116，153
Logo 标志　4，8，10，12，14—15，32
London Review of Books《伦敦书评》　77

Magazine 杂志　xiii，xiv，3，15，24，43—46，49，51，53—54，84，86—87，89，95—96，99，105，119，132—133，137，151—152，161，165，169
Market Research 市场调研　20—21，23，25—28
Marketing 市场营销　xi—xxi，6—7，13，19—22，28，31，43，45，

51，54，56，58，71，73—74，76，81—82，87，100，102，105，111—112，117，121，129，148—149，151，153，162，169—170
Mass Market 大众市场 xiv，4，16，22，31，33，52，58，66，76，77，92，95—96，98，105
Midlist 中等销量 52
Multimedia 多媒体 xvi，98，161
Multinationals 跨国公司 xv，xvi，70
Music 音乐 xii，xvi，xx，96，99，101，103—105，126，149，151—152，154，159
Muslims 穆斯林 109，170

Net Book Agreement《图书净价协议》 xiv
New York Times Book Reviews《纽约时报书评》 70，152

Obscenity 淫秽 88，98—99，130

Paperback 平装本 xi—xv，xvii，xix—xx，3—19，21—22，25，27，32—34，38，45—47，50，54—57，63，65—69，74，84，87—89，91—92，95—107，111—112，122，129—133，147—148，162—163
Paratext 副文本 xi，xix，xx，31，33—34，41，63—64，90，113，119，161，167
Phenomenology 现象学 108，113
Photograph 摄影 13，15—16，58，63，98，112，116，135—136，148，162—163，165，167—170
Posters 宣传海报 xiii—xvi，xviii，15—16，29，45，54，57，73，99，

100—101, 110—111, 114,118—119, 172, 184

Promotion 促销 xiii—xv, xviii, xx, 11, 14, 17, 20—22,28, 34, 49, 51, 56, 64, 66, 68—70,72—73, 75, 81, 87, 108, 112—113, 116,119, 148

Publisher 出版社 xii—xiv, xvi, xviii—xix, 4, 6—8,10—15, 19—34, 39—42, 45—46, 48—49,51—53, 56, 59, 63—64, 67—73, 77—79,87—88, 90, 92, 98—99, 109—110, 112—113, 116, 119, 121—123, 131, 137, 145,151—152, 163, 166, 169

Albatross 信天翁出版社 xii, xix, 3—19

Bloomsbury 布鲁姆斯伯里出版社 22, 58, 88, 121

Canongate 坎农格特出版社 74

Cleis Press 克莱斯出版社 129—145

Collins 柯林斯出版社 10—12, 14, 16, 27

Faber & Faber 费伯出版社 xvii, 68, 69, 74

Flammarion 弗拉马里翁出版社 84, 87, 90, 92

HarperCollins 哈珀柯林斯出版社 22, 27, 33—34, 71, 119, 122, 147—148, 160

Headline 头条出版社 33, 38

Hutchinson 哈钦森出版社 10—11, 24—25

Penguin 企鹅图书 xii, xvii, xix, 3—19, 84, 87—89,91, 95—101, 103—104, 108, 112—114,116

Tauchnitz 陶赫尼茨出版社 xii, 3—19

Time Warner 时代华纳公司 20, 26

Publishers' Association 出版商协会 10, 15

Publishers Weekly《出版人周刊》 xii, 13, 15, 112—113, 121,148, 151—152

Qualitative Research 定性研究 xvi，47
Quality 质量 xvii，xx，6，9—10，16，27，55，73，77,80，83，90—92，97—98，109
Queer Theory 酷儿理论 143

Radway 拉德韦 xv，31，35，47，48
Readers 读者 xi—xii，xvii，xx，10，15—16，19—25,27—28，30，32，35，37，39，40—41,44—49，53—54，58—59，64,67，80，84—86,89—90，97，108，110—112，115—116,119，133，138，144，147—149，152，156,159，163，187
Female 女性读者 22—25，27—28，32，149，156，160,169
Lesbian readers 女同性恋读者 129，132—133，138，142
Male 男性读者 23，50，54
Young 年轻读者 156，160
Reader Response 读者反应 108，113—114
Realism 现实主义 32，135，147，150，157，159
Research 研究 xii，xvii，xix，43，46，84
Retail 零售 21，29，43—58，72—73，96，105，144，148
Reviews 书评 xiii，21—22，25，33，49，51，70，75,85，88—89，104，117，119，121，130,142，152，169
Romantic Novelists Association 浪漫小说协会 39

Semiotics 符号学 31—2，37，40，44，48，132，137，170
Sexuality 性取向 xx—xxi，132—133，135—136，141—143
Shelving 书架 xiii，xvii，22，32，48—49，56，58—59,98，117,

122，148，152

Spine 书脊 xii，17，32，34，49，55，67，98，147—148

Supermarket 超市 21—22，29，32，97，130

Surrealism 超现实主义 96，100—101

Survey 民意测验 20—21，23，76

Sutherland，John 约翰·萨瑟兰 xiv—xv，34，47，53，79，98

Taste 品位 xv，xx，8，14，16，20，29，58，86，88，90—92，98，121，130，143—145

Television 电视 xi，xv，xviii—xix，29，50，53，64，71，111，117，149，151，161，165

The Times《泰晤士报》 56，77，85，88，104

Times Literary Supplement《泰晤士报文学增刊》 88，91

Websites 网页 73，87，91，120，123，142

Window Display 橱窗展示 xii，xvii，14，32，56，73

Women 女性 129—145，150

Lesbian and gay press 男女同性恋者出版社 137，142，145

Young adults 青年人 vi，viii，xx，53，147—149，151，153—156，159，160

Zipes，Jack 杰克·齐普斯 151，153，156，160

（王苇 译）

译名对照表

（按汉语拼音顺序排列）

阿比，林恩　Abbey，Lynn

阿尔比，爱德华　Albee，Edward

阿尔德里奇，艾伦　Aldridge，Alan

阿里纳斯，雷纳多　Arenas，Reinaldo

阿连德，伊莎贝尔　Allende，Isabel

阿卢拉，马里克　Alloula，Malek

阿罗史密斯　Arrowsmith

阿芒，乔斯特　Amman，Jost

阿切尔，伊莎贝尔　Archer，Isabel

阿斯海姆，莱斯特　Ashiem，Lester

阿斯普林，罗伯特　Asprin，Robert

阿特伍德，玛格丽特　Atwood，Margaret

阿西莫夫，艾萨克　Asimov，Isaac

埃尔·格列柯　El Greco

埃尔顿,本　Elton,Ben
埃利,希拉里　Ely,Hilary
埃利斯,爱德华·F.　Ellis,Edward F.
艾尔顿,皮特　Ayrton,Pete
艾亨,塞西莉亚　Ahern,Cecelia
艾柯,翁贝托　Eco,Umberto
艾利森,多萝丝　Allison,Dorothy
爱德华兹,马尔科姆　Edwards,Malcolm
爱森斯坦,谢尔盖　Eisenstein,Sergei
爱因斯坦,阿尔伯特　Einstein,Albert
安德鲁斯,弗吉尼亚　Andrews,Virginia
安德鲁斯,林恩　Andrews,Lyn
安德森,波尔　Anderson,Poul
安杰卢,马娅　Angelou,Maya
昂温,菲利普　Unwin,Philip
昂温,斯坦利　Unwin,Stanley
奥德,诺曼　Oder,Norman
奥尔巴赫　Aurbacher
奥尔德里奇,艾伦　Aldridge,Alan
奥尔德里奇,安　Aldrich,Ann
奥尔迪斯,布莱恩　Aldiss,Brian
奥尔森,查尔斯　Olson,Charles
奥格尔,理查德　Ogle,Richard
奥克里,本　Okri,Ben
奥尼尔,格伦　O'Neill,Glenn
奥斯丁,简　Austen,Jane

奥托,科特 Otto,Curt

奥托,汉斯 Otto,Hans

奥威尔,乔治 Orwell,George

巴德迪尔,大卫 Baddiel,David

巴登,哈维尔 Bardem,Javier

巴恩斯,朱利安 Barnes,Julian

巴拉德,J. G. Ballard,J. G.

巴拉勒,米歇尔·艾娜 Barale,Michele Aina

巴勒斯,威廉 Burroughs,William

巴里,塞巴斯蒂安 Barry,Sebastian

巴特,罗兰 Barthes,Roland

白金汉,大卫 Buckingham,David

班布里奇,威廉姆斯·西姆斯 Bainbridge,William Sims

班克斯,伊恩 Banks,Iain

班农,安 Bannon,Ann

班维尔,约翰 Banville,John

邦德,詹姆斯 Bond,James

褒曼,英格丽 Bergman,Ingrid

保罗,弗兰克·R. Paul,Frank R.

鲍尔 Power

鲍尔斯,艾伦 Powers,Allan

鲍尔斯,理查德·M. Powers,Richard M.

鲍林,哈利 Bowling,Harry

贝多芬 Beethoven

贝恩,埃内斯特 Benn,Ernest

贝恩斯，菲尔 Baines, Phil
贝弗斯托克，艾莉森 Baverstock, Alison
贝克，安妮 Baker, Anne
贝里，查克 Berry, Chuck
贝亚，莫里斯 Beja, Morris
本雅明，瓦尔特 Benjamin, Walter
比尔博姆，马克斯 Beerbohm, Max
比亚兹莱，奥布里 Beardsley, Aubrey
毕加索，巴勃罗 Picasso, Pablo
宾汉，夏洛特 Bingham, Charlotte
波普，伊基 Pop, Iggy
波提切利 Botticelli
伯宁汉，约翰 Burningham, John
伯奇，玛西娅 Burch, Marcia
柏拉图 Plato
勃朗特，艾米莉 Brontë, Emily
博尔赫斯 Borges
博尔特 Bolter
博戈西安，埃里克 Bogosian, Eric
博内斯泰尔，切斯利 Bonestell, Chesley
博斯特，菲利普 Boast, Philip
博特，迈克尔 Bott, Michael
薄伽丘 Boccaccio
布尔迪厄，皮埃尔 Bourdieu, Pierre
布拉德伯里，雷 Bradbury, Ray
布拉德伯里，马尔科姆 Bradbury, Malcolm

布拉德利，玛丽昂·齐默 Bradley, Marion Zimmer
布拉维，妮娜 Bouraoui, Nina
布莱克，彼得 Blake, Peter
布莱斯，加里 Blythe, Gary
布朗，丹 Brown, Dan
布朗，柯蒂斯 Brown, Curtis
布林克，碧博 Brinker, Beebo
布鲁姆 Bloom
布鲁斯通，乔治 Bluestone, George
布伦 Bullen
布洛克，弗朗西斯卡·莉亚 Block, Francesca Lia
布洛克，欧文·亚历山大 Block, Irving Alexander
布洛克豪斯，沃尔夫冈 Brockhaus, Wolfgang

查尔斯，雷 Charles, Ray
查特曼，西摩 Chatman, Seymour
崔西，迪克 Tracy, Dick

达恩顿，罗伯特 Darnton, Robert
达利 Dalí
达米施，于贝尔 Damisch, Hubert
达内，查尔斯 Darnay, Charles
戴尔·雷伊，莱斯特 Del Rey, Lester
戴尔·雷伊，朱迪-林恩 Del Rey, Judy-Lynn
戴维森，卡罗尔 Davidson, Carol
戴维斯，艾德蒙 Davis, Edmund

戴维斯，迈克 Mike Davis
道尔，阿瑟·柯南 Doyle, Arthur Conan
道格拉斯，凯特 Douglas, Kate
德·贝雷格，埃里克 De Bellaigue, Eric
德·伯尔尼埃，路易斯 De Bernières, Louis
德·诺阿耶，安娜 De Noailles, Anna
德克斯特，柯林 Dexter, Colin
德拉布尔，玛格丽特 Drabble, Margaret
德拉考斯特，弗雷德里克 Delacoste, Frederique
德拉克洛瓦 Delacroix
德鲁，南希 Drew, Nancy
邓杰瑞-诺特 Dengeri-Knott
邓南遮 d'Annunzio
狄更斯，查尔斯 Dickens, Charles
迪·费特，文森特 di Fate, Vincent
迪·马尔佐，辛迪 di Marzo, Cindi
迪德利，波 Diddley, Bo
迪伦，鲍勃 Dylan, Bob
迪平，沃里克 Deeping, Warwick
迪亚兹，大卫 Diaz, David
朵丝，黛安娜 Dors, Diana

恩斯利，杰里米 Aynsley, Jeremy
恩斯特，马克斯 Ernst, Max

法默，菲利普·约瑟 Farmer, Philip José

法切蒂,杰尔马诺 Facetti,Germano
凡·高 Van Gogh
凡尔纳,儒勒 Verne,Jules
樊尚 Vincent
方丹-拉图尔,亨利 Fantin-Latour,Henri
菲利普斯,安格斯 Phillips,Angus
菲利普斯,巴雷 Phillips,Barye
费林盖蒂,劳伦斯 Ferlinghetti,Lawrence
费舍尔,蒂博尔 Fischer,Tibor
冯·齐格萨,塞西莉 von Ziegesar,Cecily
弗尔,乔纳森·萨福兰 Foer,Jonathan Safran
弗拉纳根,理查德 Flanagan,Richard
弗莱明,伊恩 Fleming,Ian
弗朗西斯,琼 Francis,June
弗里曼,罗伯特 Freeman,Robert
弗里斯,西蒙 Frith,Simon
弗林,凯蒂 Flynn,Katie
福德,凯蒂 Forde,Katie
福格尔,玛丽 Vogl,Mary
福克斯,塞巴斯蒂安 Faulks,Sebastian
福兰 Forain
福勒 Fowler
福雷斯特,海伦 Forrester,Helen
福利,杰斯 Foley,Jess
福斯特,E. M. Forster,E. M.

盖博，克拉克　Gable，Clark

盖茨，比尔 Gates，Bill

冈恩，尼尔　Gunn，Neil

戈德温，托尼　Godwin，Tony

戈尔茨坦，理查德　Goldstein，Richard

戈夫，马丁　Goff，Martyn

戈梅里　Gomery

戈因　Going

格曼诺娃，玛丽亚　Germanova，Mariya

格里尔，芭芭拉　Grier，Barbara

格里芬，克里斯汀　Griffin，Christine

格里森姆，约翰　Grisham，John

格罗夫斯，杰弗里　Groves，Jeffrey

格罗史密斯，乔治　Grossmith，George

格罗史密斯，威顿　Grossmith，Weedon

根斯巴克，雨果　Gernsback，Hugo

古德温，欧内斯特　Goodwin，Ernest

古尔德，威廉·比弗洛　Gould，William Buvelow

哈伯德，乔纳森　Hubbard，Jonathan

哈代　Hardy

哈登，马克　Haddon，Mark

哈根　Huggan

哈里斯，尼尔　Harries，Neil

哈默尔，黛安　Hamer，Diane

哈钦森　Hutchinson

海尔,乔吉特 Heyer,Georgette

海兰,安格斯 Hyland,Angus

海因莱因 Heinlein

汉密尔顿,多米尼 Hamilton,Dominy

汉密尔顿,劳雷尔 Hamilton,Laurel

汉密尔顿,理查德 Hamilton,Richard

汉密尔顿,露丝 Hamilton,Ruth

汉密尔顿,亚历克斯 Hamilton,Alex

汉斯·萨克斯,雷曼·冯 Hans Sachs,Reinmen von

赫伯特,弗兰克 Herbert,Frank

赫胥黎,阿道司 Huxley,Aldous

黑尔,史蒂夫 Hare,Steve

黑塞 Hesse

亨德里克斯,吉米 Hendrix,Jimi

胡迪尼 Houdini

胡珀,克洛伊 Hooper,Chloe

华莱士,埃德加 Wallace,Edgar

怀尔德,桑顿 Wilder,Thornton

怀特黑德,彼得 Whitehead,Peter

惠廷顿,哈里 Whittington,Harry

霍尔,拉德克里夫 Hall,Radclyffe

霍尔拜因 Holbein

霍尔特,汤姆 Holt,Tom

霍华德,奥黛丽 Howard,Audrey

霍加特,理查德 Hoggart,Richard

霍金,塞拉斯·K. Hocking,Silas K.

基恩,加里　Keane,Gary
基朋贝格,安东　Kippenberg,Anton
吉卜林,鲁德亚德　Kipling,Rudyard
吉登斯　Giddens
吉尔伯特,斯图尔特　Gilbert,Stuart
加尔沃斯,约翰　Galsworthy,John
加西亚·马尔克斯,加布里埃尔　Garcia Marquez,Gabriel
嘉宝,葛丽泰　Garbo,Greta
贾丁,丽莎　Jardine,Lisa
贾米拉　Djamila
金斯伯格,艾伦　Ginsberg,Allen

卡顿,西德尼　Carton,Sydney
卡夫卡　Kafka
卡林,格里　Carlin,Gerry
卡罗尔,迪克　Carroll,Dick
卡罗尔,刘易斯　Carroll,Lewis
开普勒,约翰尼斯　Kepler,Johannes
凯里,彼得　Carey,Peter
凯里,海伦　Carey,Helen
凯利,内德　Kelly,Ned
凯鲁亚克,杰克　Kerouac,Jack
凯普,乔纳森　Cape,Jonathan
凯西　Cassie
坎贝尔,约翰　Campbell,John

康纳,史蒂文 Connor,Steven

康佩因 Compaine

柯比,乔希 Kirby,Josh

柯蒂斯,杰拉德 Curtis,Gerard

柯里,埃德温娜 Currie,Edwina

柯林斯,威廉 Collins,William

柯林斯,伊恩 Collins,Ian

柯普,比尔 Cope,Bill

科本,哈伦 Coben,Harlan

科尔,玛格丽特 Cole,Margaret

科尔曼,罗纳德 Coleman,Ronald

科林,多萝西 Collin,Dorothy

科林伍德,克里斯 Collingwood,Chris

科特勒 Kotler

科特勒,乔安娜 Cotler,Joanna

克拉布,戈登 Crabb,Gordon

克拉克,盖博 Gable,Clark

克拉克,贾尔斯 Clark,Giles

克拉克,亚瑟 Clarke,Arthur

克莱默,菲尔 Clymer,Phil

克劳利,阿莱斯特 Crowley,Aleister

克里斯蒂,阿加莎 Christie,Agatha

克利,保罗 Klee,Paul

克鲁特,约翰 Clute,John

克罗夫特,弗里曼·威尔斯 Croft,Freeman Wills

克罗斯,维多利亚 Cross,Victoria

克斯特纳，赫伯特 Kästner，Herbert
库克，芙罗拉 Cooke，Flora
库克森，凯瑟琳 Cookson，Catherine
肯尼迪，道格拉斯 Kennedy，Douglas
肯尼迪，莉娜 Kennedy，Lena
肯威 Kenway

拉布金 Rabkin
拉德，艾伦 Ladd，Alan
拉德韦 Radway
拉蒙特，克莱尔 Lamont，Claire
拉森，兰德尔 Larson，Randall
拉什迪，萨尔曼 Rushdie，Salman
莱恩，艾伦 Lane，Allen
莱勒，汤姆 Lehrer，Tom
兰波 Rimbaud
兰登，劳拉 Landon，Laura
兰金，罗伯特 Rankin，Robert
劳顿，查尔斯 Laughton，Charles
劳莱 Laurel
劳雷尔，布伦达 Laurel，Brenda
勒吉恩，厄休拉 Le Guin，Ursula
勒奈尔，奥利维耶 Le Naire，Olivier
勒让德尔，贝特朗 Legendre，Bertrand
雷蒙德，哈罗德 Raymond，Harold
雷诺兹，乔纳森 Reynolds，Jonathan

雷韦尔，让-弗朗索瓦 Revel, Jean-François

李，莫林 Lee, Maureen

里昂，菲利斯 Lyon, Phyllis

里德，妮基 Read, Nikki

里基茨，查尔斯 Ricketts, Charles

里奇，阿德里安娜 Rich, Adrienne

里奇，妮可 Richie, Nicole

里斯，约翰·霍罗德 Reece, John Holroyd

理查兹，克里斯 Richards, Chris

理查兹，珍妮弗 Richards, Jennifer

利维斯，Q. D. Leavis, Q. D.

列侬，约翰 Lennon, John

林克莱特，埃里克 Linklater, Eric

林奇 Lynch

刘易斯，温德姆 Lewis, Wyndham

刘易斯，辛克莱 Lewis, Sinclair

卢格·奥尔德姆，安德鲁 Loog Oldham, Andrew

伦德尔，露丝 Rendell, Ruth

伦敦，琼 London, Joan

罗比达，阿尔贝 Robida, Albert

罗波夫，乔治 Lupoff, George

罗伯，彼得 Robb, Peter

罗兰森，A. C. Rowlandson, A. C.

罗森海姆，安德鲁 Rosenheim, Andrew

洛厄尔，罗伯特 Lowell, Robert

洛里默 Lorimer

马丁，安迪 Martin，Andy
马丁，德尔 Martin，Del
马尔德斯泰格，汉斯 Mardersteig，Hans
马拉，利亚 Mara，Lya
马利，鲍勃 Marley，Bob
马利克，雷切尔 Malik，Rachel
马林诺夫斯基，布罗尼斯拉夫 Malinowski，Bronislaw
马鲁万，蕾拉 Marouane，Leïla
马苏迪，哈利达 Messaoudi，Khalida
马特尔，扬 Martel，Yann
马歇尔，迈克尔 Marshall，Michael
马修斯，妮可 Matthews，Nicole
马杨 Mayan
迈尔斯，巴里 Miles，Barry
麦甘恩，莫莉 McGann，Molly
麦基尔文尼，西沃恩 McIlvanney，Siobhan
麦金尼斯，科林 MacInnes，Colin
麦金尼斯，罗伯特 McGinnis，Robert
麦卡弗里，安妮 McCaffrey，Anne
麦卡特尼，保罗 McCartney，Paul
麦考利，罗斯 Macauley，Rose
麦克布莱德，唐娜 McBride，Donna
麦克菲，希拉里 McPhee，Hilary
麦克费登，马修 MacFayden，Matthew
麦克里瑞，阿里斯泰 McCleery，Alistair

麦克林托克，安妮 McClintock, Anne

麦克卢尔，迈克尔 McClure, Michael

麦克卢汉，马歇尔 McLuhan, Marshall

麦克鲁姆，罗伯特 McCrum, Robert

麦克唐纳，菲利普 Macdonald, Philip

麦克尤恩，伊恩 McEwan, Ian

曼恩，威廉 Mann, William

曼洛夫 Manlove

曼斯菲尔德，约翰 Mansfield, John

毛姆，萨默赛特 Maugham, Somerset

梅恩，理查德 Mayne, Richard

梅尔，彼得 Mayer, Peter

梅勒，诺曼 Mailer, Norman

梅里爱，乔治 Méliès, George

梅里尔，朱迪思 Merrill, Judith

梅利，乔治 Melly, George

梅利特，亚伯拉罕 Merritt, Abraham

梅萨乌迪，哈利达 Messaoudi, Khalida

蒙达多里，阿多诺 Mondadori, Arnoldo

蒙克 Monk

米克，玛丽简 Meaker, Marijane

米勒，劳拉 Miller, Laura

米罗，胡安 Miró, Joan

米尼翁，保罗-路易 Mignon, Paul-Louis

米切尔，瑞贝卡 Mitchell, Rebecca N.

米斯特里 Mistry

明格斯，查理 Mingus，Charlie
摩考克，迈克尔 Moorcock，Michael
莫宾，阿米斯特德 Maupin，Armistead
莫恩，香农 Maughan，Shannon
莫尔斯沃思 Molesworth
莫兰，乔 Moran，Joe
莫里森，吉姆 Morrison，Jim
莫里森，斯坦利 Morison，Stanley
莫洛亚，安德烈 Maurois，Andre
莫伊伦，米歇尔 Moylan，Michelle
墨菲，伊丽莎白 Murphy，Elizabeth
默里，珍妮特 Murray，Janet
穆迪，妮基安娜 Moody，Nickianne
穆克丹，玛丽卡 Mokeddem，Malika
穆兰，约翰 Mullan，John

纳托尔，杰夫 Nuttall，Jeff
奈尔 Nile
奈斯特，琼 Nestle，Joan
奈特利，凯拉 Knightley，Keira
南森，贝蒂 Nansen，Betty
内维尔，理查德 Neville，Richard
尼采 Nietzsche
尼科尔斯，贝弗利 Nichols，Beverly
尼科尔斯，彼得 Nicholls，Peter
尼文，拉里 Niven，Larry

纽曼，费利斯　Newman, Felice
努瓦维尔，弗洛朗斯　Noiville, Florence
诺顿，安德烈　Norton, Andre
诺兰，帕特里克　Nolan, Patrick
诺斯克里夫　Northcliffe

帕克，多萝西　Parker, Dorothy
帕克，范　Packer, Vin
帕琴，肯尼斯　Patchen, Kenneth
派克，格里高利　Peck, Gregory
潘戈，伯尔纳　Pingaud, Bernard
潘尼贝克，D. A.　Pennebaker, D. A.
庞德　Pound
培根，弗朗西斯　Bacon, Francis
彭宁顿，布鲁斯　Pennington, Bruce
皮埃尔，D. B. C.　Pierre, D. B. C.
皮尔斯，帕梅拉　Pears, Pamela
皮克福德，苏珊　Pickford, Susan
皮沃，贝尔纳　Pivot, Bernard
平克，拉尔夫　Pinker, Ralph
坡，埃德加·爱伦　Poe, Edgar Allan
普拉切特，特里　Pratchett, Terry
普拉特，查尔斯　Platt, Charles
普莱斯，尼克　Price, Nick
普雷斯勒，卡尔　Pressler, Karl
普特尔　Pooter

齐普斯,杰克 Zipes,Jack
奇梅特,洁 Zimet,Jaye
奇肖尔德,扬 Tschichold,Jan
钱德勒,雷蒙 Chandler,Raymond
乔纳斯,罗伯特 Jonas,Robert
乔伊斯,詹姆斯 Joyce,James
琼克,琼 Jonker,Joan
琼斯,费雯 Jones,Vivien
琼斯,格温妮丝 Jones,Gwynneth
琼斯,马克 Jones,Mark

热奈特,热拉尔 Genette,Gérard
瑞安,克里斯 Ryan,Chris
瑞安,玛丽-劳瑞 Ryan,Marie-Laurie

萨莫萨塔的卢奇安 Lucian of Samosata
萨瑟兰,约翰 Sutherland,John
萨特,让-保罗 Sartre,Jean-Paul
塞尚 Cézanne
塞耶,安 Thayer,Ann
赛巴,蕾拉 Sebbar,Leïla
桑普森,乔治 Sampson,George
桑塔格,苏珊 Sontag,Susan
瑟斯顿,伦 Thurston,Len
沙顿,费利克斯 Salten,Felix

施里夫，安妮塔 Shreve，Anita

施罗德斯，皮特 Schreuders，Piet

施莫勒，汉斯 Schmoller，Hans

施纳贝尔，朱利安 Schnabel，Julian

施托克豪森，卡尔海因茨 Stockhausen，Karlheinz

石黑一雄 Ishiguro，Kazuo

史密瑟斯，伦纳德 Smithers，Leonard

史密斯，阿里 Smith，Ali

史密斯，艾伦 Smit，Alan

史密斯，查蒂 Smith，Zadie

史密斯博士，E. E. Smith，E. E. Doc

思凯，梅丽莎 Sky，Melissa

斯宾拉德，诺曼 Spinrad，Norman

斯卡洛拉，苏莎 Scalora，Suza

斯坎内尔 Scannell

斯科尔斯 Scholes

斯克利亚尔，莫瓦西尔 Scliar，Moacyr

斯夸尔斯，克莱尔 Squires，Claire

斯迈斯，科林 Smythe，Colin

斯塔姆，罗伯特 Stam，Robert

斯泰尔斯，莱恩 Stiles，Lane

斯坦伦 Steinlen

斯特恩 Sterne

斯特莱克，苏珊 Stryker，Susan

斯特兰德，保罗 Strand，Paul

斯特朗曼 Strongman

斯特普尔斯,玛丽·简 Staples,Mary Jane

斯通,雷诺兹 Stone,Reynolds

斯文森 Svensson

苏塔娜 Sultana

苏西纳 Susina

索普 Thorpe

索耶,安迪 Sawyer,Andy

塔伯,E. C. Tubb,E. C.

塔特,唐娜 Tartt,Donna

泰弗南,波勒 Thévenin,Paule

泰勒,杰夫 Taylor,Geoff

坦纳,托尼 Tanner,Tony

汤金,博伊德 Tonkin,Boyd

汤普森,艾玛 Thompson,Emma

唐吉,伊夫 Tanguy,Yves

唐纳森,斯蒂芬·R. Donaldson,Stephen R.

特莱茨 Trites

特莱塞尔,罗伯特 Tressell,Robert

特雷弗 Trevor

图卢兹-劳特雷克 Toulouse-Lautrec

吐温,马克 Twain,Mark

托德,理查德 Todd,Richard

托尔金,J. R. R. Tolkien,J. R. R.

托雷斯,特蕾斯卡 Torres,Tereska

托皮亚,安德烈 Topia,André

陀思妥耶夫斯基 Dostoyevsky

瓦尔德，比阿特丽斯 Warde，Beatrice
瓦尔沙尼，伊伦 Varsányi，Irén
瓦格纳，杰弗里 Wagner，Geoffrey
王尔德，奥斯卡 Wilde，Oscar
威比，伊丽莎白 Webby，Elizabeth
威登，亚历克西斯 Weedon，Alexis
威尔斯，H. G. Wells，H. G.
威廉姆森，瓦尔 Williamson，Val
威廉姆斯，迪伊 Williams，Dee
维恩，芭芭拉 Vine，Barnara（露丝·伦德尔的笔名）
维克斯，莎莉 Vickers，Salley
维拉里乔，艾米 Villarejo，Amy
维拉诺瓦，理查德 Villanova，Richard
维勒兹，沃尔特 Velez，Walter
维米尔 Vermeer
维内，罗伯特 Weine，Robert
韦尔蒂 Weldy
韦格纳，马克斯·克里斯蒂安 Wegner，Max Christian
魏德曼 Weideman
温顿，蒂姆 Winton，Tim
翁达杰，迈克尔 Ondaatje，Michael
沃茨，理查德 Watts，Richard
沃德，哈罗德 Ward，Harold
沃德豪斯，P. G. Wodehouse，P. G.

沃尔德,比阿特丽斯　Warde,Beatrice

沃尔德,弗雷德里克　Warde,Frederick

沃尔夫,吉恩　Wolfe,Gene

沃尔夫,库尔特　Wolff,Kurt

沃尔夫,迈克尔　Wolf,Michael

沃尔海姆,唐纳德　Wollheim,Donald

沃尔什,希拉　Walsh,Sheila

沃霍尔,安迪　Warhol,Andy

沃克,安迪　Walker,Andy

沃普乐,肯　Worpole,Ken

沃特斯,马迪　Waters,Muddy

沃特斯,莎拉　Waters,Sarah

沃威克,迪翁　Warwick,Dionne

伍德,詹姆斯　Wood,James

伍尔夫,弗吉尼亚　Woolf,Virginia

西尔弗伯格,罗伯特　Silverberg,Robert

西尔弗曼,兰迪　Silverman,Randy

西苏,埃莱娜　Cixous,Hélène

希尔兹　Shields

希琴斯,罗伯特　Hichens,Robert

夏普,马丁　Sharp,Martin

夏普,乔治　Sharpe,George

萧伯纳　Shaw,George Bernard

谢克莱,罗伯特　Sheckley,Robert

休厄尔,布莱恩　Sewell,Brian

休姆，凯莉 Hulme，Keri

雪佛兰，特蕾西 Chevalier，Tracey

雪莱，玛丽 Shelley，Mary

亚当斯，凯 Adams，Kay

杨，爱德华 Young，Edward

叶芝 Yeats

英格利希，詹姆斯·F. English，James F.

雨果，维克多 Hugo，Victor

约翰逊，罗伯特 Johnson，Robert

赞格威尔，伊斯雷尔 Zangwill，Israel

詹金斯，亨利 Jenkins，Henry

詹姆逊，弗雷德里克 Jameson，Fredric

张伯伦，奈杰尔 Chamberlain，Nigel

佐洛托，夏洛特 Zolotow，Charlotte（弗朗西斯卡·莉亚·布洛克的笔名）